21 世纪高等教育建筑环境与能源应用工程系列规划教材

建筑安装工程造价与施工组织管理

第 3 版

主　编　李惠敏　陈　刚
副主编　吴志湘
参　编　阮雄兵
主　审　汤广发

机械工业出版社

本书介绍了建筑安装工程的基本内容及技术定额的编制和应用，系统讲述了建筑安装工程从项目计划到工程竣工及项目交付使用整个过程的经济运行及项目管理程序，内容涵盖设计概算、施工图预算、工程量清单及其计价、施工预算、工程结算及竣工决算、工程招投标及合同管理、施工组织等各个环节。

本书注重实用性，结合新规范和标准，通过工程实例很好地解析了技术定额计价方式与工程量清单计价方式的具体内容及其区别。学生通过本书的学习对建筑安装工程的每项内容能有完整、全面的认识。本书内容全面、实用，全面反映了当前国际、国内工程项目的市场经济运行方式。各章节联系紧密，有利于教师和学生的教与学。

本书可作为建筑环境与能源应用工程专业教学用书，也可供给排水科学与工程、建筑电气与智能化、环境工程、工程造价、工程管理等专业师生或相关从业人员学习和参考。

本书配有 ppt 电子课件，免费提供给选用本书的授课教师，需要者请登录机械工业出版社教育服务网（www.cmpedu.com）注册后免费下载。

图书在版编目（CIP）数据

建筑安装工程造价与施工组织管理/李惠敏，陈刚主编. —3 版. —北京：机械工业出版社，2017.1（2024.1 重印）
21 世纪高等教育建筑环境与能源应用工程系列规划教材
ISBN 978-7-111-55894-1

Ⅰ.①建… Ⅱ.①李…②陈… Ⅲ.①建筑安装-建筑造价-高等学校-教材②建筑工程-施工组织-高等学校-教材③建筑工程-施工管理-高等学校-教材 Ⅳ.①TU7

中国版本图书馆 CIP 数据核字（2017）第 000690 号

机械工业出版社（北京市百万庄大街 22 号　邮政编码 100037）
策划编辑：刘　涛　责任编辑：刘　涛　郭克学
责任校对：陈秀丽　责任印制：单爱军
北京虎彩文化传播有限公司印刷
2024 年 1 月第 3 版·第 5 次印刷
184mm×260mm·17.75 印张·2 插页·440 千字
标准书号：ISBN 978-7-111-55894-1
定价：39.00 元

凡购本书，如有缺页、倒页、脱页，由本社发行部调换

电话服务　　　　　　　　　网络服务
服务咨询热线：010-88379833　机 工 官 网：www.cmpbook.com
读者购书热线：010-88379649　机 工 官 博：weibo.com/cmp1952
　　　　　　　　　　　　　　教育服务网：www.cmpedu.com
封底无防伪标均为盗版　　金 书 网：www.golden-book.com

序

建筑环境与设备工程（2012年更名为建筑环境与能源应用工程）专业是1998年教育部颁布的全国普通高等学校本科专业目录中将原"供热通风与空调工程"专业和"城市燃气供应"专业进行调整、拓宽而组建的新专业。专业的调整不是简单的名称变化，而是学科科研与技术发展，以及随着经济的发展和人民生活水平的提高，赋予了这个专业新的内涵和新的元素，创造健康、舒适、安全、方便的人居环境是21世纪本专业的重要任务。同时，节约能源、保护环境是这个专业及相关产业可持续发展的基本条件，因而它们和建筑环境与设备工程（建筑环境与能源应用工程）专业的学科科研与技术发展总是密切相关，不可忽视。

一个新专业的组建及其内涵的定位，首先是由社会需求决定的，也是和社会经济状况及科学技术的发展水平相关的。我国的经济持续高速发展和大规模建设需要大批高素质的本专业人才，专业的发展和重新定位必然导致培养目标的调整和整个课程体系的改革。培养"厚基础、宽口径、富有创新能力"，能符合注册公用设备工程师执业资格并能与国际接轨的多规格的专业人才以满足需要，是本专业教学改革的目的。

机械工业出版社本着为教学服务，为国家建设事业培养专业技术人才，特别是为培养工程应用型和技术管理型人才做贡献的愿望，积极探索本专业调整和过渡期的教材建设，组织有关院校具有丰富教学经验的教师编写了这套建筑环境与设备工程（建筑环境与能源应用工程）专业系列教材。

这套系列教材的编写以"概念准确、基础扎实、突出应用、淡化过程"为基本原则，突出特点是既照顾学科体系的完整，保证学生有坚实的数理科学基础，又重视工程教育，加强工程实践的训练环节，培养学生正确判断和解决工程实际问题的能力，同时注重加强学生综合能力和素质的培养，以满足21世纪我国建设事业对专业人才的要求。

我深信，这套系列教材的出版，将对我国建筑环境与设备工程（建筑环境与能源应用工程）专业人才的培养产生积极的作用，会为我国建设事业做出一定的贡献。

陈在康
于长沙

第3版前言

"建筑安装工程造价与施工组织管理"是一门实用性很强的专业课程，内容涵盖了建筑安装工程从项目计划、过程实施、竣工决算到运行使用的整个过程。尤其是随着建筑市场的日益规范，国家全面推行项目招标投标制度，在这样的大背景下，学好"建筑安装工程造价与施工组织管理"课程，练就一项专业技能，会为学生走上工作岗位打下坚实基础。

本书由基本建设、建筑安装工程技术定额、建筑安装工程费用、建筑安装工程概预算、建筑安装工程招标投标与合同管理、建筑安装工程工程量清单及其计价、建筑安装工程施工组织管理七大部分组成，各部分内容均相对独立又相互关联。

本书第1版（书名为《建筑安装工程概预算与运行管理》）于2006年出版，编写组设计了本书的主体框架和基本内容。经过三年应用实践，结合建设部修订的《建设工程工程量清单计价规范》（GB 50500—2008），编写组于2009年修订出版了第2版（书名为《建筑安装工程概预算与施工组织管理》），对原书中的部分内容进行了调整改进，增加了工程量清单计价的实例章节，使教材内容更加完善，保证了书中内容与实践的紧密结合。

近年来，随着一大批与建筑安装工程概预算编制和管理相关的标准与规范，如《建筑安装工程费用项目组成》（建标［2013］44号）、《建设工程工程量清单计价规范》（GB 50500—2013）、《通用安装工程工程量计算规范》（GB 50856—2013）、《通用安装工程消耗量定额》（TY 02—31—2015）、《建设项目施工图编审规程》（CECA/GC5—2010）、《建设项目工程结算编审规程》（CECA/GC3—2010）、《建筑工程施工发包与承包计价管理办法》（16号令）等的颁布实施，不仅促进了建筑安装工程造价管理体制改革的进一步深化，也使工程造价管理的制度日益完善。新规范和标准的颁布实施，使得书中原有的内容需要随之进行调整，同时，原书在10年的使用过程中，师生们提出了许多宝贵的建议。为使本书能更好地适应行业的发展，进一步反映当前建筑安装工程概预算编制工作实际，更好地满足高校教学工作需要，编写组再次对本书进行修订，并将书名改为《建筑安装工程造价与施工组织管理》。修订内容有以下几个方面：

1）按照《建筑安装工程费用项目组成》（建标［2013］44号）、《建设工程工程量清单计价规范》（GB 50500—2013）、《通用安装工程工程量计算规范》（GB 50856—2013）的规定，对第3章、第4章和第6章相关内容做了全面的调整、修改和补充，重点修订了各项费用的组成内容和计费方式等。

2）结合国家税改政策，修订了将营业税改为增值税后税率的计算方法。

3）根据国家最新颁发的《通用安装工程消耗量定额》（TY02—31—2015），结合湖南省2014年颁发的《湖南省安装工程消耗量标准（基价表）》，对第2章的内容进行了全面修订。

4）根据内容体系，将原书第 5 章中"建筑安装工程工程量清单及其计价"的内容独立出来，作为本次修订的第 6 章内容。调整后使整个体系更为完整，内容更为平衡，层次更为分明。

5）按照规范要求，为解决学生资料不全的难题，对附录 G 建筑安装工程（清单编码03）的清单编码进行了全部修订，列举了建筑安装工程中能用到的有关分部分项内容和措施项目内容。

6）对原书中的部分内容进行了进一步的优化和修改。

本次修订工作由南华大学李惠敏全面负责，南华大学陈刚负责第 4 章、第 6 章的修订，湖南雁能建筑设计研究有限公司的郑立高级工程师对第 4 章、第 6 章的例题按规范和取费标准重新进行了核算。

本书在修订过程中，参阅了国内同行多部著作，部分高等院校老师也提出了很多宝贵意见，在此表示衷心的感谢！对参与本书第 1 版、第 2 版编写但未参加本次修订的老师、专家和学者表示敬意，感谢你们对高等教育改革所做出的不懈努力，希望你们持续关注本书，多提宝贵意见。

本书虽经两次修订，仍难免有疏漏或不妥之处，恳请广大读者给予指正。

联系方式：湖南省衡阳市常胜西路 28 号，南华大学土木工程学院，421001

E-mail：hylihm@163.com

编　者

第2版前言

《建筑安装工程概预算与运行管理》自 2006 年出版以来，已陆续被多所高校选用为专业教材，至今已使用了三届，学生和授课教师反映较好。在此，特向广大使用者表示衷心的感谢，感谢你们的大力支持。

2003 年我国开始在建设工程项目中推行以工程量清单为平台的工程计价模式，建设部于 2003 年 2 月 17 日颁布了 GB 50500—2003《建设工程工程量清单计价规范》，并于同年 7 月 1 日起实施，开始了对现行计价依据和计价方法与国际接轨的进程。2008 年 7 月，总结实施 5 年来的经验，针对执行过程中发现的问题，建设部重新修订颁布了 GB 50500—2008《建设工程工程量清单计价规范》，并于 2008 年 12 月 1 日起正式实施。

随着新规范的实施，本书原来的一些内容需做相应的改变；此外，总结三年来的使用经验，编写组的同志对书中内容做了些调整，使其进一步完善。本次修订主要体现在以下几方面：

1）对 "5.4 建筑安装工程工程量清单及其计价" 章节的内容按照新的计价规范进行修改。

2）增加了 "5.6 工程量清单计价实例"，该实例以教材中原 "施工图预算编制实例" 的原始数据为基础，旨在突出两种计价方式的不同之处。

3）补充了 "附录 F 建筑安装工程（清单编码 03）中给排水、采暖、燃气工程和通风空调工程项目的清单编码"，使得清单编码更简易、清楚。

4）对原书中的不妥之处进行了改正。

本次修订后，书名改为《建筑安装工程概预算与施工组织管理》。

本次修订得到了湖南大学汤广发教授的指点和大力帮助，湖南科技大学刘何清教授、武汉工程大学周朝霞副教授、武汉科技大学刘冬华副主任等对本次修订提出了宝贵意见，湖南宏利制冷空调设备有限公司的郑立工程师参与了本书的整理工作，在此表示衷心感谢；编写组的全体同志感谢使用本书的教师，也感谢大家对本书所提的宝贵意见和建议。本书虽经修订，一定还存在缺陷，恳请读者给予指正。

主编联系方式：湖南省衡阳市常胜西路 28 号，南华大学城市建设学院，421001

E-mail：cg9019@163.com

编　者

第1版前言

"建筑安装工程概预算与运行管理"是介于专业基础课与专业课之间的一门课程。

本书系统介绍了建筑安装工程项目从计划到最后竣工验收及运行等所经历的一系列过程。内容主要包括基本建设与建筑业的基础内容，建筑安装工程设计概算、施工图预算、施工预算、工程结算、竣工决算、工程量清单及其计价、建筑安装工程的招标、投标及合同管理、施工组织设计与运行管理等。通过本课程的学习，使学生掌握建筑安装工程项目按市场经济运行规律进行操作与管理的基本技能。

本书在编写过程中注重将市场的经济运行规律与实际安装工程项目紧密结合，在工程经济方面，重点强调以"全国统一安装工程预算定额"、国家统一颁布的计算规则为依据，结合不同地区的实际情况，以各省市颁布的"统一安装工程预算基价表"为指南，编写工程项目的各种概算、预算书，对安装工程项目的投资进行规范和约束；在管理方面，重点阐述了招投标的重要性、原理、方法、格式及策略等，以培养学生对实际工程的操作和应用能力。

随着我国加入WTO，建筑业已开始和国际接轨，建筑安装企业面临更多的机遇和更激烈的竞争。书中，在详细讲述我国原来采用的、近几年还在用的"施工图预算报价"的基础上，对国际上通用的、我国正逐步推广实施的"工程量清单计价"及其取费规则与标准做了详细介绍，以便于国内的建筑安装企业了解国际工程项目招标、投标的规则，开阔思路，加强我国的建筑安装企业在国际上的竞争力。

本书可作为普通高等院校建筑环境与设备工程专业教材，亦可供函授、夜大同类专业使用，还可作为其他相关专业学生学习时的参考用书。本书按26～32个学时编写。

本书由武汉科技大学的阮雄兵（第1章、第2章），南华大学陈刚（第3章、第4章），李惠敏（第5章），西安科技大学吴志湘（第6章）编写。陈刚、李惠敏任主编，吴志湘任副主编，湖南大学博士生导师汤广发教授主审。

本书引用了许多文献、资料（标准、规范、定额、数据等），谨向有关文献的作者表示衷心的感谢。在编写过程中得到了中建五局第一建筑工程公司预算科全体同志的帮助，南华大学审计处李双极高级会计师也提出了宝贵意见，在此，一并表示诚挚的谢意。

由于编者水平有限，错误和不妥之处在所难免，敬请读者不吝指教，并提出建议，编者不胜感谢。

编　者

目 录

第1章

基 本 建 设

1.1 基本建设概论

1.1.1 基本建设投资

基本建设是国民经济各部门为建立和形成固定资产的一种特殊经济活动，在国民经济中具有十分重要的作用。它是发展社会生产力、推动国民经济现代化、满足人民日益增长的物质文化需求以及增强综合国力的重要手段。同时，通过基本建设还可以调整社会的产业结构，合理地配置社会生产力，保证国民经济有计划、按比例地健康发展。

基本建设投资又称基本建设资金，是用于支付各项基本建设工程的费用，它包括如下几项：

1）建筑工程费：用于新建、改建或扩建的各种建筑物、道路、码头、管网、电网以及防洪、防空设施等所需的费用。

2）设备安装工程费：用于各种机械、管道和电气设备安装的费用。

3）设备购置费：指工业企业生产所用的各种机械设备和电气设备的购置费。

4）工具、器具和生产用具购置费。

5）土地征用费：指企业单位建设用土地应向有关部门支付的费用，对于征用农田，则还应包括青苗及树木损失赔偿费。

6）其他费用：除上列费用外，用于勘察设计、生产人员培训、投产准备及试生产等项目的费用。

工程竣工以后，基本建设投资的大部分（60%以上）转化为企业的固定资产，即企业进行生产经营活动所必需的厂房建筑物及机器设备等。

基本建设的投资额是通过编制预算确定的，是以货币表现的基本建设工作量，是反映一定时期内基本建设规模和建设进度的综合指标。由于基本建设产品具有单件性生产的特点，所以每个建设项目必须按工程项目单独编制预算，不能统一规定工程预算（即造价）。即使采用标准设计的两项同样的工程，由于建设地点不同，地形地质条件、施工条件、材料价格及运输费用等均不同，从而预算造价也有所不同。

1.1.2 固定资产与固定资产投资

固定资产是指使用期限较长，单位价值在规定的标准以上，并在使用过程中基本上不改变原有实物形态的资产。固定资产分为生产性和非生产性两类。生产性固定资产是指工农业生产用的厂房和机器设备等；非生产性固定资产是指各类生活福利设施和行政管理设施。

固定资产投资是指建造和购置固定资产的经济活动，即固定资产再生产活动。固定资产再生产过程包括固定资产更新（局部和全部更新）、改建、扩建、新建等活动。固定资产投资分为全社会固定资产投资和固定资产投资。全社会固定资产投资的统计范围包括国有经济单位投资、城乡集体所有制单位投资、其他所有制单位投资和城乡个人投资。固定资产投资的统计范围包括国有经济单位投资、城镇集体所有制单位投资和其他所有制单位投资。按照管理渠道，全社会固定资产投资总额为基本建设、更新改造、房地产开发投资和其他固定资产四个部分。

固定资产投资额（又称固定资产投资完成额）是以货币形式表现的在一定时期内建造和购置固定资产的工作量以及与此有关的费用的总称。它是反映固定资产投资规模、结构和发展速度的综合性指标，也是观察工程进度和考核投资效果的重要依据。

1.2 基本建设程序

基本建设程序是指基本建设全过程中各项工作必须遵循的先后顺序。它是指基本建设全过程中各环节、各步骤之间客观存在的不可破坏的先后顺序，是由基本建设项目本身的特点和客观规律决定的。进行基本建设，坚持按科学的基本建设程序办事，就是要求基本建设工作必须按照符合客观规律要求的一定顺序进行，正确处理基本建设工作中从制订建设规划、确定建设项目、勘察、定点、设计、建筑、安装、试车，直到竣工验收交付使用等各个阶段、各个环节之间的关系，达到提高投资效益的目的，这是关系基本建设工作全局的一个重要问题，也是按照自然规律和经济规律管理基本建设的一个根本原则。

一个建设项目从计划建设到建成投产，一般要经过决策、设计、准备与实施、生产准备与竣工验收等阶段。

1.2.1 决策阶段

可行性研究报告是项目决策的依据。可行性研究是依据国民经济的发展计划，对建设项目的投资建设，从技术和经济两个方面进行全面的、系统的、科学的、综合性的研究、分析、论证，得出是否可行的初步结论。如可行，应提出可行性报告，有的需要提出不同的方案，择优选用。特别是对重大的建设项目，要广泛征求社会各界，包括有关方面专家、学者和企业的意见，认真进行科学论证。可行性研究应按国家规定达到一定的深度和准确性，其投资估算和初步设计概算的出入不得大于 10%，否则将对项目进行重新决策。

1.2.2 设计阶段

可行性研究报告批准后，主管部门应指定或委托有相应资质的设计单位，按照批准的可行性研究报告的要求，认真编制设计文件。建设项目一般采用以下两段设计：初步设计和施工图设计。重大工程项目进行三段设计：初步设计、技术设计和施工图设计。对有些工程，因技术较复杂，可把初步设计的内容适当加深，即扩大初步设计。

（1）初步设计 初步设计是一项带有规划性质的轮廓设计。它的内容包括：建设规模、产品方案、工艺流程、设备选型及数量、主要建筑物和构筑物、"三废"治理、劳动定员、建设工期等。初步设计批准后，设计概算即为工程投资的最高限额，未经批准，不得随意突破。确因不可抗拒因素造成投资突破设计概算时，需上报原批准部门审批。

（2）技术设计 技术设计是初步设计的深化。它的内容包括：进一步确定初步设计所采用的产品方案和工艺流程，校正初步设计中设备的选择和建筑物的设计方案以及其他重大技术问题。同时，在技术设计阶段，还应编制修正的总概算。一般修正的总概算不得超过初步设计的总概算。

（3）施工图设计 施工图设计是初步设计和技术设计的具体化。它是施工单位组织施工的基本依据。其内容包括：具体确定各种型号、规格、设备及各种非标准设备的施工图；完整表现建筑物外形、内部空间分割、结构体系及建筑群组成和周围环境配合的施工图；各种运输、通信、管道系统、建筑设备的设计等。同时，在施工图设计阶段，还应根据施工图编制施工图预算，施工图预算必须低于总概算。施工单位依据施工图预算承包工程。

1.2.3 准备与实施阶段

根据批准的设计文件和基本建设计划，可以着手建设项目的建设准备，其主要内容有以下几项：

1）组织设计文件的编审。

2）安排年度基本建设计划。

3）申报物资采购计划。

4）组织大型专用设备预订和安排特殊材料的订货。

5）落实地方材料供应，办理征地拆迁手续。

6）提供必要的勘察测量资料。

7）落实水、电、道路等外部建设条件和施工力量等。

建设准备完成后，建设单位可以用招标方式选定施工单位和签订施工合同。施工单位要认真做好图样会审，根据施工验收规范明确质量要求，并编制各单项工程的施工组织设计，编制材料、半成品和成品的需用量计划，组织材料及预制品的供应，以及委托加工订货等。严格按照施工图的要求，有计划地进行施工，确保工程质量并按期完工。建设单位要做好各方面的配合协调工作，保证施工正常进行。

1.2.4 生产准备与竣工验收阶段

在施工单位进行全面施工的同时，建设单位应积极地做好各项生产准备工作，以保证工程建成后能及时试车投产。生产准备工作的内容包括：培训生产人员，组织生产人员参加生产设备的安装、调试和验收；制定严格的组织生产管理制度和岗位生产操作规程；准备原材料、能源动力以及生产工具、器具等。

建设项目按照批准的设计内容建成后，都必须及时组织验收。这是基本建设程序的最终环节，是鉴定工程质量、办理工程转移手续的阶段。竣工项目经验收合格的，办理竣工手续，由基本建设阶段转入生产阶段，交付使用。竣工验收的程序，一般分为以下两个阶段。

（1）单项工程验收　单项工程验收是指一个单项工程完工后，由建设单位组织的验收。

（2）全部验收　全部验收是指整个项目全部工程建成后，根据国家有关规定，按工程的不同情况，由负责验收的单位组织建设单位、施工企业、监理和设计单位，以及建设银行、环境保护、消防部门和其他有关部门共同组成的验收委员会或小组进行验收。

对工业项目，需经负荷试运转和试生产的考核；对非工业项目，若符合设计要求，能正常使用，就可及时组织验收并交付使用；对大型联合企业，可以分期分批验收。

验收时应有竣工验收报告、地下工程和隐蔽工程原始记录、竣工图和其他技术档案，这些技术文件交给建设单位存档保存。

1.2.5　建筑安装工程施工程序

施工程序是基本建设程序的一个组成部分，是施工单位按照客观规律合理安排施工的顺序，一般按下列程序施工。

（1）了解工程情况和建设要求　建设项目是否有主管部门批准的任务书，其基建投资的来源，总工期的要求，材料和设备供应情况，建筑结构形式及进度，工程性质和特点，水电和现场地形条件等，了解工程的全面情况，以便客观地安排施工计划或进行投标。

（2）投标及签订施工合同（协议）　按国家规定，建筑业实行承包合同制，施工单位在投标中标以后应和建设单位或总包单位签订施工合同。

（3）熟悉设计文件，编制施工组织设计　施工单位和建设单位签订工程合同后，应组织图样会审，并根据施工图及有关规范标准编制施工组织设计或施工方案。对于大、中型工业安装项目，应由建设单位组织设计部门向施工单位进行设计交底。

（4）施工现场的准备工作和预制加工　根据施工组织设计的安排，做好施工现场的各项准备工作、生活设施和预制加工场所。

（5）按照施工进度计划组织施工　安装工程施工一般离不开建筑物，安装与土建必须密切配合，共同安排季度和月度计划，合理安排交叉施工。

（6）竣工、交工与结算　施工单位按照施工图和施工验收规范的要求，完成设备安装工程后，整理好施工图、施工记录、测试资料，向建设单位办理交工手续；编制工程结算，结清建设费用。

1.3　基本建设项目的划分

大、中、小各种类型的建设项目，往往都是由若干个部分组成的。为了有利于建设预算的编审以及基本建设计划、统计、会计和基本建设拨款等工作，按照组成部分的内容不同，从大到小，从粗到细，将基本建设项目划分为：建设项目、单项工程、单位工程、分部工程和分项工程。

1.3.1　建设项目

基本建设项目简称建设项目，它是指具有计划任务书和总体设计，经济上实行独立核算，行政上具有独立组织形式的建设单位。通常是以一个企业、事业单位或独立工程作为一个建设项目。例如，在工业建设中，一般以一个工厂、一座矿山或一条铁路等作为一个建设项目，如建设××钢铁厂、××化工厂等；在民用建筑中，一般以一个学校、一个医院或一个商场等作为一个建设项目，如建设××科技大学新校区。

1.3.2 单项工程

所谓单项工程，是指具有独立的设计文件，竣工后可以独立发挥生产能力或工程效益的工程。它是建设项目的组成部分。一个建设项目，可以是一个单项工程，也可能是由多项单项工程组成。在工业项目中，例如一个工厂由几个车间组成，每个能独立生产的车间可作为一个单项工程；在民用项目中，例如一个学校由教学楼、图书馆、学生宿舍等组成，每个能独立发挥工程效益的建筑作为一个单项工程。

1.3.3 单位工程

单位工程一般是指不能独立发挥生产能力或效益，但具有独立施工条件的工程。它是单项工程的组成部分。实际施工中，通常根据工程的性质和能否满足独立施工的要求，将一个单项工程划分为若干个单位工程。例如一个车间的土建工程、电气工程、工业管道工程、水暖工程、设备安装工程等均为一个单位工程。

1.3.4 分部工程

分部工程是单位工程的组成部分，通常是按建筑物的主要部位或安装对象的类别来划分的。例如土建工程分为基础、混凝土、砖石等分部工程。通风空调安装工程分为风管安装、阀门安装、风口安装及设备安装等分部工程。

1.3.5 分项工程

分项工程是分部工程的组成部分，在建筑安装工程中一般是按工程工种划分的。例如，供暖工程分部工程可分为各种管径的管道安装、阀门安装等分项工程；空调工程分部工程可分为各种通风管道的制作安装、各种风口的制作安装等分项工程。分项工程是建设预算中基本的计量单位，是建筑安装工程的工程量或工作量的计算基础。它是为了确定工程造价而划定的基本计算单元。

1.4 建筑业与建筑企业

1.4.1 建筑业与建筑企业的含义

建筑业包括各类建筑企业和勘察、设计、科研、教育等部门，是国民经济五大产业（建筑业、工业、农业、交通运输业和商业）的重要成员。其中建筑企业包括土建、设备安装、装修、构配件加工制造和建筑材料生产等，这些企业直接从事物质生产活动，是建筑业的主体。

按照传统的统计分类，建筑业主要包括建筑产品的生产（即施工）活动，因而是狭义的建筑业；广义的建筑业则涵盖了建筑产品的生产以及与建筑生产有关的所有的服务内容，包括规划、勘察、设计、建筑材料与成品及半成品的生产、施工及安装，建成环境的运营、维护及管理，以及相关的咨询和中介服务等，这些反映了建筑业真实的经济活动空间。

建筑企业是国民经济中的一个重要的物质生产部门，其主要任务是从事基本建设，即创造生产性和非生产性固定资产——建筑产品，以满足社会各方面及人民物质文化生活的需要，其他任何行业或单位的生产能力都必须经过基本建设这一阶段才能形成。因为，任何生产活动和人们的生活都必须具备一定的建筑物或场所，所以基本建设的重要意义和地位就不言而喻了。

建筑企业又称施工企业，它的生产对象就是各种建筑产品，包括房屋、道路、桥涵、堤坝等。这些产品一般不定型号、不重复生产、不批量生产，因而每次作业方式也有所不同，不能形成大规模生产。这是建筑企业和其他工业企业最大的不同点，是建筑企业的特殊性，也是建设现代化建筑企业的难点。

1.4.2　建筑安装企业的性质和特点

1. 建筑安装企业的性质

建筑安装企业常简称为"建安企业"，它属于施工企业，和许多企业一样，具有两个基本性质。

（1）企业是具体组织生产力活动的组织，具有生产力、社会大生产所决定的自然属性

所谓自然属性，主要是说任何企业都要以现代科学技术为基础，要采用高度分工与密切协作的劳动社会化大生产的方式，要使用各种技术设备和方法，要有合理的生产组织形式，才能使生产力形成和发展。

（2）企业是一定生产关系的经济组织，具有由生产关系和社会制度所决定的社会属性

企业的社会属性与社会制度和所有制密切相关，企业的管理与生产经营活动必须按生产资料的所有者的意志和利益来进行。社会制度不同，生产资料所有制不同，企业的社会属性也不同。社会主义企业是以公有制主体为基础，生产者是企业的主人，企业的收益除职工所得部分外，其余由国家和企业有计划地用于社会主义建设事业和集体福利事业。

2. 建筑安装企业的特点

一般建筑产品具有固定性（不能搬运移动）、多样性（不同功能和不同形式）等一系列技术经济特点，因而与其他工业企业相比，建筑施工企业在自然属性方面有其自身的特点，主要表现为以下几点：

1）施工企业没有固定的、稳定的劳动对象，一项工程竣工后就进行另一项工程，后一项工程一般不是前一项工程的重复生产，无成批量的同一产品。

2）施工企业由于劳动对象时常改变，因而没有固定的、稳定的生产条件。劳动对象变了，即工程项目的不同，生产条件也相应改变，施工人员也要经常流动搬迁。

3）建筑产品一般不进入流通领域，是特殊固定产品。且施工企业只是产品的生产者，具有生产能力，但无产品的所有权。

4）施工企业生产流动性大，生产组织方面要经常调整改变，劳动力的安排缺乏稳定性、连续性和均衡性，施工的高峰期需用大量工人，非高峰期富余人员往往窝工。施工队伍搬迁频繁，工作条件差，实现机械化、自动化比其他工业企业的难度大。

5）施工企业一般不承担产品设计，以从事施工安装为主。生产作业面大，各施工队和

班组任务各异，因此企业管理难度大。例如工程任务性质不同、规模不同，则所需工种不同、用工人数不同等，需配备的机具不同，工地远近也不同。

了解施工企业的这些特点，对分析、研究和改进施工企业的管理和改革，具有现实意义。

1.4.3 建筑安装企业的分类

我国建筑安装企业通常隶属于建筑施工企业中，其分类类似于建筑施工企业，有以下几种形式。

1. 按行政隶属关系分类

分为中央各部属、省市地方所属建筑施工企业和大型厂矿自营建筑施工企业。改革开放以来，又发展了城镇、乡镇建筑施工队和个体包工施工队。这样分级设置企业，有利于调动中央、地方和企业的积极性，适应我国大规模经济建设时期的需要，能很好地保证重点建设项目和一般性建设项目分别进行，也有利于施工企业提高装备水平和专业技术水平。例如发展钢铁工业成立了若干个冶金建设公司，冶金厂设备高、大、重，厂房高大、地基深、钢结构复杂，建设周期长，由专业性建设公司承担基建任务是非常必要的。

2. 按所有制分类

分为全民所有制、集体所有制和私有制企业等。全民所有制企业的生产资料属国家所有，国家授予企业使用权和经营支配权，在生产经营活动中具有相对独立性，它可以承担国家分配的重点工程建设任务，也可参与社会上招标投标承包工程任务；集体所有制和私有制企业在国家政策法令允许的范围内则是完全独立的。

3. 按服务（活动）区域分类

分为区域型、城市型和现场型三种。区域型公司主要承担一个区域，如一个省或大区内的基建工程任务；城市型公司主要担负一个城市之内的建设任务；现场型公司通常只在一个大型施工现场内承担建设任务，如三峡工程、油田、钢铁联合企业的建设一般都组建现场型建设公司。但是随着社会主义市场经济的发展，区域的界限已逐渐被打破，跨区域承担建设任务已经很广泛了，这样的竞争机制有利于提高施工企业的技术水平和管理水平。

4. 按承包工程的性质分类

分为一般建筑工程公司、专业化工程公司和综合公司。建筑工程公司承担各种类型的工业与民用建筑工程施工（一般包括水、暖、电气、设备安装）。这类企业一般属建设部、厅、局系统管理。专业化公司和综合性公司又分为如下几种类型：

1）按施工对象专业化组建公司，如冶金建设、石化建设、水电建设、铁路建设等都设立建设公司，但这些公司往往是综合性公司。这样的施工企业可以根据工程特点进行装备和掌握专门技术，发挥企业的特长和优势。

2）按施工内容组建公司，如基础（或土方）公司、建筑公司、建筑装饰公司、机械设备安装公司、管道安装公司、筑炉公司、动力机械公司等，往往一个大型建设项目，需要上述各公司联合承担项目施工。一般建设公司是以上各公司的联合企业，实质上是综合性公司。

3）按构配件的加工预制设立企业，如金属结构厂、管道配件加工厂、通风预制厂等，这些厂往往附属于某一施工企业，为施工现场加工成品和半成品，它是施工企业的一个组成部分。

4）综合性公司，是指包括土建和各种专业化施工力量的建筑施工企业，它能够独立完成建设项目的全部施工任务。各专业部、厅、局所属的现场型或区域型建设公司和工程管理局，一般都是综合性企业。

5. 按企业规模分类

分为大、中、小型建筑施工企业。

复习思考题

1. 什么是基本建设？
2. 什么是固定资产与固定资产投资？
3. 基本建设程序分为哪几个阶段？
4. 基本建设的组成项目是如何划分的？
5. 建筑安装企业有哪些特点？

第2章

建筑安装工程技术定额

2.1 建筑安装工程技术定额概述

2.1.1 定额的定义

在安装工程中，为了完成某项工程任务，就必须消耗一定数量的人力、物力和财力，把这些资材的消耗规定成一种标准，这一标准称为定额。简单地说，定额就是生产单位合格产品所耗费资材的标准。它是按照正常的生产技术和经营管理水平，以科学态度和实际情况相结合的方法编制的。它反映了一定社会条件下的产品和生产消费之间的数量关系。

定额与生产者技术水平、材料质量、机具设备和工资制度以及工作环境等因素有密切关系，必须从这些因素的具体条件出发编制合理的定额。这些必要的技术条件称为正常条件，在正常条件下编制的定额，才具有普遍意义。

2.1.2 定额的性质

1. 法令性

建筑安装工程定额是国家或其授权机关编制的，一经颁发就具有法律效力。定额的法令性决定了各地区、各部门都必须严格遵照执行，不得任意修改，以保证全国各地区的工程有一个统一的核算尺度。这样，才能使国家对各地区、各部门的工程设计的经济效果与施工管理水平进行统一的比较和考核，才能对基本建设实行计划管理和有效的经济监督。

2. 综合性

全国统一定额中不仅规定了某些数据，而且还规定了它的主要施工工序和工作内容，对全部施工过程都做了综合性的考虑，符合一般的设计和施工情况。例如住房与城乡建设部最新颁发的《通用安装工程消耗量定额》（TY02—31—2015），在"第十册 给排水、采暖、燃气工程"中，对室内镀锌钢管（螺纹连接）的安装，不仅规定了安装各种不同规格的、10m 长的管道所需人工、材料、机械的数量，同时还规定了全部安装施工过程的工作内容，见表2-1。

3. 灵活性

全国统一定额使用规则中规定，对一些设计和施工比较特殊、变化大、影响工程造价较大的重要因素，可以根据设计和施工的具体情况进行换算。这样就使定额在统一的原则下具有一定的灵活性，能够更好地符合建筑安装工程的客观情况。

表 2-1　室内镀锌钢管（螺纹连接）安装预算定额

工作内容：打堵洞眼、切管、套螺纹、上零件、调直、栽钩卡及管件安装、水压试验。

（计量单位：10m）

定额编号		8-87	8-88	8-89	8-90	8-91	8-92
项　目		公称直径（mm 以内）					
		15	20	25	32	40	50
名　称	单位	数　量					
人工　综合工日	工日	1.830	1.830	2.200	2.200	2.620	2.680
材料　镀锌钢管 DN15	m	(10.200)	—	—	—	—	—
镀锌钢管 DN20	m	—	(10.200)	—	—	—	—
镀锌钢管 DN25	m	—	—	(10.200)	—	—	—
镀锌钢管 DN32	m	—	—	—	(10.200)	—	—
镀锌钢管 DN40	m	—	—	—	—	(10.200)	—
镀锌钢管 DN50	m	—	—	—	—	—	(10.200)
室内镀锌钢管接头零件 DN15	个	16.370	—	—	—	—	—
室内镀锌钢管接头零件 DN20	个	—	11.520	—	—	—	—
室内镀锌钢管接头零件 DN25	个	—	—	9.780	—	—	—
室内镀锌钢管接头零件 DN32	个	—	—	—	8.030	—	—
室内镀锌钢管接头零件 DN40	个	—	—	—	—	7.160	—
室内镀锌钢管接头零件 DN50	个	—	—	—	—	—	6.510
钢锯条	根	3.790	3.410	2.550	2.410	2.670	1.330
砂轮片 φ400	片	—	—	0.050	0.050	0.050	0.150
机油	kg	0.230	0.170	0.170	0.160	0.170	0.200
铅油	kg	0.140	0.120	0.130	0.120	0.140	0.140
线麻	kg	0.014	0.012	0.013	0.012	0.014	0.014
管子托钩 DN15	个	1.460	—	—	—	—	—
管子托钩 DN20	个	—	1.440	—	—	—	—
管子托钩 DN25	个	—	—	1.160	1.160	—	—
管卡子（单立管）DN25	个	1.640	1.290	2.060	—	—	—
管卡子（单立管）DN50	个	—	—	—	2.060	—	—
普通硅酸盐水泥 425 号	kg	1.340	3.710	4.200	4.500	0.690	0.390
砂子	m³	0.010	0.010	0.010	0.010	0.002	0.001
镀锌钢丝 8 号~12 号	kg	0.140	0.390	0.440	0.150	0.010	0.040
破布	kg	0.100	0.100	0.100	0.100	0.220	0.250
水	t	0.050	0.060	0.080	0.090	0.130	0.160
机械　管子切断机 φ60~φ150	台班	—	—	0.020	0.020	0.020	0.060
管子切断套丝机 φ159	台班	—	—	0.030	0.030	0.030	0.080

4. 平均先进性

在编制定额时，往往需要考虑许多安装企业的实际生产水平，这其中不乏一些非常先进的企业，从中加以归纳找出有利的、可行的条件加以标定，让大多数安装企业经过自己的努力就能够达到定额的水平，这体现了平均先进性。

5. 相对稳定性

定额是反映一定时期建筑安装技术水平及机械化、工厂化程度，以及新材料、新工艺等的采用情况。随着生产的发展，先进技术的推广，建筑安装技术水平不断提高，多数安装企业就会突破原有定额的水平，因而需要编制符合新的生产情况的定额和补充定额。所以，定额并不是一成不变的，它具有一定时期内的相对稳定性。我国自新中国成立以来，对定额已经进行了多次修订，这也显示了我国建筑安装技术和施工管理水平的不断发展和提高。

2.1.3　定额的作用

定额的作用具体表现在以下五个方面：

1）定额是组织施工安装并不断提高劳动生产率的依据和标准。

2）定额是计划施工、合理安排劳动力的依据。

3）定额是编制工程预算的依据，根据定额确定工程所需要的劳动力、材料及机械设备的数量。

4）定额是作为贯彻按劳取酬分配原则的依据，工程中运用定额计算工资及奖金。

5）可以依据定额检查生产水平及产品质量。完成和超额完成定额，说明施工组织比较合理。而完不成定额的原因有很多，如施工条件不成熟、计划安排不当或劳动组织不合理等。合理安排施工，完善劳动组织，劳动生产率就能得到提高，从而定额也能够完成。

2.2　建筑安装工程技术定额的分类

2.2.1　按生产要素分类

1. 劳动定额

劳动定额是指完成单位合格产品所需消耗劳动量（工人的劳动时间）的标准数值。它是表示工人劳动生产效率的实物指标，也是编制施工作业计划、签发施工任务单的依据。劳动定额可用时间定额和产量定额两种形式来表示。

时间定额是指在正常作业条件（正常施工水平和合理劳动组织）下，工人为完成单位合格产品（单位工程量）所需要的劳动时间。时间定额通常以"工日"或"工时"为计量单位，每一个工日按 8h 计算。单位产品时间定额的计算公式为

$$时间定额 = \frac{班组成员劳动时间总和（工日）}{班组完成的产品总数}（工日/单位产品）\qquad(2\text{-}1)$$

产量定额是指在正常作业条件下，工人在单位时间（工日）内完成单位合格产品（工程量）的数量，以产品（工程量）的计量单位表示，即

$$产量定额 = \frac{班组完成的产品总数}{班组成员劳动时间总和（工日）}（单位产品/工日）\qquad(2\text{-}2)$$

由上述公式不难看出，时间定额与产量定额在数值上互为倒数关系，即

$$时间定额 = \frac{1}{产量定额}\qquad(2\text{-}3)$$

或 $$时间定额 \times 产量定额 = 1 \qquad (2\text{-}4)$$

2. 材料消耗定额

材料消耗定额是指在节约与合理使用材料的条件下，完成单位合格产品（单位工程量）所必须消耗的各种材料、成品、半成品、构件、配件及动力等的标准数值，以材料各自的习惯计量单位分别表示，即

$$材料消耗定额 = \frac{某种材料的耗量总数}{产品总数} \quad (材料耗量/单位产品) \qquad (2\text{-}5)$$

材料消耗定额指标由直接消耗的净用量和不可避免的操作、场内运输损耗量两部分组成，而损耗量是用材料的规定损耗率（%）来计算的，即

$$材料消耗定额指标 = 净用量 + 损耗量 = 净用量 \times (1 + 材料损耗率) \qquad (2\text{-}6)$$

其中 $$材料损耗率(\%) = \frac{材料损耗量}{材料净用量} \times 100\% \qquad (2\text{-}7)$$

材料损耗率（%）是编制材料消耗定额的重要依据之一。不同材料的损耗率不同，相同材料因施工做法不同，其损耗率也不相同。一般来说，定额中对材料损耗率是统一规定的，施工定额的材料损耗率要比预算定额的材料损耗率小。

材料消耗定额是分析计算材料量、编制材料计划、签发限额领料的依据。

3. 施工机械使用定额

施工机械使用定额是指在正常施工条件和合理组织条件下，完成单位合格产品所必须消耗的各种施工机械设备作业时间（台班量）的标准数值。它是表示机械设备生产效率的指标，也是编制机械调度、使用计划的依据。施工机械使用定额也用机械时间定额和机械产量定额两种形式表示。

机械时间定额是指施工机械在正常运转和合理使用的条件下，完成单位合格产品（工程量）所需消耗的机械作业时间，以"台班"（一台机械工作8h为一个台班）或"台时"表示。即

$$机械时间定额 = \frac{机械消耗的台班量总数}{机械完成的产品总数(工程量)} \quad (台班/单位产品) \qquad (2\text{-}8)$$

机械产量定额是指施工机械在正常运转和合理使用的条件下，单位作业时间内应完成的合格产品（工程量）的标准数量，以工程量计量单位表示，即

$$机械产量定额 = \frac{机械完成的产品总数(工程量)}{机械消耗的台班量总数} \quad (单位产品/台班) \qquad (2\text{-}9)$$

同样，机械时间定额与机械产量定额在数值上也是互为倒数关系的。即

$$机械时间定额 = \frac{1}{机械产量定额} \qquad (2\text{-}10)$$

$$机械时间定额 \times 机械产量定额 = 1 \qquad (2\text{-}11)$$

由于施工机械在生产作业时，都必须配备一定数量的操作人员（机械定员班组），因此，机械作业所完成的产量应体现机械班组工人的劳动生产率。在定额换算中，可用以下公式计算：

$$单位产品时间定额 = \frac{班组人数(工日数)}{一个台班机械产量} \quad (工日/单位产品) \qquad (2\text{-}12)$$

$$机械工人产量定额 = \frac{一个台班机械产量}{班组人数(工日数)} \quad (产品数/工日) \qquad (2\text{-}13)$$

2.2.2　按定额在基建程序中的作用分类

1. 施工定额

施工定额是指以组成分项工程的施工过程、专业工种为基准，完成单位合格工程量所需消耗的人工、材料、机械台班的数额。施工定额是在工程施工阶段，企业为指导施工和加强管理而编制的一种供企业内部使用的定额。因此，施工定额只在企业内部使用，对外不具备法规性质。其主要作用表现在以下四个方面：

1）施工定额是编制企业内部施工预算的主要依据。

2）施工定额是施工企业加强计划管理的工具（编制计划、下达任务、核定消耗、考核班组等）。

3）施工定额是加强企业经济成本核算的基础。

4）施工定额是编制预算定额和衡量劳动生产率的基本资料。

施工定额的内容一般是按生产要素分别编制的，由施工劳动定额、施工材料消耗定额和施工机械台班消耗定额三个相对独立的内容所组成。

各省市、地区、企业可参照住建部 2015 年颁发的《通用安装工程消耗量定额》（TY02—31—2015），结合自身状况（人员素质、技术水平、机械装备、习惯做法、施工条件等）和现行规范、规程，参照有关消耗指标及资料，进行调整、补充而编制本地区、本企业或本工程范围内使用的单项消耗定额，这些都属于施工定额。

2. 预算定额

预算定额是指以分项工程为基准，确定一定计量单位的分项工程所消耗的人工、材料、机械台班消耗数量的标准。建筑安装工程预算定额是分别以管道、通风和机械设备等安装工程为单位，在施工定额的基础上，按照相关法规和政策，由国家统一组织进行编制的。它是现行基本建设预算制度中的重要内容和技术经济法规，在基本建设管理工作中占有重要的位置，其作用体现在以下几个方面：

1）预算定额是编制施工图预算、确定安装工程预算造价的基本依据。当某项工程的设计方案确定以后，该工程预算造价的多少就取决于预算定额的水平高低。如果把工程材料的消耗量规定得过大，把劳动生产率规定得过低，依据这样的预算定额编制的施工图预算必然会提高工程的预算造价。反之，如果定额规定的材料消耗量过低，而劳动生产率规定得过高，也会使工程预算造价失去真实性，这不仅不能实现定额的要求，而且还会造成施工企业的亏损。因此，必须准确地编制预算定额。

2）预算定额是国家对基本建设进行计划管理和实行"勤俭建国、厉行节约"方针的重要工具之一。由于预算定额是确定工程预算造价的依据，国家就可以通过预算定额，将全国基本建设投资和资源的消耗量控制在一个合理水平上，对基本建设实行计划管理。国家对补充预算定额，补充单位估价表的编制与使用，有着严格的规定和审批手续，对统一预算定额的使用和换算也有明确的要求。这一切都有利于对基本建设进行计划管理和贯彻"勤俭建国，厉行节约"方针，防止人力、物力和财力的浪费。

3）预算定额是对设计方案进行技术经济分析比较的工具。工程设计方案既要符合技术先进、适用、美观的要求，又要符合经济合理的要求，即要从技术和经济两个方面来选择最佳方案。设计部门在进行设计方案的技术经济分析时，特别是在选择与推广新技术和新材料时，一定要根据预算定额所规定的人工、材料、机械台班消耗量标准进行比较，使其在满足技术先进、适用、美观的前提下，选择出最经济合理的设计方案。

4）预算定额是建筑安装企业进行经济核算与编制施工作业计划的依据。预算定额所规定的工料和施工机械台班消耗量指标，是建筑安装企业在施工生产中工料消耗的最高标准。企业的经济核算，必须以预算定额为标准，要想尽一切办法提高劳动生产率，降低材料和施工机械台班的消耗量。先进合理的预算定额，对于改善企业经营管理，加强经济核算，有着积极的促进作用。

预算定额规定了生产中的工料和施工机械台班的消耗量，可以根据它和施工图预算，编制施工作业计划，组织材料采购，预制件的加工和劳动力及施工机械的调配。

5）预算定额是编制概算定额和概算指标的基础资料。概算定额是在预算定额的基础上综合而成的，每一分项概算定额都包括了数项预算定额。而概算指标比概算定额具有更大的综合性。

3. 概算定额

概算定额是指以单位分部工程为基准，完成单位分部工程或扩大构件的综合项目，所需人工、材料、机械台班的需要量。它是在预算定额的基础上，以分部工程的主体项目为主，合并相关的附属项目，按其含量综合编制的一种估算定额。

概算定额是设计部门编制设计概算的依据；也是确定基本建设项目投资额、编制基本建设计划、实行基本建设包干、控制基本建设拨款、做施工图预算、考核设计是否经济合理的依据；还是编制概算指标的依据。同时还可以为基本建设计划提供主要材料的参考。

4. 概算指标

概算指标是以整个房屋或构筑物为编制对象，规定每$100m^2$建筑面积（或某座构筑物体积）为计量单位所需要的人工、材料、机械台班消耗量的标准。它比概算定额更进一步扩大和综合，所以依据概算指标来编制概算就更加简化了。

概算指标是初步设计阶段编制设计概算、确定工程概算造价和建设单位申请投资拨款的依据；也是建设单位编制基本建设计划、申请主要材料的依据；还是设计单位进行技术经济分析、衡量设计水平、考核投资效果的标准。

5. 投资估算指标

它是在项目建议书和可行性研究阶段编制投资估算、计算投资需要量时使用的一种定额。它非常概略，往往以独立的单项工程或完整的工程项目为计算对象。它的概略程度与可行性研究阶段相适应。投资估算指标往往根据历史的预算、决算资料和价格变动等资料编制，但其编制基础仍然离不开预算定额、概算定额。

各种定额间关系见表2-2。

表2-2　各种定额间关系

定额类别	施工定额	预算定额	概算定额	概算指标	投资估算指标
对象	工序	分项工程	扩大的分项工程	建筑物或构筑物	独立或完整的工程项目

（续）

定额类别	施工定额	预算定额	概算定额	概算指标	投资估算指标
用途	编制施工预算	编制施工图预算	编制扩大初步设计概算	编制初步设计概算	编制投资估算
项目划分	最细	细	较粗	粗	很粗
定额水平	平均先进	平均	平均	平均	平均
定额性质	生产性定额	计价性定额			

2.2.3　其他分类方法

定额还可按其他方式进行分类。

按费用性质可分为直接费定额和间接费定额两类；按主编单位和执行区域可分为全国统一定额、行业统一定额、地区统一定额、企业定额及补充定额等。按适用专业性质分为建筑工程消耗量定额、设备安装工程消耗量定额、装饰装修工程消耗量定额、市政工程消耗量定额、公路工程消耗量定额、仿古建筑及园林工程消耗量定额和铁路消耗量定额等。就定额的广泛含义而论，还有一些具有特定用途的专用定额，如施工工期定额、设计周期定额等。

2.3　建筑安装工程技术定额的适用范围

建筑安装工程技术定额有很多种，其中，预算定额有全国统一定额《通用安装工程消耗量定额》（TY02—31—2015），它也是目前应用最广泛的一种定额，《通用安装工程消耗量定额》是完成规定计量单位分项工程所需的人工、材料、施工机械台班的消耗量标准，是各地区、部门工程造价管理机构编制建设工程定额确定消耗量，编制国有投资工程投资估算、设计概算、最高投标限价的依据。该定额共十二册。

1. 第一册《机械设备安装工程》

适用于工业与民用建筑的新建、扩建通用安装工程。内容包括工程量计算规则，台式及仪表机床，车床，立式车床，钻床，镗床，磨床，铣床及齿轮、螺纹加工机床，刨床、插床、拉床，超声波加工及电加工机床，其他机床及金属材料试验机械，木工机械，跑车带锯机等。

2. 第二册《热力设备安装工程》

主要内容包括：锅炉安装工程，锅炉附属、辅助设备安装工程，汽轮发电机安装工程，汽轮发电机附属、辅助设备安装工程，燃煤供应设备安装工程，燃油供应设备安装工程，除渣、除灰设备安装工程，发电厂水处理专用设备安装工程，脱硫、脱硝设备安装工程，炉墙保温与砌筑，耐磨衬砌工程，工业与民用锅炉安装工程，热力设备调试工程等消耗量定额。

3. 第三册《静置设备与工艺金属结构制作安装工程》

主要有以下内容：静置设备制作、静置设备安装、金属储罐制作安装、球形罐组对安装、气柜制作安装、工艺金属结构制作安装、撬块安装、综合辅助项目。

4. 第四册《电气设备安装工程》

该册共十七章，主要包括：变压器工程，配电装置安装工程，绝缘子、母线安装工程，配电控制、保护、直流装置安装工程，蓄电池安装工程，发电机、电动机检查接线工程，滑触线安装工程，防雷及接地装置安装工程，电压等级小于和等于10kV架空线路输电工程，配管和配线工程，照明器具安装工程，低压电器设备安装工程，运输设备电气安装工程，电气设备调试工程等消耗量定额。

5. 第五册《建筑智能化工程》

主要有以下内容：计算机及网络系统工程，综合布线系统工程，建筑设备自动化系统工程，有线电视、卫星接收系统工程，音频、视频系统工程，安全防范系统工程，智能建筑设备防雷接地。

6. 第六册《自动化控制仪表安装工程》

包括过程检测仪表，过程控制仪表，机械量监控装置，过程分析及环境检测装置，安全、视频及控制系统，工业计算机安装与试验，仪表管路敷设、伴热及脱脂，自动化线路、通信，仪表盘、箱、柜及附件安装，仪表附件安装制作。

7. 第七册《通风空调工程》

适用于通风空调设备及部件制作安装，通风管道制作安装，通风管道部件制作安装工程。

8. 第八册《工业管道工程》

适用于厂区范围内的车间，装置、站、罐区及其相互之间各种生产用介质输送管道的安装工程，其中给水以入口水表井为界，排水厂区围墙外第一个污水井为界；蒸汽和燃气以入口第一个计量表为界；锅炉房、水泵房以墙皮为界。

9. 第九册《消防工程》

适用于工业与民用建筑工程中的消防工程。主要内容包括水灭火系统、气体灭火系统、泡沫灭火系统、火灾自动报警系统、消防系统调试。

10. 第十册《给排水、采暖、燃气工程》

适用于工业与民用建筑的生活用给排水、采暖、室内空调水、燃气管道系统中的管道、附件、配件、器具及附属设备等安装工程。

11. 第十一册《通信设备及线路工程》

适用于以有线接入方式实现与通信核心网络相连的接入网以及用户交换系统、局域网、综合布线系统等各类用户网的建设工程。

12. 第十二册《刷油、防腐蚀、绝热工程》

主要内容包括碳钢有缝钢管（螺纹连接），碳钢管（氧乙炔焊），碳钢管（电弧焊），碳钢管（氩电联焊），碳钢伴热管（氧乙炔焊），碳钢伴热管（氩弧焊），碳钢板卷管（电弧焊），碳钢板卷管（氩电联焊），碳钢板卷管（埋弧自动焊），不锈钢管（电弧焊）等。

2.4　建筑安装工程技术定额中的增加费用系数

编制工程预算时，为了减少活口，便于操作，所有定额均规定了一些系数。如高层建筑增加费用系数、超高增加费用系数、脚手架费用系数、安装与生产同时进行增加费用系数、有害身体健康环境中施工增加费用系数、系统调试费用系数等。

2.4.1　高层建筑增加费用系数

定额中的高层建筑是指高度在六层或檐高超过 20m 的工业与民用建筑物。

高层建筑增加费用发生的范围是：暖气、给排水、生活用燃气、通风空调、电气照明工程及其保温、刷油等。

高层建筑增加的内容为：人工降效补偿。

高层建筑增加费用的计算基础是包括六层或 20m 以下全部工程人工费，具体系数根据专业不同有别。高层建筑增加费用系数见表 2-3。

表 2-3　高层建筑增加费用系数（%）

工程名称	计算基数	建筑物层数或高度（层以下或 m 以下）								
		9 (30)	12 (40)	15 (50)	18 (60)	21 (70)	24 (80)	27 (90)	30 (100)	33 (110)
通风空调工程	人工费	1(2)	2(2.6)	3(3.6)	4(5)	5(6.6)	6(8.2)	8(10.2)	10(12.4)	13(14.8)
给排水、采暖、燃气工程		2(2)	3(2.6)	4(3.6)	6(5)	8(6.6)	10(8.2)	13(10.2)	16(12.4)	19(14.8)

工程名称	计算基数	建筑物层数或高度（层以下或 m 以下）								
		36 (120)	39 (130)	42 (140)	45 (150)	48 (160)	51 (170)	54 (180)	57 (190)	60 (200)
通风空调工程	人工费	16(17.2)	19(19.6)	22(22.2)	25(25)	28(27.6)	31(30.4)	34(33.2)	37(36)	40(38.8)
给排水、采暖、燃气工程		22(17.2)	25(19.6)	28(22.2)	31(25.0)	34(27.6)	37(30.4)	40(33.2)	43(36)	46(38.8)

注：不同省市的费用系数各不相同，如表中费用系数为国家定额的费用系数，括号内费用系数为湖南省统一计价费用系数。

高层建筑增加费用之前是计入综合单价内的；2013 年规范正式调整为措施项目费。

2.4.2　超高增加费用系数

当施工操作时的高度大于定额中规定的高度时，为了补偿人工降效应收取超高增加费用。各专业不同，定额高度不同，系数也不同，但计取办法均为：超高增加费用 = 超高部分工程人工费 × 系数（刷油、防腐蚀、绝热工程除外）。

超高增加费用系数见表 2-4。

表 2-4　超高增加费用系数

工程名称	定额高度/m	取费基数	系数（%）
通风空调工程	6		15
给排水、采暖、燃气工程	3.6	超高部分人工费	10(3.6～8m) 15(3.6～12m) 20(3.6～16m) 25(3.6～20m)
自动化控制仪表安装工程	5		30

刷油、防腐蚀、绝热工程是以设计标高正负零为基准的，当安装高度超过 ±6.00m 时，除人工费增加外，机械台班费用也适当增加。人工和机械台班的费用增加系数见表 2-5。

表2-5 人工和机械台班的费用增加系数

20m 以内	30m 以内	40m 以内	50m 以内	60m 以内	70m 以内	80m 以内	80m 以上
30%	40%	50%	60%	70%	80%	90%	100%

2.4.3 脚手架费用系数

安装工程脚手架费用，除部分定额子目已计入该项费用外，均采用系数计取。计算基数是工程人工费，各专业不同，费用系数也不相同。其计算公式为

脚手架费用 = 人工费 × 系数

通风空调工程、给排水、采暖、燃气工程脚手架费用系数见表2-6。

表2-6 脚手架费用系数

工程名称		计费基数	系数(%)	其中人工工资(%)
通风空调工程		工程人工费	3(2)	25
给排水、采暖、燃气工程			5(2)	25
刷油、防腐蚀、绝热工程	刷油工程		8(6)	25
	防腐蚀工程		12(9)	25
	绝热工程		20(15)	25
自动化控制仪表安装工程			4(2)	25

注：1. 实际工程中，不管脚手架费用是否发生，也不论发生多少，均按表中系数计取。

2. 不同省市的费用系数各不相同，如表中费用系数为国家定额的费用系数，括号内费用系数为湖南省统一计价费用系数。

2.4.4 安装与生产同时进行增加费用系数

安装与生产同时进行增加费用是指改建、扩建工程在生产车间或装置内施工，因操作环境或生产条件限制（如不准动火）干扰了安装工作的正常进行而降效的增加费用，不包括为了保证安全生产和施工所取的措施费用。安装与生产同时进行增加费用 = 人工费 × 系数，增加费用系数均取10%。需要注意的是：当安装与生产虽然同时进行，但施工不受干扰时，不应计取此项费用。

2.4.5 系统调试费用系数

安装工程中，建筑环境与能源利用工程专业所涉及的系统调试费用包括采暖工程系统调试费用和通风空调工程系统调试费用。其费用内容包括人工费、材料费和仪表使用费。系统调试费用系数见表2-7（不同省市的费用系数各不相同）。

表2-7 系统调试费用系数

工程名称	计费基数	系数（%）	其中人工费（%）
采暖工程	人工费	15（12）	20
通风空调工程	人工费	13（10）	25

注：1. 热水管道不属于采暖工程，不计取系统调试费用。

2. 不同省市的费用系数各不相同，如表中费用系数为国家定额的费用系数，括号内费用系数为湖南省统一计价费用系数。

2.4.6 有害身体健康环境中施工增加费用系数

1. 有害身体健康环境的认定

有害身体健康环境是指由于环境中有害气体或高分贝的噪声超过国家标准，以致影响人们身体健康的环境，具体认定可参照表 2-8 ~ 表 2-11 的规定执行。

表 2-8　常见毒物的危害等级

毒物名称	危害等级	容许浓度
汞及其化合物、苯、砷及其致癌的无机化合物、氯乙烯、铬酸盐及重铬酸盐、黄磷、铍及其化合物、对硫磷、羰基镍、八氟异丁烯、氯甲醚、锰及其无机化合物、氯化物	Ⅰ级（极度危害）人体致癌物	在车间或作业场所空气中最高容许浓度应小于 0.1mg/m³
三硝基甲苯、铅及其化合物、二硫化碳、氯、丙烯腈、四氯化碳、硫化氢、甲醛、苯胺、氟化氢、五氯酚及其钠盐、镉及其化合物、敌百虫、氯丙烯、钒及其化合物、溴甲烷、硫酸二甲酯、环氧氯丙烷、砷化氢、甲苯二异氰酸酯、金属镍、敌敌畏、光气、氯丁二烯、一氧化碳、硝基苯	Ⅱ级（高度危害）可疑人体致癌物	在车间或作业场所空气中最高容许浓度为 0.1mg/m³
苯乙烯、甲醇、硝酸、硫酸、盐酸、甲苯、二甲苯、三氯乙烯、二甲基甲酰胺、六氯丙烯、苯酚、氮氧化物	Ⅲ级（中度危害）实验动物致癌物	在车间或作业场所空气中最高容许深度为 1.0mg/m³
溶剂汽油、丙酮、氢氯化钠、四氟乙烯、氨	Ⅳ级（轻度危害）无致癌性	在车间或作业场所空气中最高容许浓度为 10mg/m³

注：本表内容引自《职业性接触毒物危害程度分级》。

表 2-9　氧气浓度对人体的影响

氧含量（体积）（%）	影响程度	氧含量（体积）（%）	影响程度
21 以上	使人兴奋、愉快	13 ~ 16	突然昏倒
19 ~ 21	正常	13 以下	死亡
17 ~ 18	心跳、发闷		

表 2-10　工业企业的粉尘最高容许浓度

序 号	粉 尘 名 称	最高容许浓度/（mg/m³）
1	含有 10% 以上游离二氧化硅的粉尘（石英、石英岩等）[①]	2
2	石棉粉尘及含有 10% 以上石棉的粉尘	2
3	含有 10% 以下游离二氧化硅的滑石粉尘	4
4	含有 10% 以下游离二氧化硅的水泥粉尘	6
5	含有 10% 以下游离二氧化硅的煤尘	10
6	铝、氧化铝、铝合金粉尘	4
7	玻璃棉和矿渣棉粉尘	5
8	烟草及茶叶粉尘	3
9	其他粉尘[②]	10

① 含 80% 以上游离二氧化硅的生产性粉尘，不宜超过 1 mg/m³。

② 其他粉尘是指游离二氧化硅含量在 10% 以下，不含有毒物质的矿物性和动植物性粉尘。

表 2-11　常见有害气体对人体的危害程度

名　　称	空气中含量/(mg/m³)	危害情况
一氧化碳	30	工业卫生容许浓度
	50	1h 后就会发生中毒症状
	100	0.5h 后就会发生中毒症状
	200	15~20min 后就会发生中毒症状
硫化氢	10	工业卫生容许浓度
	30	危险浓度
	200~300	会使人流泪、头痛、呼吸困难
	>300	如抢救不及时，会使人立即死亡
氨	0.5~1	人会嗅到氨气味
	30	工业卫生容许浓度
	100	有刺激作用
	200	使人感觉不快
	300	对眼睛有强烈刺激

2. 在有害身体健康环境中施工的增加费用系数

在有害身体健康的环境中施工，若超过国家容许规定标准的，可按定额的规定计取在有害身体环境中施工增加费用。该费用为人工降效补偿费用，不包括劳动保护条例规定应享受工种保健费，保健津贴应按劳动部门的有关规定办理。

在有害身体健康环境中施工增加费用，其取费基数为人工费，系数均为10%。

复习思考题

1. 什么是定额？定额具有哪些性质和作用？
2. 定额有哪些种类？
3. 预算定额有哪些作用？
4. 建筑安装工程技术定额中的增加费用系数有哪些？它们分别是如何计取的？

第3章

建筑安装工程费用

3.1 建设项目费用的构成

3.1.1 我国工程项目的造价构成

1. 工程造价的相关概念

工程造价是指工程项目在建设期预计或实际支出的建设费用，即从工程项目确定建设意向直至建成、竣工验收为止的整个建设期间所支出的总费用，这是保证工程项目建造正常进行的必要资金，是建设项目投资中最主要的部分。

（1）建设项目总投资 建设项目总投资指建设项目的投资方在选定的建设项目上所需投入的全部资金。建设项目一般是指在一个总体规划和设计的范围内，实行统一施工、统一管理、统一核算的工程，它往往由一个或数个单项工程所组成。建设项目按用途可分为生产性项目和非生产性项目。生产性项目总投资包括固定资产投资和铺底流动资金在内的流动资产投资两部分。而非生产性项目总投资只有固定资产投资，不含上述流动资产投资。建设项目总造价是项目总投资中的固定资产投资总额。

（2）固定资产投资 我国固定资产投资包括基本建设投资、更新改造投资、房地产开发投资和其他固定资产投资四部分。建设项目的固定资产投资也是建设项目的工程造价，其中建筑安装工程投资也就是建筑安装工程造价。

（3）建筑工程造价 建筑工程造价是建设项目总投资中十分重要且所占份额较大的组成部分。其主要内容有以下几个方面：

1）各类房屋建筑工程和列入房屋建筑工程预算的供水、供电、供暖、卫生、通风、煤气等设备费用及其装设、油饰工程的费用，列入建筑工程预算的各种管道、电力、电信和电缆导线敷设工程的费用。

2）设备基础、支柱，工作台，烟囱，水塔，水池，梯子等建筑工程以及各种窑炉的砌筑工程和金属结构工程的费用。

3）为施工而进行的场地平整、工程和水文地质勘察、原有建筑物和障碍物的拆除以及施工临时用水、电、气、路和完工后的场地清理、环境绿化、美化等工程的费用。

4）矿井开凿，井巷延伸，露天矿剥离，石油、天然气钻井，修建铁路、公路、桥梁、水库、堤坝、灌渠以及防洪等工程的费用。

（4）建筑安装工程造价　建筑安装工程造价是比较典型的生产领域价格，是建设项目投资中的建筑安装工程投资，也是项目造价的组成部分。投资者和承包商之间是完全平等的买方与卖方的商品交换关系，建筑安装工程实际造价是买卖双方共同认可的由市场形成的价格。

2. 建设项目总投资及工程造价的构成

从图3-1可以看出，建设项目总投资包含固定资产投资和流动资产投资两部分。工程造价由设备及工器具购置费用、建筑安装工程费用、工程建设其他费用、预备费、建设期贷款利息等构成。

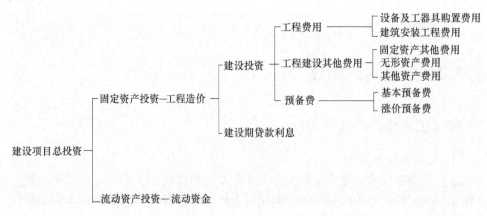

图3-1　我国现行建设项目总投资及工程造价的构成

3.1.2　世界银行工程造价的构成

世界银行和国际咨询工程师联合会对工程项目的总建设成本（相当于我国的工程造价）做了统一的规定，其详细内容如下：

1）项目直接建设成本。项目直接建设成本主要包括土地征用费、场外设施费用、场地费用、工艺设备费用、设备安装费用、管道系统费用、电器设备费、电器安装费、仪器仪表费、机械的绝缘油漆费、工艺建筑费、服务型建筑费用、工厂普通公共设施费、车辆费、其他当地费用等。

2）项目间接成本。项目间接成本主要包括：

①项目管理费：包括总部人员的工资和福利费用、施工现场管理人员的工资、差旅费、业务费等杂项费用及各种酬金。

②开工试车费：指工厂投料试车必需的劳务和材料费用。

③业主的行政性费用。

④生产前费用：指前期研究、勘测、建矿、采矿等费用。

⑤运费和保险费。

⑥地方税。

3）应急费。应急费包括未确定项目的备用金和不可预见费。

4）建设成本上升费用。

3.2　建筑安装工程费用的构成与计算

3.2.1　按费用构成要素划分建筑安装工程费用

　　建筑安装工程费用按照费用构成要素划分为人工费、材料（包含工程设备，下同）费、施工机具使用费、企业管理费、利润、规费和税金。其中人工费、材料费、施工机具使用费、企业管理费和利润包含在分部分项工程费、措施项目费、其他项目费中，如图 3-2 所示。

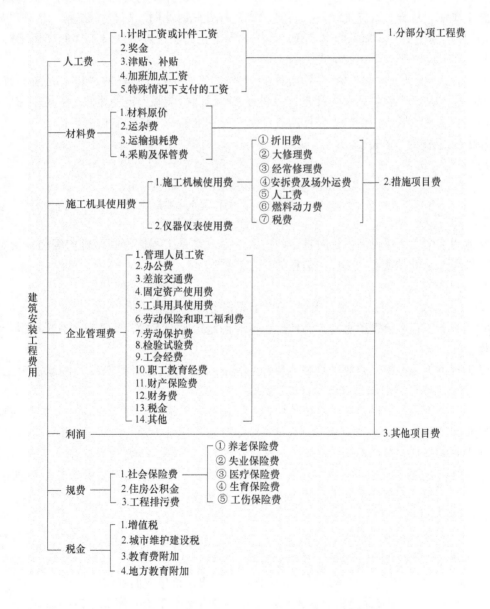

图 3-2　建筑安装工程费用组成（按费用构成要素划分）

1. 人工费

（1）人工费的组成　人工费是指按工资总额构成规定，支付给从事建筑安装工程施工的生产工人和附属生产单位工人的各项费用。其内容包括：

1）计时工资或计件工资。计时工资或计件工资是指按计时工资标准和工作时间或对已做工作按计件单价支付给个人的劳动报酬。

2）奖金。奖金是指对超额劳动和增收节支支付给个人的劳动报酬。如节约奖、劳动竞赛奖等。

3）津贴、补贴。津贴、补贴是指为了补偿职工特殊或额外的劳动消耗和因其他特殊原因支付给个人的津贴，以及为了保证职工工资水平不受物价影响支付给个人的物价补贴。如流动施工津贴、特殊地区施工津贴、高温（寒）作业临时津贴、高空津贴等。

4）加班加点工资。加班加点工资是指按规定支付的在法定节假日工作的加班工资和在法定日工作时间外延时工作的加点工资。

5）特殊情况下支付的工资。特殊情况下支付的工资是指根据国家法律、法规和政策规定，因病、工伤、产假、计划生育假、婚丧假、事假、探亲假、定期休假、停工学习、执行国家或社会义务等原因按计时工资标准或计时工资标准的一定比例支付的工资。

（2）人工费的计算方法

1）计算方法一：

$$人工费 = \sum（工日消耗量 \times 日工资单价）$$

$$日工资单价 = \frac{生产工人平均月工资（计时、计件）+ 平均月（奖金 + 津贴、补贴 + 特殊情况下支付的工资）}{年平均月法定工作日}$$

它适用于施工企业投标报价时自主确定人工费，也是工程造价管理机构编制计价定额、确定定额人工单价或发布人工成本信息的参考依据。

2）计算方法二：

$$人工费 = \sum（工程工日消耗量 \times 日工资单价）$$

它适用于工程造价管理机构编制计价定额时确定定额人工费，是施工企业投标报价的参考依据。

日工资单价是指施工企业平均技术熟练程度的生产工人在每工作日（国家法定工作时间内）按规定从事施工作业应得的日工资总额。

工程造价管理机构确定日工资单价应通过市场调查，根据工程项目的技术要求，参考实物工程量人工单价综合分析确定，最低日工资单价不得低于工程所在地人力资源和社会保障部门所发布的最低工资标准的：普工1.3倍、一般技工2倍、高级技工3倍。

工程计价定额不可只列一个综合工日单价，应根据工程项目技术要求和工种差别适当划分多种日人工单价，确保各分部工程人工费的合理构成。

2. 材料费

（1）材料费的组成　材料费是指施工过程中耗费的原材料、辅助材料、构配件、零件、半成品或成品、工程设备的费用。其内容包括：

1）材料原价。材料原价是指材料、工程设备的出厂价格或商家供应价格。

2）运杂费。运杂费是指材料、工程设备自来源地运至工地仓库或指定堆放地点所发生的全部费用。

3）运输损耗费。运输损耗费是指材料在运输装卸过程中不可避免的损耗。

4）采购及保管费。采购及保管费是指为组织采购、供应和保管材料、工程设备的过程中所需要的各项费用。包括采购费、仓储费、工地保管费、仓储损耗。

工程设备是指构成或计划构成永久工程一部分的机电设备、金属结构设备、仪器装置及其他类似的设备和装置。

（2）材料费的计算方法

1）材料费：

$$材料费 = \sum（材料消耗量 \times 材料单价）$$

$$材料单价 = \{（材料原价 + 运杂费）\times [1 + 运输损耗率（\%）]\} \times [1 + 采购保管费率（\%）]$$

2）工程设备费：

$$工程设备费 = \sum（工程设备量 \times 工程设备单价）$$

$$工程设备单价 = （设备原价 + 运杂费）\times [1 + 采购保管费率（\%）]$$

3. 施工机具使用费

（1）施工机具使用费的组成　施工机具使用费是指施工作业所发生的施工机械、仪器仪表使用费或其租赁费。其内容包括：

1）施工机械使用费。施工机械使用费以施工机械台班耗用量乘以施工机械台班单价表示，由下列七项费用组成：

①折旧费。折旧费是指施工机械在规定的使用年限内，陆续收回其原值的费用。

②大修理费。大修理费是指施工机械按规定的大修理间隔台班进行必要的大修理，以恢复其正常功能所需的费用。

③经常修理费。经常修理费是指施工机械除大修理以外的各级保养和临时故障排除所需的费用。包括为保障机械正常运转所需替换设备与随机配备工具附具的摊销和维护费用，机械运转中日常保养所需润滑与擦拭的材料费用及机械停滞期间的维护和保养费用等。

④安拆费及场外运费。安拆费是指施工机械（大型机械除外）在现场进行安装与拆卸所需的人工、材料、机械和试运转费用以及机械辅助设施的折旧、搭设、拆除等费用；场外运费是指施工机械整体或分体自停放地点运至施工现场或由一施工地点运至另一施工地点的运输、装卸、辅助材料及架线等费用。

⑤人工费。人工费是指机上司机（司炉）和其他操作人员的人工费。

⑥燃料动力费。燃料动力费是指施工机械在运转作业中所消耗的各种燃料及水、电费用等。

⑦税费。税费是指施工机械按照国家规定应缴纳的车船使用税、保险费及年检费等。

2）仪器仪表使用费。仪器仪表使用费是指工程施工所需使用的仪器仪表的摊销及维修费用。

（2）施工机具使用费的计算方法

1）施工机械使用费：

$$施工机械使用费 = \sum（施工机械台班消耗量 \times 机械台班单价）$$

机械台班单价 = 台班折旧费 + 台班大修费 + 台班经常修理费 + 台班安拆费及场外运费 + 台班人工费 + 台班燃料动力费 + 台班税费

工程造价管理机构在确定计价定额中的施工机械使用费时，应根据《建筑施工机械台班费用计算规则》结合市场调查编制施工机械台班单价。施工企业可以参考工程造价管理机构发布的台班单价，自主确定施工机械使用费的报价，如租赁施工机械，其公式为

$$施工机械使用费 = \sum(施工机械台班消耗量 \times 机械台班租赁单价)$$

2）仪器仪表使用费：

$$仪器仪表使用费 = 工程使用的仪器仪表摊销费 + 维修费$$

4. 企业管理费

（1）企业管理费的组成　企业管理费是指建筑安装企业组织施工生产和经营管理所需的费用。其内容包括：

1）管理人员工资。管理人员工资是指按规定支付给管理人员的计时工资、奖金、津贴补贴、加班加点工资及特殊情况下支付的工资等。

2）办公费。办公费是指企业管理办公用的文具、纸张、账表、印刷、邮电、书报、办公软件、现场监控、会议、水电、烧水和集体取暖降温（包括现场临时宿舍取暖降温）等费用。

3）差旅交通费。差旅交通费是指职工因公出差、调动工作的差旅费、住勤补助费，市内交通费和误餐补助费，职工探亲路费，劳动力招募费，职工退休、退职一次性路费，工伤人员就医路费，工地转移费以及管理部门使用的交通工具的油料、燃料等费用。

4）固定资产使用费。固定资产使用费是指管理和试验部门及附属生产单位使用的属于固定资产的房屋、设备、仪器等的折旧、大修、维修或租赁费。

5）工具用具使用费。工具用具使用费是指企业施工生产和管理使用的不属于固定资产的工具、器具、家具、交通工具和检验、试验、测绘、消防用具等的购置、维修和摊销费。

6）劳动保险和职工福利费。劳动保险和职工福利费是指由企业支付的职工退职金、按规定支付给离休干部的经费，集体福利费、夏季防暑降温费、冬季取暖补贴、上下班交通补贴等。

7）劳动保护费。劳动保护费是企业按规定发放的劳动保护用品的支出。如工作服、手套、防暑降温饮料以及在有碍身体健康的环境中施工的保健费用等。

8）检验试验费。检验试验费是指施工企业按照有关标准规定，对建筑以及材料、构件和建筑安装物进行一般鉴定、检查所发生的费用，包括自设试验室进行试验所耗用的材料等费用；不包括新结构、新材料的试验费，对构件做破坏性试验及其他特殊要求检验试验的费用和建设单位委托检测机构进行检测的费用，对此类检测发生的费用，由建设单位在工程建设其他费用中列支。但对施工企业提供的具有合格证明的材料进行检测不合格的，该检测费用由施工企业支付。

9）工会经费。工会经费是指企业按《中华人民共和国工会法》规定的全部职工工资总额比例计提的工会经费。

10）职工教育经费。职工教育经费是指按职工工资总额的规定比例计提，企业为职工进行专业技术和职业技能培训，专业技术人员继续教育、职工职业技能鉴定、职业资格认定以及根据需要对职工进行各类文化教育所发生的费用。

11）财产保险费。财产保险费是指施工管理用财产、车辆等的保险费用。

12）财务费。财务费是指企业为施工生产筹集资金或提供预付款担保、履约担保、职

工工资支付担保等所发生的各种费用。

13）税金。税金是指企业按规定缴纳的房产税、车船使用税、土地使用税、印花税等。

14）其他。其他费用包括技术转让费、技术开发费、投标费、业务招待费、绿化费、广告费、公证费、法律顾问费、审计费、咨询费、保险费等。

（2）企业管理费费率

1）以分部分项工程费为计算基础：

$$企业管理费费率(\%) = \frac{生产工人年平均管理费}{年有效施工天数 \times 人工单价} \times 人工费占分部分项工程费比例 \times 100\%$$

2）以人工费和机械费合计为计算基础：

$$企业管理费费率(\%) = \frac{生产工人年平均管理费}{年有效施工天数 \times (人工单价 + 每一工日机械使用费)} \times 100\%$$

3）以人工费为计算基础：

$$企业管理费费率（\%） = \frac{生产工人年平均管理费}{年有效施工天数 \times 人工单价} \times 100\%$$

上述公式适用于施工企业投标报价时自主确定管理费，是工程造价管理机构编制计价定额、确定企业管理费的参考依据。

工程造价管理机构在确定计价定额中的企业管理费时，应以定额人工费或（定额人工费＋定额机械费）作为计算基数，其费率根据历年工程造价积累的资料，辅以调查数据确定，列入分部分项工程和措施项目中。

5. 利润

利润是指施工企业完成所承包工程所获得的盈利。

施工企业可根据企业自身需求并结合建筑市场实际自主确定利润，列入报价中。

工程造价管理机构在确定计价定额中的利润时，应以定额人工费或（定额人工费＋定额机械费）作为计算基数，其费率根据历年工程造价积累的资料，并结合建筑市场实际确定，以单位（单项）工程测算，利润在税前建筑安装工程费的比重可按不低于5%且不高于7%的费率计算。利润应列入分部分项工程和措施项目中。

6. 规费

（1）规费的组成 规费是指按照国家法律、法规规定，由省级政府和省级有关权力部门规定必须缴纳或计取的费用。其内容包括：

1）社会保险费。社会保险费包括：

①养老保险费。养老保险费是指企业按照规定标准为职工缴纳的基本养老保险费。

②失业保险费。失业保险费是指企业按照规定标准为职工缴纳的失业保险费。

③医疗保险费。医疗保险费是指企业按照规定标准为职工缴纳的基本医疗保险费。

④生育保险费。生育保险费是指企业按照规定标准为职工缴纳的生育保险费。

⑤工伤保险费。工伤保险费是指企业按照规定标准为职工缴纳的工伤保险费。

2）住房公积金。住房公积金是指企业按规定标准为职工缴纳的住房公积金。

3）工程排污费。工程排污费是指按规定缴纳的施工现场工程排污费。

其他应列而未列入的规费，按实际发生计取。

（2）规费的计算方法

1）社会保险费和住房公积金。社会保险费和住房公积金应以定额人工费为计算基础，根据工程所在地省、自治区、直辖市或行业建设主管部门规定费率计算。

社会保险费和住房公积金 = $\sum$（工程定额人工费 × 社会保险费和住房公积金费率）

社会保险费和住房公积金费率可以每万元发承包价的生产工人人工费和管理人员工资含量与工程所在地规定的缴纳标准综合分析取定。

2）工程排污费。工程排污费等其他应列而未列入的规费应按工程所在地环境保护等部门规定的标准缴纳，按实计取列入。

7. 税金

税金是国家为满足社会公共需要，凭借公共权力，按照法律所规定的标准和程序，强制地、无偿地取得财政收入的一种方式，它是财政收入的主要来源。我国征收税金宗旨是取之于民，用之于民。主要用于：发展国防事业，保障国家安全；支持内政外交，服务政府运转；投资基础设施，强化公共服务；着力改善民生，保障公民福利等。

我国现行实施的税种共有18种，其中由税务机关征收的有16种，由海关征收的2种（不考虑委托海关代征的情形）。分别是：增值税、消费税、城建税、企业所得税、个人所得税、契税、房产税、印花税、城镇土地使用税、土地增值税、车船使用税、车辆购置税、资源税、耕地占用税、烟叶税、环保税、关税、船舶吨税。其中环保税是2018年1月1号实施的新税种。

建筑行业的税种目前主要有七种：增值税、城市维护建设税、印花税、企业所得税、房产税、个人所得税、土地使用税等，此外还有教育费附加、地方教育附加两项费用。

（1）增值税　增值税是对我国境内商品生产、流通、劳务服务中多个环节的新增价值或商品的附加值征收的一种流转税。实行价外税，也就是由消费者负担，有增值才征税，没增值不征税。在计税过程中采用税款抵扣制的原则，是我国税制结构中的主体税类。

我国于2016年5月全面推行营业税改增值税试点，旨在为相应的企业减轻纳税负担，激发经济活力。随着该项计费方式出台，税金的计取方法也有了很大改变，尤其体现在增值税计算方面。

增值税由国家税务局负责征收，税收收入中50%为中央财政收入，50%为地方收入（营改增前分别为75%、25%）。进口环节的增值税由海关负责征收，税收收入全部为中央财政收入。

增值税纳税人分为一般纳税人与小规模纳税人两大类。其区分没有非常严格的标准，小规模纳税人可以转为一般纳税人，只要符合年度总销售额没有超过500万元条件的，可成为小规模纳税人，但经确定为一般纳税人后不得转为小规模纳税人。小规模纳税人增值税率为3%，当月销售额不超过于10万或者季度销售额低于30万的时候，可以免增值税，其他税费减半增收。一般纳税人没有这项优惠，但是一般纳税人所取得的进项税可以抵扣，小规模纳税人取得的增值税不能抵扣。

增值税的计税方法，包括一般计税方法和简易计税方法两种。一般纳税人发生应税行为适用一般计税方法计税。一般纳税人发生财政部和国家税务总局规定的特定应税行为，可以选择适用简易计税方法计税，但一经选择，36个月内不得变更。小规模纳税人发生应税行为适用简易计税方法计税。

1）一般计税方法。一般计税方法的应纳税额，是指当期销项税额抵扣当期进项税额后的余额。应纳税额计算公式：

$$应纳税额 = 当期销项税额 - 当期进项税额$$

销项税额是指纳税人发生应税行为按照销售额和增值税税率计算并收取的增值税额。销项税额计算公式：

$$销项税额 = 销售额 \times 税率$$

一般计税方法的销售额不包括销项税额，纳税人采用销售额和销项税额合并定价方法的，按照下列公式计算销售额：

$$销售额 = 含税销售额 \div (1 + 税率)$$

营改增后的增值税税率表详见附录 A。

进项税额是指纳税人购进货物、加工修理修配劳务、服务、无形资产或者不动产，支付或者负担的增值税额。

准予从销项税额中抵扣的进项税额范围：从销售方或者提供方取得的增值税专用发票（含税控机动车销售统一发票）上注明的增值税额；从海关取得的海关进口增值税专用缴款书上注明的增值税额；购进农产品，除取得增值税专用发票或者海关进口增值税专用缴款书外，按照农产品收购发票或者销售发票上注明的农产品买价和13%的扣除率计算的进项税额。从境外单位或者个人购进服务、无形资产或者不动产，自税务机关或者扣缴义务人取得的解缴税款的完税凭证上注明的增值税额。

案例：某建筑安装工程有限公司，适用一般计税方法，在某建筑安装工程项目中将取得收入1090万元，其中采购建筑材料支付565万元，支付设计、监理、勘探等服务106万元，都取得了增值税专用发票，需计算该公司应缴纳的增值税。

分析：原营业税应缴纳的税额 = 1090 万元 × 3% = 32.7 万元

营改增后的计算公式：纳税人应纳增值税额 = 销项税额 - 进项税额1 - 进项税额2

纳税人采用销售额和销项税额合并定价方法。

销项税额 = 1090 万元 ÷ (1 + 9%) × 9% = 90 万元（查附录 A 得到建筑安装的税率为9%）

进项税额1 = 565 万元 ÷ (1 + 13%) × 13% = 65 万元（查附录 A 得到销售货物的税率为13%）

进项税额2 = 106 万元 ÷ (1 + 6%) × 6% = 6 万元（查附录 A 得到技术服务的税率为6%）

纳税人应纳增值税额 = (90 - 65 - 6) 万元 = 19 万元

可见，实施营改增后，纳税人所纳增值税额比原营业税额减少了(32.7 - 19) 万元 = 13.7 万元。

2）简易计算方法。简易计税方法的应纳税额，是指按照销售额和增值税征收率计算的增值税额，不得抵扣进项税额。销售额为不含税销售额，征收率为3%。

应纳税额计算公式：

$$应纳税额 = 销售额 \times 3\%$$

纳税人采用销售额和应纳税额合并定价方法的，按下列公式计算销售额：

$$销售额 = 含税销售额 \div (1 + 3\%)$$

案例：某试点小规模纳税人取得含税销售额为103万元，计算该纳税人应缴纳的增值税。

分析：原营业税应纳税额 = 103 万元 × 3% = 3.09 万元

营改增后，小规模纳税人按照简易计税办法执行。

计算时应先扣除税额，即：

$$不含税销售额 = 103 万元 \div (1 + 3\%) = 100 万元$$

$$增值税应纳税额 = 100 万元 \times 3\% = 3 万元$$

实施营改增后，纳税人所纳增值税额比原营业税额减少了 $(3.09 - 3)$ 万元 $= 0.09$ 万元。

特殊规定和过渡政策：

一般纳税人以清包工方式提供的建筑服务，可以选择适用简易计税方法计税。以清包工方式提供建筑服务，是指施工方不采购建筑工程所需的材料或只采购辅助材料，并收取人工费、管理费或者其他费用的建筑服务。

一般纳税人为甲供工程提供的建筑服务，可以选择适用简易计税方法计税。甲供工程，是指全部或部分设备、材料、动力由工程发包方自行采购的建筑工程。

一般纳税人为建筑工程老项目提供的建筑服务，可以选择适用简易计税方法计税。建筑工程老项目，是指《建筑工程施工许可证》注明的合同开工日期在 2016 年 4 月 30 日前的建筑工程项目；

（2）城市维护建设税 为了加强城市的维护，扩大和稳定城市维护建设资金的来源，特设立了缴纳城市维护建设税。城市维护建设税金主要用来保证城市的公用事业和公共设施的维护和建设。国务院规定，凡缴纳产品税、增值税、增值税的单位和个人，都应按规定缴纳城市维护建设税。城市维护建设税是一种由税务部门代收的地方性税金，它分别与产品税、增值税同时缴纳。

城市维护建设税的纳税人所在地为市区的，其适用税率为增值税的 7%；所在地为县镇的，其适用税率为增值税的 5%；所在地为农村的，其适用税率为增值税的 1%。

（3）教育费附加 为了贯彻落实国家关于教育体制改革的决定，扩大地方教育经费的资金来源，加快发展地方教育事业，国务院规定设立征收教育费附加费用。同增值税、城市维护建设税一样，对缴纳产品税、增值税、增值税的单位和个人与增值税等同时征收或主动缴纳教育费附加税。教育费附加税也是由税务部门代地方征收的一种税金。

教育费附加以纳税人实际缴纳的增值税税额为计费依据，按增值税额的 3% 征收。

（4）地方教育附加 地方教育附加是指各省、自治区、直辖根据国家有关规定，为实施"科教兴省"战略，增加地方教育的资金投入，促进本各省、自治区、直辖教育事业发展，开征的一项地方政府性基金。该收入主要用于各地方的教育经费的投入补充。

地方教育费附加以纳税人实际缴纳的增值税税额为计费依据，按增值税额的 2% 征收。

3.2.2 按工程造价形成划分建筑安装工程费用

建筑安装工程费用按照工程造价形成划分为分部分项工程费、措施项目费、其他项目费、规费、税金，其中分部分项工程费、措施项目费、其他项目费包含人工费、材料费、施工机具使用费、企业管理费和利润，如图 3-3 所示。

1. 分部分项工程费

（1）分部分项工程费的组成 分部分项工程费是指各专业工程的分部分项工程应予列支的各项费用。

1）专业工程。专业工程是指按现行国家计量规范划分的房屋建筑与装饰工程、仿古建筑工程、通用安装工程、市政工程、园林绿化工程、矿山工程、构筑物工程、城市轨道交通工程、爆破工程等各类工程。

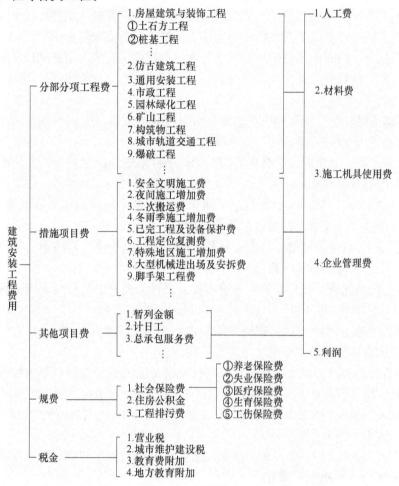

图 3-3　建筑安装工程费用组成（按工程造价形成划分）

2）分部分项工程。分部分项工程是指按现行国家计量规范对各专业工程划分的项目。如房屋建筑与装饰工程划分的土石方工程、地基处理边坡支护工程、桩基工程、砌筑工程、混凝土及钢筋混凝土工程、金属结构工程、木结构工程、门窗工程、屋面及防水工程、保温隔热防腐工程、幕墙工程、其他装饰工程、拆除工程等。

各类专业工程的分部分项工程划分详见现行国家或行业计量规范。

（2）分部分项工程费的计算方法　分部分项工程费按下式计算：

$$分部分项工程费 = \sum（分部分项工程量 \times 综合单价）$$

其中，综合单价包括人工费、材料费、施工机具使用费、企业管理费、利润以及一定范围的风险费用。

2. 措施项目费

（1）措施项目费的组成　措施项目费是指为完成建设工程施工，发生于该工程施工前和施工过程中的技术、生活、安全、环境保护等方面的费用。其内容包括：

　　1）安全文明施工费。安全文明施工费包括：

　　①环境保护费。环境保护费是指施工现场为达到环保部门要求所需要的各项费用。

　　②文明施工费。文明施工费是指施工现场文明施工所需要的各项费用。

　　③安全施工费。安全施工费是指施工现场安全施工所需要的各项费用。

　　④临时设施费。临时施工费是指施工企业为进行建设工程施工所必须搭设的生活和生产用的临时建筑物、构筑物和其他临时设施费用，包括临时设施的搭设费、维修费、拆除费、清理费或摊销费等。

　　2）夜间施工增加费。夜间施工增加费是指因夜间施工所发生的夜班补助费、夜间施工降效、夜间施工照明设备摊销及照明用电等费用。

　　3）二次搬运费。二次搬运费是指因施工场地条件限制而发生的材料、构配件、半成品等一次运输不能到达堆放地点，必须进行二次或多次搬运所发生的费用。

　　4）冬雨季施工增加费。冬雨季施工增加费是指在冬季或雨季施工需增加的临时设施、防滑、排除雨雪，人工及施工机械效率降低等费用。

　　5）已完工程及设备保护费。已完工程及设备保护费是指竣工验收前，对已完工程及设备采取的必要保护措施所发生的费用。

　　6）工程定位复测费。工程定位复测费是指工程施工过程中进行全部施工测量放线和复测工作的费用。

　　7）特殊地区施工增加费。特殊地区施工增加费是指工程在沙漠或其边缘地区、高海拔、高寒、原始森林等特殊地区施工增加的费用。

　　8）大型机械设备进出场及安拆费。大型机械设备进出场及安拆费是指机械整体或分体自停放场地运至施工现场或由一个施工地点运至另一个施工地点，所发生的机械进出场运输、转移费用及机械在施工现场进行安装、拆卸所需的人工费、材料费、机械费、试运转费和安装所需的辅助设施的费用。

　　9）脚手架工程费。脚手架工程费是指施工需要的各种脚手架搭、拆、运输费用以及脚手架购置费的摊销（或租赁）费用。

　　措施项目及其包含的内容详见各类专业工程的现行国家或行业计量规范。

　　（2）措施项目费的计算方法

　　1）国家计量规范规定应予计量的措施项目，其计算公式为

$$措施项目费 = \sum(措施项目工程量 \times 综合单价)$$

　　2）国家计量规范规定不宜计量的措施项目计算方法如下：

　　①安全文明施工费：

$$安全文明施工费 = 计算基数 \times 安全文明施工费费率(\%)$$

　　计算基数应为定额基价（定额分部分项工程费＋定额中可以计量的措施项目费）、定额人工费或（定额人工费＋定额机械费），其费率由工程造价管理机构根据各专业工程的特点综合确定。

　　②夜间施工增加费：

$$夜间施工增加费 = 计算基数 \times 夜间施工增加费费率（\%）$$

　　③二次搬运费：

$$二次搬运费 = 计算基数 \times 二次搬运费费率（\%）$$

④冬雨季施工增加费:

冬雨季施工增加费 = 计算基数 × 冬雨季施工增加费费率(%)

⑤已完工程设备保护费:

已完工程及设备保护费 = 计算基数 × 已完工程及设备保护费费率(%)

上述②～⑤项措施项目的计费基数应为定额人工费或(定额人工费 + 定额机械费),其费率由工程造价管理机构根据各专业工程特点和调查资料综合分析后确定。

3. 其他项目费

(1)其他项目费的组成

1)暂列金额。暂列金额是指建设单位在工程量清单中暂定并包括在工程合同价款中的一笔款项,用于施工合同签订时尚未确定或者不可预见的所需材料、工程设备、服务的采购,施工中可能发生的工程变更、合同约定调整因素出现时的工程价款调整以及发生的索赔、现场签证确认等的费用。

2)计日工。计日工是指在施工过程中,施工企业完成建设单位提出的施工图以外的零星项目或工作所需的费用。

3)总承包服务费。总承包服务费是指总承包人为配合、协调建设单位进行的专业工程发包,对建设单位自行采购的材料、工程设备等进行保管以及施工现场管理、竣工资料汇总整理等服务所需的费用。

(2)其他项目费的计算方法

1)暂列金额由建设单位根据工程特点,按有关计价规定估算,施工过程中由建设单位掌握使用、扣除合同价款调整后如有余额,归建设单位。

2)计日工由建设单位和施工企业按施工过程中的签证计价。

3)总承包服务费由建设单位在招标控制价中根据总包服务范围和有关计价规定编制,施工企业投标时自主报价,施工过程中按签约合同价执行。

4. 规费

规费是指按国家法律、法规规定,由省级政府和省级有关权力部门规定必须缴纳或计取的费用。其组成及计算方法与本书 3.2.1 中的规费相同。

5. 税金

税金是指国家税法规定的应计入建筑安装工程造价内的增值税、城市维护建设税、教育费附加以及地方教育附加。其组成与计算方法与本书 3.2.1 中的税金相同。

建设单位和施工企业均应按照各省、自治区、直辖市或行业建设主管部门发布的标准计算规费和税金,其不得作为竞争性费用。

需要说明的是,各专业工程计价定额的使用周期原则上为 5 年。工程造价管理机构在定额使用周期内,应及时发布人工、材料、机械台班价格信息,实行工程造价动态管理,如遇国家法律、法规、规章或相关政策变化以及建筑市场物价波动较大时,应适时调整定额人工费、定额机械费以及定额基价或规费费率,使建筑安装工程费能反映建筑市场实际。而建设单位在编制招标控制价时,应按照各专业工程的计量规范和计价定额以及工程造价信息编制。施工企业在使用计价定额时除不可竞争费用外,其余仅作参考,由施工企业投标时自主报价。

3.3　建筑安装工程计价程序

根据住房和城乡建设部、财政部发布的《关于印发<建筑安装工程费用组成>的通知》（建标〔2013〕44号），建设单位工程招标控制价计价程序见表3-1；施工企业工程投标报价计价程序见表3-2；竣工结算计价程序见表3-3。

表3-1　建设单位工程招标控制价计价程序

工程名称：　　　　　　　　　　　　　　　　　　　　　　　　标段：

序号	内　　容	计算方法	金额/元
1	分部分项工程费	按计价规定计算	
1.1			
1.2			
1.3			
1.4			
1.5			
2	措施项目费	按计价规定计算	
2.1	其中：安全文明施工费	按规定标准计算	
3	其他项目费		
3.1	其中：暂列金额	按计价规定估算	
3.2	其中：专业工程暂估价	按计价规定估算	
3.3	其中：计日工	按计价规定估算	
3.4	其中：总承包服务费	按计价规定估算	
4	规费	按规定标准计算	
5	税金（扣除不列入计税范围的工程设备金额）	按营改增政策计算	
招标控制价合计=1+2+3+4+5			

表3-2　施工企业工程投标报价计价程序

工程名称：　　　　　　　　　　　　　　　　　　　　　　　　标段：

序号	内　　容	计算方法	金额/元
1	分部分项工程费	自主报价	
1.1			
1.2			
1.3			
1.4			
1.5			
2	措施项目费	自主报价	
2.1	其中：安全文明施工费	按规定标准计算	
3	其他项目费		
3.1	其中：暂列金额	按招标文件提供金额计算	

（续）

序号	内　容	计算方法	金额/元
3.2	其中：专业工程暂估价	按招标文件提供金额计算	
3.3	其中：计日工	自主报价	
3.4	其中：总承包服务费	自主报价	
4	规费	按规定标准计算	
5	税金（扣除不列入计税范围的工程设备金额）	按营改增政策计算	
投标报价合计 = 1 + 2 + 3 + 4 + 5			

表 3-3　竣工结算计价程序

工程名称：　　　　　　　　　　　　　　　　　　　　　　　　　标段：

序号	汇总内容	计算方法	金额/元
1	分部分项工程费	按合同约定计算	
1.1			
1.2			
1.3			
1.4			
1.5			
2	措施项目	按合同约定计算	
2.1	其中：安全文明施工费	按规定标准计算	
3	其他项目		
3.1	其中：专业工程结算价	按合同约定计算	
3.2	其中：计日工	按计日工签证计算	
3.3	其中：总承包服务费	按合同约定计算	
3.4	索赔与现场签证	按发承包双方确认数额计算	
4	规费	按规定标准计算	
5	税金（扣除不列入计税范围的工程设备金额）	（1 + 2 + 3 + 4）×规定税率	
竣工结算总价合计 = 1 + 2 + 3 + 4 + 5			

复习思考题

1. 建设项目的费用是由哪些费用组成的？
2. 建筑安装工程费用如何划分？各项费用的含义是什么？
3. 人工费包含哪些内容？
4. 措施项目费由哪些部分组成？

第4章

建筑安装工程概预算

4.1 建筑安装工程概预算概述

4.1.1 建设工程概预算的分类及其作用

根据工程建设的顺序及其在工程建设中所起的作用，工程概预算主要有以下几种。

1. 投资估算

投资估算一般是指在基本建设前期工作（规划、编制项目建议书、设计任务书和可行性研究报告）阶段，对拟建项目，根据工程估算指标和设备、材料预算价格及有关文件规定，确定建设项目在不同阶段的相应投资总额度而编制的经济文件。因其是按估算指标确定的，故称为投资估算。

投资估算是国家审批建设项目投资总额的重要依据，其精确程度，因不同的使用目的和决策要求而有所不同。

2. 设计概算

设计概算简称概算，是在初步设计阶段，由设计单位根据初步设计图，按概算定额或概算指标、取费标准、设备材料预算价格和有关文件规定，预先计算确定的建设项目从筹建到竣工并交付使用的全部建设费用的经济文件。因其是由设计单位根据概算定额编制的，故称为设计概算。

设计概算是确定和控制工程造价、编制固定资产投资计划、签订建设项目总包合同和贷款总合同、实行建设项目投资包干的依据，也是考核设计方案和建设成本是否经济、合理的依据。

设计概算包括单位工程概算、单项工程综合概算和建设项目总概算，是由单个到总体逐个编制，层层汇总而成的。

3. 施工图预算

施工图预算是在单位工程开工前，施工图经过会审后，根据施工图、现行预算定额和有关取费规定确定的建筑安装工程费用的文件。该安装工程费用是建设单位支付给施工单位的费用，不包括设备工器具购置费和其他各种费用。

施工图预算是确定建筑安装工程预算造价、签订工程施工合同及建设单位和施工单位造价包干和办理结算的依据；实行招投标的工程，施工图预算是制订标底的依据。

4. 施工预算

施工预算是指施工阶段，在施工图预算的控制下，施工单位根据施工图、施工定额（包括劳动定额、材料消耗定额和机械台班使用定额）、施工及验收规范等编制的单位工程（或分部分项工程）施工所需人工、材料和施工机械台班消耗量及相应费用的经济文件。

施工预算是施工企业对单位工程实行计划管理，编制施工、材料、劳动力计划，向班组下达工程施工任务单，实行班组经济核算，考核单位用工，限额领料等的依据；也是施工企业加强经营管理，提高经济效益，降低工程成本的重要手段。

5. 工程结算

工程结算是指一个单项工程、单位工程、分部或分项工程完工，并经建设单位及有关部门验收后，施工企业根据施工过程中现场实际情况的记录、设计变更通知书、现场工程更改签证、预算定额、材料预算价格和各项费用标准等资料，在概算范围内和施工图预算的基础上，按规定编制的向建设单位办理结算工程价款、取得收入、用以补偿施工过程中的资金耗费、确定施工盈亏的经济文件。

工程结算一般有定期结算、阶段结算和竣工结算等方式。它们是结算工程价款、确定工程收入、考核工程成本、进行计划统计、经济核算及竣工决算的依据。其中，竣工结算是反映工程全部造价的经济文件。以它为依据，通过建设银行向建设单位办理已完工程结算后，就标志着双方所承担的合同义务和经济责任的结束。

6. 竣工决算

竣工决算是指单项工程或建设项目所有施工内容均已完成，并交付建设单位使用后，进行工程建设费用的最后核算，确定的单项工程或建设项目从筹建到建成并投入使用的全部实际成本（实际造价），其文件称为竣工决算书。

竣工决算是核定工程建设项目总造价及考核投资效果的依据，也是建设单位有关部门之间进行资产移交的依据。

竣工决算与竣工结算是两个不同的概念。竣工结算是指工程完工后，建设单位与施工单位之间进行的费用最后结算，而竣工决算则是工程建设的实际总投资。

4.1.2 基本建设的"三算"对比及其各自的作用

基本建设的"三算"是指设计概算、施工图预算和竣工决算。其中设计概算是"三算"对比的基础。这"三算"都是国家或单位对基本建设进行科学管理、控制工程造价、监督的有效手段之一，但各自又有着不同的作用。设计概算在确定和控制建设项目投资总额等方面的作用最为突出；施工图预算在最终确定和控制单位工程的计划价格，作为施工企业加强经济管理等方面的作用最为明显；竣工决算在确定建设项目实际投资总额、考核基本建设投资效果等方面的作用最为显著。通过"三算"的对比分析，可以考核建设成果，总结经验教训，积累技术经济资料，提高投资效果。

设计概算、施工图预算和竣工决算都是以价值形态贯穿于整个工程建设过程中的。按照国家要求，所有建设项目，设计要编概算，施工要编预算，竣工要做结算和决算。原国家计委颁发的《关于控制建设工程造价的若干规定》文件中指出：当可行性研究报告一经批准后，其投资估算总额应作为工程造价的最高限额，不得任意突破。同时，要求决算不能超过预算，预算不能超过概算，概算不能超过投资估算。

4.1.3 施工企业的"两算"对比

施工企业的"两算"对比是指施工图预算与施工预算的对比。前者确定预算成本，后者确定计划成本。通过对人工、材料等的对比、分析，可以预测到施工过程中人工、材料等的降低或超出情况，找出降低或超出的原因，研究、提出解决超出的办法，以便及时采取技术措施，进行科学的管理，以避免发生预算成本的亏损。并在完工后加以总结，取得经验教训，积累资料，加强和改进施工组织管理工作，以减少工料消耗，提高劳动生产率，降低工程成本，节约资金，取得更大的经济效益。因此，"两算"对比是施工企业运用经济规律，加强企业管理的重要手段之一。

4.2 设计概算的编制

4.2.1 设计概算的内容及作用

1. 设计概算的内容

设计概算可分为单位工程概算、单项工程综合概算及建设项目总概算三个层次，各层次之间的关系如图4-1所示。

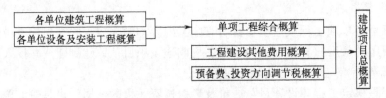

图4-1 设计总概算组成图

（1）单位工程概算 单位工程概算是指在初步设计（或扩大初步设计）阶段，依据所达到设计深度的单位工程设计图、概算定额（或概算指标）以及有关费用标准等技术经济资料编制的单位工程建设费用文件。它是编制单项工程综合概算的依据，也是单项工程综合概算的组成部分。单位工程概算按工程性质可分为建筑工程概算和设备及安装工程概算。设备及安装工程概算包括给排水、采暖工程概算，通风、空调工程概算，电气照明工程概算，弱电工程概算，特殊构筑物工程概算，机械设备以及安装工程概算，电气设备及其安装工程概算，工具、器具及生产家具购置费用概算等。

（2）单项工程综合概算 单项工程综合概算又称单项工程概算，是由单项工程中的各单位工程概算汇总编制而成的。它是建设项目总概算的组成部分。其内容组成如图4-2所示。

（3）建设项目总概算 建设项目总概算是确定整个建设项目从工程筹建到竣工验收所需全部费用的文件，它是由各单项工程综合概算、工程建设其他费用概算、预备费和固定资产投资方向调节税概算等汇总编制而成的，如图4-3所示。

2. 设计概算的作用和编制原则

（1）设计概算的作用 设计概算是编制建设项目投资计划、确定和控制建设项目投资的依据，是签订贷款合同的最高限额；它也是编制标底价、投标报价和控制施工图设计及施

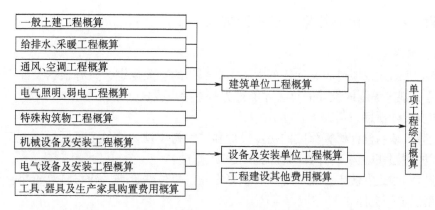

图 4-2 单项工程综合概算组成图

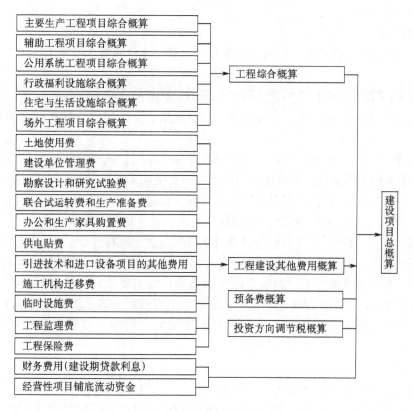

图 4-3 建设项目总概算组成图

工图预算的依据；同时设计概算还是体现设计方案技术经济合理性和选择最佳设计方案的重要依据；也是考核建设项目投资效果的依据；是编制概算指标的基础。

（2）设计概算的编制原则 设计概算的编制应严格执行国家建设方针和经济政策，完整、准确地反映设计内容，结合拟建工程实际，反映工程所在地价格水平。总之设计概算应体现技术先进，经济合理，简明、适用。概算造价要控制在投资估算范围内。

4.2.2　设计概算的编制依据、步骤及要求

1. 编制依据

1）经批准的建设项目的设计任务书和主管部门的有关规定，只有根据设计任务书和主管部门的有关规定编制的设计概算，才能列为基本建设投资计划。

2）初步设计项目一览表。

3）能满足编制设计概算深度的初步设计和扩大初步设计的各工程图样、文字说明和设备清单，以便根据以上资料计算工程的各工种工作量。

4）地区的建筑安装工程概算定额、预算定额、单位估价表、建材预算价格、间接费用和有关费用规定等文件。

5）有关费用定额和取费标准。

6）建设场地的工程地质资料和总平面图。

7）税收和规划费用。

2. 编制步骤

就单位工程设计概算而言，其编制步骤与施工图预算的编制步骤基本相同。具体编制步骤如下：

1）首先熟悉设计文件，了解设计特点和现场实际情况。

2）收集有关资料，包括工程所在地的地质、气象、交通和设备材料来源和价格等基础资料。

3）熟悉有关定额、规范、标准，设计概算通常可采用扩大单价法或利用概算指标来编制，也可利用类似工程概算法等编制，根据不同情况灵活采用。

4）列出工程项目，根据工程量计算规则计算工程量。

5）套用概算定额（或概算指标），编制概算表，计算定额直接费。

6）根据费用定额和有关计费标准计算各项费用，确定概算造价。

7）根据所获得的数据，进行单位造价（元/m^2）和单位消耗量（管材/m^2、线材/m^2等）的分析。若采用概算指标法编制单位工程概算，则需要针对概算指标中有差异的数据进行修正和换算。若采用类似工程概算法编制单位工程概算，需要注意时间、地区、工程结构和类型、层高、调价差等因素，通过系数加以调整，用综合调整系数乘以类似工程预（结）算造价，就可获得拟建工程概算造价。

3. 编制要求

设计概算由设计单位负责编制。一个建设项目，当由几个设计单位共同设计时，应由承担主体设计任务的单位负责统一概算编制原则等事项，并且负责承担总概算的编制，其他设计单位则负责所分担的设计项目的概算编制。

设计单位以及设计人员应重视技术和经济的结合，从事工程项目经济管理的人员在设计过程中应对造价进行分析比较，及时反馈信息，给设计提供相关的设计条件，从而有效地控制工程造价。

设计单位应确保设计文件的完整性。设计概算是将技术和经济综合在一起的文件，是设计文件的组成部分。对初步设计应有概算，技术设计应有修正概算，施工图设计应有预算。概算、预算均应有主要材料设备表。

设计单位要提高概算编制的准确性、可行性，还应充分考虑工程的建设周期、变动因素等问题，以便准确地确定和控制工程造价。

4.2.3　设计概算书的编制内容及编制方法

设计概算书是提供给有关部门对工程项目投资额度进行掌握和控制的经济性文件，因此，其内容应该详细而又清楚、明了、准确。概算书中应该包含以下内容。

1. 概算书的编制说明

说明中，应对下列几个问题交代清楚：

1）工程概况：说明该项工程所处地理位置、自然环境、建设规模、工程目的、工程项目的性质和特点、建设周期、各分项工程的组成及相互关系；引进项目要说明引进内容及国内配套工程等主要情况。

2）资金状况：说明资金的来源及投资方式。

3）编制依据：初步设计图及其说明书、设备清单、材料表等设计资料；全国统一安装工程概算定额或各省、自治区、直辖市现行的安装工程概算定额或概算指标；标准设备与非标准设备以及材料的价格资料；国家或各省、自治区、直辖市现行的安装工程间接费定额和其他有关费用标准等费用文件。

4）编制范围：应介绍所包括以及未包括的工程和费用情况。

5）编制方法：说明编制概算时，是采用概算定额的编制方法还是采用概算指标的编制方法；或者是预算单价法、扩大单价法、设备价值百分比法等。

6）投资分析：可分别按费用构成或投资性质分析各项工程及其费用占总投资的比例，并分析投资高低的主要原因，说明与同类工程比较的结果。

7）有关内容说明。

2. 概算表及其所包含的内容

概算表是用具体数据显示工程各类项目的投资额和工程总投资额。概算表一般分为：单位工程概算表，单项工程综合概算表，建设项目总概算表。建筑设备安装工程概算表包括：给排水工程概算表，采暖工程概算表，通风空调工程概算表，锅炉安装工程概算表，燃气工程概算表，室外管道工程概算表，电气照明工程概算表等单位工程概算表。这其中的内容涉及多个专业，每个专业往往只需提供其中的一个或几个单位工程概算表，然后由设计的主体单位负责做出单项工程综合概算表、建设项目总概算表。这些单位工程概算表属于建筑安装工程概算表的组成部分。概算表中包含的内容如下所述。

（1）建筑安装工程概算　这项概算的目的是确定基本建设项目的建筑与建筑设备安装工程的总造价。在编制建筑安装工程概算时，一般将建设项目分解为若干个单位工程，每一个单位工程均可独立编制概算，然后汇总成建筑安装工程的单项工程综合概算表，最后汇总成建设项目的总概算表。

编制建筑安装工程概算时，主要是计算工程的直接费、间接费、利润三项内容。概算中的直接费，在工程量确定后，可根据概算定额或概算指标计算。概算中的间接费、利润则应根据国家和地方基本建设主管部门的有关取费标准和取费规定计算。

如果采用概算定额编制概算，编制方法可参考后面章节的施工图预算的编制。如果采用概算指标编制概算，则要根据建筑物的使用类别、结构特点等，查阅同类型建筑物中的概算

单价指标来计算工程的概算价值，其计算公式为

$$工程概算价值 = 建筑面积 \times 每平方米概算单价$$

$$工程所需人工数量 = 建筑面积 \times 每平方米人工用量$$

$$工程所需主要材料 = 建筑面积 \times 每平方米主要材料耗用量$$

（2）设备及其安装工程概算　这项概算的目的是确定该工程项目生产设备的购置费和安装调试费。设备及其安装工程概算通常包括设备购置费概算和设备安装调试费概算两部分。

1）设备购置费概算。它由设备原价加上设备运输费、采保费构成。其值为

$$设备购置费 = 设备原价 \times （1 + 运杂费率）$$

2）设备安装调试费概算。它可根据设备安装概算定额进行编制，也可根据设备安装概算指标进行编制，其计算式为

$$设备安装费概算 = 设备原价 \times 安装费率$$

对建筑安装工程，安装费率的具体值由各地区制定。

（3）其他工程费用概算　这项概算的目的是确定建设单位为保证项目竣工投产后的生产顺利进行而消耗的费用。该费用包括：土地征用费、生产工人培训费、交通工具购置费、联合试车费等。这类费用通常是根据国家和地方基本建设主管部门颁发的有关文件或规定来确定的。

（4）不可预见工程费概算　这项概算的目的是确定因修改、变更、增加设计而增加的费用或因材料、设备变换而引起的费用增加等。这类费用由于在编制概算时难以预料，在实际工程中可能发生而增加费用额，因此，它们常称为"不可预见工程费"或"工程预备费"。这部分概算费用的确定一般采用以上三项概算总和乘以概算费率的方法确定，其概算费率由主管部门规定。

对建筑安装工程企业来说，常用的表格是单位工程概算表和单项工程综合概算表，其具体格式见表4-1和表4-2。

表 4-1　单位工程概算表

工程编号		××		概算造价		××××元		
工程名称		××空调通风工程		技术经济指标		数量：××××m² （或 m³）		
项目名称		××工业园				单价：××元/m² （或元/ m³）		
编制依据		图号：×× ××××年 ××地区价格 ××概算定额（指标）						
序号	定额编号	工程或费用名称	工程量		定额单价		概算价值/元	
			定额单位	数 量	合 计	人工费	总 价	人工费
1	2	3	4	5	6	7	8	9
××	××	××	××	××	××	××	××	××
××	××	××	××	××	××	××	××	××
⋮	⋮	⋮	⋮	⋮	⋮	⋮	⋮	⋮
××	××	××	××	××	××	××	××	××
××	××	××	××	××	××	××	××	××
××	××	××	××	××	××	××	××	××
合　计								
直接工程费			××××				××	
间接费			××××				××	
利润			××××				××	
税金			××××				××	
概算造价			××××				××	

表4-2 单项工程综合概算表

序号	工程或费用名称	概 算 价 格						指 标			占投资额（%）	备注
		建筑工程费	安装工程费	设备购置费	工器具及生产用具购置费	其他费用	合计	单位	数量	指标		
1	2	3	4	5	6	7	8	9	10	11	12	13
1	土建工程	××					××	××	××	××		
2	采暖工程	××					××	××	××	××		
3	通风工程	××					××	××	××	××		
4	照明工程	××					××	××	××	××		
5	小 计	××					××	××	××	××		
6	工艺设备		××	××			××	××	××	××		
7	机械设备		××	××			××	××	××	××		
8	小计		××	××			××	××	××	××		
9	合计	××	××	××			××	××	××	××		

3. 设计概算书的格式及整理

当单位工程概算、单项工程综合概算及建设项目总概算做完后，需要将整个资料整理成一个完整的文件，形成设计概算书，并将其归结到设计文件中去。设计概算书需遵循有关部门的规定，按照统一的格式来进行编制，按照下面的顺序来加以整理：

1）封面及目录。封面的通用格式见表4-3。目录的一般格式如下：

①总概算编制说明。总概算编制说明包括：

a. 工程概况。

b. 总概算编制结果。

c. 总概算编制依据。

d. 有关说明。

表4-3 封面 签署页通用格式

建设项目设计概算书

建设单位：＿＿＿＿＿＿＿＿＿＿＿＿＿＿＿＿＿＿＿＿

建设项目名称：＿＿＿＿＿＿＿＿＿＿＿＿＿＿＿＿＿＿

设计单位（或工程造价咨询单位）：＿＿＿＿＿＿＿＿＿＿＿

编制单位：＿＿＿＿＿＿＿＿＿＿＿＿＿＿＿＿＿＿＿＿

编制人（资格证号）：＿＿＿＿＿＿＿＿＿＿＿＿＿＿＿

审核人（资格证号）：＿＿＿＿＿＿＿＿＿＿＿＿＿＿＿

项目负责人：＿＿＿＿＿＿＿＿＿＿＿＿＿＿＿＿＿＿

总工程师：＿＿＿＿＿＿＿＿＿＿＿＿＿＿＿＿＿＿＿

单位负责人：＿＿＿＿＿＿＿＿＿＿＿＿＿＿＿＿＿＿

＿＿年＿＿月＿＿日

②附表。附表的装订次序为：

a. 总概算表。

b. 建筑工程综合概算表。

c. 设备及安装工程综合概算表。

2）总概算编制说明。总概算编制说明见本章4.2.3节中第1小节的有关内容。

3）总概算表。总概算表反映静态投资和动态投资两个部分。静态投资是指按照设计概算编制期价格、费率、利率、汇率等确定的投资；动态投资是指概算编制期到竣工验收前的工程和价格变化等多种因素所需要的投资。

4）工程建设其他费用概算表。工程建设其他费用概算按照国家或地区部委所规定的项目和标准确定，并按照统一表格编制。

5）单项工程综合概算表及建筑安装单位工程概算表。

6）工程量计算表和人工、材料数量汇总表。

7）分年度投资汇总表和分年度资金流量汇总表。

4.3 施工图预算的编制

4.3.1 建筑安装工程施工图预算概述

施工图预算是在施工图设计完成后，工程项目开工之前，根据已批准的施工图和已确定的施工组织设计，按照国家和地区现行的统一预算定额或单位估价表、费用标准、材料预算价格等有关规定，对各分项工程进行逐项计算并加以汇总的工程造价的技术经济文件。建筑安装工程施工图预算是用来确定具体建筑设备安装工程预计造价的预算文件。

施工图预算与前面所介绍的设计概算相比，在编制依据、所处设计阶段、所起作用、项目划分的粗细程度上有所不同，而且设计概算价格是最高投资费用，施工图预算必须低于或不得超过概算费用；相同点是两者在费用的组成和概预算的编制方法上是基本相似的。

1. 建筑安装工程施工图预算的作用

施工图预算的作用主要体现在以下几个方面。

（1）施工图预算是落实和调整年度基本建设计划的依据 施工图预算比设计概算所得到的安装工程造价更详细、具体、准确。因此，可以落实和调整年度基本建设计划。

（2）施工图预算是实行招标、投标的依据 施工图预算是建设单位在实行工程招标时确定工程价款标底的依据。它也是施工单位参加工程投标时对工程项目进行报价的依据。

（3）施工图预算是签订工程承包合同的依据之一 施工图预算是建设单位和施工单位签订工程承包的经济合同的基础，是明确甲、乙双方工程经济责任的依据。

（4）施工图预算是办理财务拨款、工程贷款、工程结算的依据 建设银行根据施工图预算办理工程拨款或贷款，同时，监督甲、乙双方按工期和工程进度办理结算。工程竣工后，按施工图和实际工程变更记录及签证资料修正预算，并以此办理工程价款的结算。

（5）施工图预算是建筑安装企业编制施工计划的依据 施工图预算是安装企业编制劳动力、材料供应、机械使用、施工作业等各项计划的依据，也是组织施工生产、控制生产成本的依据。

（6）施工图预算是建筑安装企业加强经济核算和进行施工图预算与施工预算对比的依据　施工图预算是根据施工预算定额和施工图编制的，而预算定额是按平均偏上水平编制的。所以，安装企业只有在人、财、物耗用和技术水平及管理水平达到相当水准时，才能完成国家下达或自行承揽的工程任务。有了施工图预算，安装企业经济核算就有了依据，企业的施工和组织才有目的，从而促使企业改善劳动组织、推行先进施工方法、合理组织材料采购和运输、减少各种杂项开支等，加强经济核算，降低工程成本，提高劳动生产率。

2. 编制施工图预算的依据

（1）施工图及相关设计资料　完整的施工图是指经过会审及核定的图样资料，它包括设计图、设计说明书、设备材料明细表以及有关的标准图和大样图等，这些图中明确表示了管道走向、设备位置、标高、尺寸、型号、规格和数量以及技术要求等内容。它们直接影响工程量计算的准确性和项目套用定额的合理性，是编制施工图预算的主要依据。此外，建设单位、设计单位和施工单位对施工图会审签字后的会审记录也是编制施工图预算的依据。

（2）建筑安装工程预算定额或单位估价表　预算定额一般都详细规定了工程量的计算方法，如分部分项的工程量的计量单位，允许的材料等，必须严格按照预算定额的规定进行。工程量计算后，要严格按照预算定额或单位估价表规定的分部分项工程单价，填入预算表，计算出该工程的分部分项费。

（3）地区（或某项工程）材料预算价格　地区材料预算价格是编制单位估价表和确定材料价差的依据，每一建设地区均编制有自己地区的材料预算价格。如果建设地区没有材料预算价格表，或者表中缺项，则应在当地建设厅领导下，在建设单位、建设银行、施工企业和设计部门参与下，按照国家规定的原则和方法，共同制订材料预算价格。

（4）施工组织设计或施工方案　施工组织设计或施工方案也是编制施工图预算的依据。

（5）地区有关建筑安装工程的取费标准　建筑安装工程费用构成中的某些取费随地区的不同，取费标准也不同。按照国家要求，各地区均制定了各自的取费标准，这些取费标准都是确定工程预算造价的基础。

（6）工程承包合同文件　建设单位和施工企业所签订的工程合同文件是双方进行工程结算和竣工决算的基础。合同中的附加条款也是编制施工图预算和工程结算的依据。

（7）预算手册　预算手册是预算部门必备的参考书。它的内容通常包括：各种常用数据和计算公式，各种标准构件的工程量和材料用量，金属材料规格和计量单位之间的换算，投资估算指标、概算指标、单位工程造价和工期定额，工程量的计算规则和计算方法，技术经济参考资料等，因此工程预算编制手册是预算员必备的基础资料。

3. 施工图预算费用的组成

建筑安装工程施工图预算费用由分部分项工程费、措施项目费、其他项目费、规费、税金五部分组成。即

预算造价 = 分部分项工程费 + 措施项目费 + 其他项目费 + 规费 + 税金

而分部分项工程费、措施项目费、其他项目费等三项费用中均包含人工费、材料费、机械台班费、企业管理费和利润。

4. 施工图预算的内容

1）编制说明。编制说明的主要内容有以下几项：

①编制依据。编制依据包括：

a. 采用图样的名称及编号。

b. 采用的预算定额或单位估价表。

c. 采用的费用定额。

d. 施工组织或施工方案。

②有关设计修改或图样审核记录。

③后续项目或因故暂时停工的项目、暂估项目统计数及其原因说明。

④整个预算中存在问题及处理办法。

⑤其他事项。

2）工程量计算表和工程量汇总表。其内容包括分项名称、规格型号、单位、数量。必要时，应写出计算式及所在部位等。

3）分部分项工程预算表。

4）措施项目预算表。

5）其他项目预算表。

6）规费预算表。

7）工程总造价汇总表。

8）主要设备、材料汇总表。

9）材料分析表。

上述提及的各项内容，并非每项工程预算都必须做，要根据工程的具体情况决定，具体问题具体分析。

4.3.2　施工图预算编制的程序

1. 编制前的准备工作

施工图预算是确定工程预算造价的文件。编制施工图预算的过程，是具体确定建筑安装工程预算造价的过程。编制施工图预算，不仅要严格遵守国家计价政策、法规，严格按图样计量，而且还要考虑施工现场条件和企业自身因素，是一项复杂、细致而且政策性和技术性都很强的工作。因此，必须事前做好充分准备，方能编制出高水平的施工图预算。

准备工作主要包括三个方面，即组织准备、资料收集和施工现场勘察。

（1）组织准备　对于一个大的工程项目，其专业门类齐全，不是一两个人能够胜任的。必须组织各专业人员，分工合作，共同完成预算的编制工作，而且要确定切实可行的编制方案。

（2）资料收集

1）施工图的收集。包括文字说明、设计更改通知书和修改图、设计采用的标准图和通用图。

2）施工组织设计和施工方案。施工组织设计和施工方案是确定工程进度、施工方法、施工机械、技术措施、现场平面布置等内容的文件，直接关系到定额的套用。

3）有关定额、取费标准及费率。预算定额、间接费及其他一些费用的取费标准是关系到工程预算造价多少最直接的依据，离开了这些资料，预算将无据可循。

4）有关工具书。如预算手册、各地区的材料预算价格等。

5）有关合同。如施工合同、设备和主要材料的供应合同等。

（3）施工现场勘察　工程所在地的施工现场条件的好坏将关系到工程施工安装过程中

发生费用的多少。应仔细核实施工现场的水文地质资料、自然地面标高、交通运输道路条件、地理环境、原有建筑、施工工程中所需的水、电等具体情况。凡属建设单位责任范围内的应解决而未解决的问题，应确定责任和期限，若由建设单位委托施工企业完成，则应及时办理签证，并依此收费。

2. 熟悉图样和预算定额

施工图是编制施工图预算的根本依据，编制预算前必须认真阅读图样，全面熟悉图样内容，理解设计意图，了解工程的性质、系统的组成、设备和材料的规格型号与品种以及是否采用新材料和新工艺，掌握工程量计算的必要数据，才能正确确定分项工程项目和进行工程量计算。熟悉图样不但要弄清图样的内容，而且要对图样进行审核：图样间相关尺寸是否有误，设备与材料表上的规格、数量是否与图示相符，详图、说明及其他符号是否正确等。若发现错误应及时和设计人员或建设方取得联系后加以纠正。

另外，阅读施工图时应注意所有文件，包括采用的大样图、标准图以及设计更改通知（或类似文件），不可遗漏。

预算定额是编制施工图预算的计价标准，只有充分了解其适用范围、工程量计算规则及定额系数等，才能做到有根有据，进而使预算编制准确、迅速。

3. 划分工程项目和计算工程量

（1）划分工程项目　划分的工程项目必须和定额规定的项目一致，这样才能正确地套用定额。不能重复列项计算，也不能漏项少算。例如，对通风空调工程的管道安装，管件连接工程量已包括到管道安装工程项目内，就不能在列出管道安装项目的同时，再列出管件连接项目套工艺管道管件连接定额。有些工程量，在图样上不能直接表达，往往在施工说明中加以说明，注意不可漏项。例如，管道除锈、刷油等项目都是很容易漏项的项目；再如，电动机安装不包括电动机测试内容，如果电动机要求测试，就必须列项，不可漏掉，应分别套用相应定额。

（2）工程量计算　工程量计算是一项细致的工作，工作量大而烦琐。工程量计算的准确与否将直接影响施工图预算的编制质量、工程造价的高低、投资大小、施工企业生产经营计划的编制等。计算工程量需要细心、认真对待，严格按定额规定的工程量计算规则进行计算。具体的计算方法和计算原则将在下一节中做详细介绍。为了防止漏算或重复计算，也为了便于校对和审核，通常将计算结果采用表 4-4 的格式汇总。

表 4-4　工程量统计表

建设单位：　　　　　　　　　　　　　　　　　单位工程：

编　号	分项工程名称	单　位	计　算　式	结　果
1	××××	××	……	……
2	××××	××	……	……
3	××××	××	……	……
4	××××	××	……	……
5	××××	××	……	……

统计人＿＿＿＿＿＿＿＿　　　年　月　日

（3）工程量的整理与汇总　当分项工程工作量计算出来后，还需要将其工作量进行整理，即将套用相同定额子目的工程项目的工程量合并在一起，汇总为一个项目。例如，室内给水管道安装，凡是材质、规格、连接方式相同的，均将其工程量汇总在一起。又如通风管道制作安装，凡是在一个分项定额中套用同一定额子目的项目，不管规格是否相同，都应合并在一起。如某工程有大边尺寸分别为 800mm 和 630mm 两种镀锌钢板风管制作安装项目，虽然规格不同，但安装工程定额都应套用 9-7 定额子目（钢板厚度 $\delta = 1.0mm$ 以内子目），所以应将两者工程量相加，合并为一个项目。

（4）编制施工图预算表 对建筑安装工程项目来说，目前普遍使用的预算表格有表 4-5 和表 4-6 两种。

表 4-5 建筑安装工程预算表（一）

工程名称：_____ 　　　　　　　　　　　　　　　　　第__页 共__页

定额代号	项目名称	规格型号	单位	数量	单位价值/元				合计价值/元			
					合计	工费	材料费	机械费	合计	工资	材料费	机械费

表 4-6 建筑安装工程预算表（二）

工程名称：_____ 　　　　　　　　　　　　　　　　　第__页 共__页

定额代号	项目名称	规格型号	单 位	数 量	价值/元		其中人工工资/元		备 注
					单价	合价	单价	合价	

至于采用何种表格，要视情况而定，若须调整价差，而且是采用系数调整的，宜采用表 4-5，目前一般采用这种形式；不须调整人、料、机价差时，可采用表 4-6。当然，也可自行设计表格。

使用上述表格，在填写分项工程数量栏中的工程量时，应该特别注意：当工程项目所套用定额的计量单位为"扩大计量单位"时，所填的数量应该按单位扩大倍数相应缩小。如 100m 长的冷冻水管安装项目，安装定额中的计量单位为 10m，那么在数量栏中应填的数为 $100 \div 10 = 10$，而不是 100；又如有 500m² 的管道需要除锈，从定额中查得该子项目的定额计量单位为 10m²，因此，数量栏中的数字应为 $500 \div 10 = 50$。

（5）运用定额计算分部分项工程费

1）计算分部分项工程费中的人工费、材料费和机械台班费。当上述工作准备就绪后，就可以按分项工程选套相应的定额项目来计算分部分项工程费中的人工费、材料费和机械台班费。其计算方法为：用定额中规定的单位工程量的单位价值与数量栏中的数值相乘，其乘积就是该分项工程的价值。

2）计算分部分项工程费中的管理费和利润。利用定额计算得到的人工费为基数，乘上取费标准中规定的不同费率，就可得到管理费和利润。

3）将人工费、材料费、机械台班费、管理费和利润汇总，就可得到分部分项工程费。

（6）计算措施项目费和其他项目费　措施项目费、其他项目费均与分部分项工程费一样，由人工费、材料费、机械台班费、管理费和利润构成，其计算方法与分部分项工程费的计算方法一样。

（7）计算规费　规费就是按照相关规定必须要缴纳的费用，其费率和计算方法在各项取费标准中均有明确规定，按照取费标准计算，就可得到总的规费。

（8）计算工程预算造价并编制工程预算汇总表　根据以上步骤，求得各项费用后，将各项费用归类，根据预算费用的组成来计算工程造价，即

$$工程造价 = 分部分项工程费 + 措施项目费 + 其他项目费 + 规费 + 税金$$

具体计算可列表进行，表格形式见表 4-7。

表 4-7　施工图预算汇总表

单位工程：　　　　　　　　　　　建设单位：

序号	项　　目	计　　算　　式	费率（%）	费用/元	备注
1	分部分项工程费	FBFXF　　　　1.1 + 1.2 + 1.3 + 1.4 + 1.5 + 1.6			
1.1	人工费	RGF			
1.2	材料费	CLF + ZCF + QTF + SBF			
1.2.1	其中：工程设备费	SBF			
1.3	其他材料费	QTCLF			
1.4	机械费	JXF			
1.5	管理费	GLF			
1.6	利润	LR			
2	措施项目费	2.1 + 2.2			
2.1	能计量的部分	CSXMF　2.1.1 + 2.1.2 + 2.1.3 + 2.1.4 + 2.1.5 + 2.1.6			
2.1.1	人工费	CSXMF_RGF			
2.1.2	材料费	CSXMF_CLF + CSXMF_ZCF + CSXMF_QTF + CSXMF_SBF			
2.1.3	其他材料费	CSXMF_QTCLF			
2.1.4	机械费	CSXMF_JXF			
2.1.5	管理费	CSXMF_GLF			
2.1.6	利润	CSXMF_LR			
2.2	总价措施项目费	ZJCSF			
2.2.1	其中：安全文明施工费	QFJC + CSXMF_QFJC　（1.1 + 2.1.1）×13.76%	13.75		
3	其他项目费	QTXMF			

（续）

序号	项　目	计　算　式	费率(%)	费用/元	备注
4	规费	4.1+4.2+4.3+4.4+4.5+4.6			
4.1	其中：社会保险费	（1+2+3）×2.84%	2.84		
4.2	工程排污费	（1+2+3）×0.40%	0.40		
4.3	安全生产责任险	（1+2+3）×0.20%	0.20		
4.4	职工教育经费	（1+2+计日工）中的人工费总额	1.50		
4.5	工会经费	（1+2+计日工）中的人工费总额	2.00		
4.6	其他规费	（1+2+计日工）中的人工费总额			
5	税金	5.1+5.2+5.3+5.4			
5.1	增值税	当期销项税额抵扣当期进项税额后的余额	9.00		
5.2	城市建设维护税	增值税额	1.00~7.00		
5.3	教育费附加	增值税额	3.00		
5.4	地方教育附加	增值税额	2.00		
6	暂列金额	ZLJE			
7	含税工程造价	1+2+3+4+5+6			

（9）编写施工图预算说明　各项费用计算完毕、工程造价确定之后，应编制施工图预算说明，其内容主要包括以下几个方面：

1）工程概况。

2）说明各类费用、费率的选取依据和取费理由。

3）材料价格预算的依据，价差处理方法。

4）工程中某些特殊项目的工程量计算处理方法。

5）套用定额情况，是否有借套或编制补充定额套用情况。如果定额经过换算或者有其他变动，在填写定额编号时，则应在基价编号后加以注明。如"4换"表示该子目基价不是原来的基价，是经过换算的；"6-1490×1.2"表示该子目套用的是低压碳钢法兰安装定额，按规定定额基价乘以系数1.2。若用的是补充定额，也应加以说明，如"补25"表示套用的是补充定额第25项。

6）施工中原设计更改处理方法或变更部分的计费方式。

（10）工料分析　工料分析即按分项工程项目，依据定额或单位估价表，计算人工和各种材料的实物耗量，并将主要材料汇总成表。

工料分析的方法是：首先从定额项目表中分别查出各分项工程消耗的每项材料和人工的定额耗量，再分别乘以该工程项目的工程量，得到分项工程工料耗量。最后将各分项工程工料耗量加以汇总，得出单位工程人工、材料的消耗数量。用公式表示为

$$人工 = \sum（分项工程量 \times 综合工日消耗定额）$$
$$材料 = \sum（分项工程量 \times 各种材料定额耗量）$$

用同样的方法，也可进行机械台班耗量分析。

工料分析表见表4-8，表中是以制作安装尺寸分别为1600mm×500mm和1000mm×500mm两种矩形镀锌薄钢板通风管各100m，均采用咬口连接为例来加以说明的。

表4-8　工料分析表

年　月　日

工程名称：某通风工程

序号	定额编号	分项工程名称	单位	工程量	人工/工日		镀锌钢板 δ=1mm		镀锌钢板 δ=1.2mm		角钢∠60		角钢∠63		扁钢		圆钢 φ9	
					定额标准	用量	定额标准/m²	用量/m²	定额标准/m²	用量/m²	定额标准/kg	用量/kg	定额标准/kg	用量/kg	定额标准/kg	用量/kg	定额标准/kg	用量/kg
1	9-7	镀锌钢板矩形风管制作安装	10m²	30	4.99	149.70	11.38	341.40			35.04	1051.20	0.16	4.80	1.12	33.60	1.49	44.70
2	9-8	镀锌钢板矩形风管制作安装	10m²	42	6.66	254.52			11.38	477.96	45.14	1895.88	0.26	10.92	1.02	42.84	0.08	3.36
合计						404.22		341.40		477.96		2947.08		15.72		76.44		48.06

序号	定额编号	分项工程名称	单位	工程量	圆钢 φ14		焊条 φ3.2		带螺母螺栓 M8×75		铁铆钉		橡胶板 δ₁₋₃		膨胀螺栓 M12		弧焊机	
					定额标准/kg	用量/kg	定额标准/kg	用量/kg	定额标准/套	用量/套	定额标准/kg	用量/kg	定额标准/kg	用量/kg	定额标准/套	用量/套	定额标准/台班	用量/台班
1	9-7	镀锌钢板矩形风管制作安装	10m²	30			0.49	14.70	43	1290.00	0.22	6.60	0.92	27.60	1.50	45.00	0.10	3.00
2	9-8	镀锌钢板矩形风管制作安装	10m²	42	1.85	77.70	0.34	14.28	33.5	1047.00	0.22	9.24	0.81	34.02	1.00	42.00	0.07	2.94
合计						77.70		28.98		2697.00		15.84		61.62		87.00		5.94

序号	定额编号	分项工程名称	单位	工程量	台式钻床		剪板机		折方机		咬口机	
					定额标准	用量/台班	定额标准	用量/台班	定额标准	用量/台班	定额标准	用量/台班
1	9-7	镀锌钢板矩形风管制作安装	10m²	30	0.36	10.80	0.03	0.90	0.03	0.90	0.03	0.90
2	9-8	镀锌钢板矩形风管制作安装	10m²	42	0.31	13.02	0.02	0.84	0.02	0.84	0.02	0.84
合计						23.82		1.74		1.74		1.74

4.3.3 工程量的计算

在建筑安装工程中，凡是需要施工人员进行操作的工程项目均需计算工程量，同时工程量的计算也是编制任何一种预算的基础。因此，工程量计算应该严谨而又准确。计算时必须采取一定的方法，根据施工图和工程量计算规则，依一定顺序按分项工程进行。

1. 工程量的计算方法

（1）根据施工图的内容和说明书划分分项工程项目

1）采暖安装工程常用分项工程项目划分方法。室内采暖安装工程的分项工程项目常可分为以下几种：

①室内管道安装。

②散热器片的组合与安装。

③阀门、仪表安装。

④套管制作。

⑤管道支架制作及安装。

⑥管道除锈。

⑦管道刷油。

⑧散热器片刷油。

⑨支吊架的除锈与刷油。

⑩管道与设备保温。

⑪法兰盘制作与安装。

⑫膨胀水箱制作与安装。

⑬集气罐制作与安装。

⑭补偿器制作与安装。

2）工业管道安装工程常用分项工程项目划分方法。工业管道安装工程的分项工程项目常可分为以下几种：

①管道安装。

②仪表、阀门安装。

③法兰盘制作与安装。

④管件制作与安装。

⑤设备安装。

⑥小型器具制作与安装。

⑦管道除锈、刷油与绝热。

⑧支吊架的除锈与刷油。

⑨管道冲洗、消毒等。

3）通风、空调安装工程常用分项工程项目划分方法。通风、空调安装工程的分项工程项目常可分为以下几种：

①风管制作与安装。

②检查口、测定口、导流叶片、软接口的制作安装。

③阀门制作安装。

④进出风口部件制作安装。

⑤除尘设备制作安装。

⑥消声器制作安装。

⑦空调部件或设备制作安装。

⑧风机安装。

⑨刷油漆与保温。

⑩其他。

（2）根据分项工程的施工内容统计工程量　工程量统计一般以管道或设备为主线分类分段编号进行计算。例如室内采暖系统，管径有大有小，连接方式有螺纹连接、焊接及法兰连接等。参照定额，可按连接方式分类，按管径大小排列逐段统计；也可以按安装方法分类，如明装、暗装及局部暗装等，以管径大小排列，分段统计。工程量统计有多种形式，可根据工程内容、个人习惯等灵活选用。但无论用哪种方法，都要做到统计准确，既不漏项又不重复。

（3）工程量汇总　各分项工程的每类工程量统计完毕之后，以分项工程为单位，将同类性质的项目依次排列，汇总后填入表格，为套用定额做好准备。

2. 工程量的计算规则

建筑环境与能源应用专业所从事的项目中，工程量的计算主要包括水管道及阀门安装、供暖器具安装、风管道及部件的制作安装、通风空调设备安装，此外还包括刷油、防腐蚀及绝热工程等。其工程量的计算规则分别如下所述。

（1）通风空调工程

1）通风管道制作安装。

①通风管道制作安装按施工图所示规格，以展开面积计算，不扣除检查孔、测定孔、送风口、吸风口等所占面积。

a. 圆形风管展开面积计算式：

$$F = \pi \times D \times L$$

式中　F——圆形风管展开面积（m^2）；

π——取 3.14；

D——圆形风管直径（m）；

L——风管中心线长度（m）。

b. 矩形风管展开面积计算式：

$$F = (A + B) \times 2 \times L$$

式中　F——矩形风管展开面积（m^2）；

A——矩形风管长边长（m）；

B——矩形风管短边长（m）；

L——矩形风管的中心线长度（m）。

c. 风管的直径 D 和边长 A 或 B 按风管的内壁尺寸计算。

②风管长度一律以施工图所示中心线长度为准（主管与支管以其中心线交点划分），包括弯头、三通、变径管、天圆地方等管件的长度，但不包括部件（如风阀）所占长度。风管的周长以图示尺寸为准，咬口重叠部分已包含在内，不得另行增加。

③风管导流叶片制作安装按图示的叶片面积计算。对于香蕉形双叶片，其面积按单叶片面积的2倍计算。

④整个通风系统设计采用渐缩管均匀送风者，圆形风管按平均直径、矩形风管按平均周长计算。

⑤柔性风管安装，按施工图所示管道中心线长度以"m"为计量单位，薄钢板风管、净化风管、不锈钢风管、铝板风管、塑料风管、玻璃钢风管、复合型风管及铝箔复合泡沫风管均以"$10m^2$"为计量单位。

⑥软管接口制作安装按图示尺寸，以"m^2"为计量单位。

⑦风管检查孔质量按"国家标准图集"中所列质量计算，以"100kg"为计量单位。

⑧风管检查孔制作安装，以"个"为计量单位。

⑨薄钢板通风管道，玻璃钢通风管道、复合型通风管道、复合保温板通风管道的制作安装中已包括未镀锌钢板风管本身的除锈刷油、法兰、加固框和吊托支架的制作安装、除锈、刷两道防锈漆、两道调合漆，这些工程量不得另行计算。

⑩净化通风管道制作安装，已包括法兰、加固框和吊托支架的制作安装，法兰、加固框和吊托支架的除锈刷油或镀锌处理的费用另行计算。

⑪不锈钢板风管、铝板通风管道制作安装中，不包括法兰、加固框和吊托支架，它们另外单独列项计算。

⑫塑料通风管道制作安装中，包括了法兰、加固框的制作安装，吊托支架则单独列项计算。

2）通风管道部件制作安装。

①标准部件中的风管阀门、风口的制作，按其成品质量以"kg"为计量单位，根据设计选用的型号、规格，按《通风空调工程》附录一、国际通风部件质量表计算质量。非标准的风阀、风口按图示成品质量计算。其安装则按它们的直径或周长划分步距以"个"为计量单位，分别执行相应项目。

②风帽的制作安装（包括风帽滴水盘和滴水槽）按其成品质量划分步距，以"kg"为计量单位。

③罩类制作安装，按不同类型划分步距，以"kg"为计量单位。

④片式消声器、管式消声器、复合阻抗消声器和消声静压箱以其外形尺寸的体积（m^3）划分步距，以"台"为计量单位。弧形声流式消声器则以其外形尺寸的体积（m^3）为计量单位；消声弯头则以它的断面积（m^2）划分步距，以"台"为计量单位，不论是哪种形式的消声弯头均执行同一项目。

⑤钢板密闭门制作安装以"kg"为计量单位。钢制挡水板制作安装按空调器断面积计算以"m^2"为计量单位。

⑥轴流风机附件制作安装分别列项，按不同的附件制作以"kg"为计量单位，包括除锈和做防锈漆两道，调合漆两道，安装以风机的规格为步距，以"个"为计量单位。

⑦电加热器外壳、空调器外壳制作安装，按图示尺寸以"kg"为计量单位。

⑧设备支架制作安装是指单位质量在100kg以上的设备支架和设备钢制基础，按图示尺寸计算以"kg"为计量单位。其中风机减振台座的减振器按设计规定的型号、规格计入。

⑨高、中效过滤器、净化工作台安装以"台"为计量单位，风淋室安装按不同质量以

"台"为计量单位。

⑩洁净室安装，按质量计算，以"kg"为计量单位，执行《通风空调工程》第八章《分段组装式空调器》安装项目。

3）通风空调及设备安装。

①通风机安装按设计不同型号不同规格以"台"为计量单位。

②在支架上安装的空调，落地式安装的空调器均按不同制冷量以"kW"划分步距，以"台"为计量。

③风机盘管、分体式及窗式空调机和卫生间通风器不分种类、不同规格均以"台"为计量单位，按设计图示数量计算，分段组装式空调器按质量以"kg"为计量单位。

④空气加热（冷却）器，除尘设备安装按不同质量划分步距，以"台"为计量单位。

4）低温热水辐射供暖系统安装。

①辐射管以中心线延长米计算，以"10m"为计量单位，不扣除管件、阀门、过滤器所占长度。隔热套管以"10m"为计量单位。

②绝热层、钢丝网以"10m²"为计量单位，伸缩缝以"100m"为计量单位。

③分（集）水器、铜阀门、铜过滤器、塑料阀门以"个"为计量单位。

（2）给排水、采暖、燃气工程

1）管道安装。

①各种管道，均以施工图所示中心长度，以"m"为计量单位，不扣除阀门、管件（包括减压器、疏水器、水表、伸缩器等组成安装）所占的长度。

②穿墙、楼梯、屋面防水套管及一般套管以"个"为计量单位。

③排水管道的消能弯以"组"为计量单位。

④塑料排水和阻火圈、防火套管以"个"为计量单位。

⑤沟槽连接管道执行《通风空调工程》相应子目。

⑥管道支架制作安装，室内管道公称直径32mm以下的安装工程已包括在内，不得另行计算。公称直径32mm以上的，以"kg"为计量单位。

⑦各种伸缩器制作安装，均以"个"为计量单位。方形伸缩器的两臂，按臂长在管道长度内计算。

⑧管道消毒、冲洗、压力试验，均按管道长度以"m"为计量单位，不扣除阀门、管件所占的长度。

2）阀门、水位标尺安装。

①各种阀门安装均以"个"为计量单位。法兰阀门安装，当仅为一侧法兰连接时，所列法兰、带帽螺栓及垫圈数量减半，其余不变。

②各种法兰连接用垫片，均按石棉橡胶板计算，如用其他材料，不得调整。

③法兰阀（带短管甲乙）安装，均以"套"为计量单位，当接口材料不同时，可做调整。

④自动排气阀安装以"个"为计量单位，已包括了支架制作安装，不得另行计算。

⑤浮球阀安装均以"个"为计量单位，已包括了联杆及浮球的安装，不得另行计算。

⑥浮球液面计、水位标尺是按国标编制的，当设计和国标不符时，可做调整。

3）低压器具、水表组成和安装。

①减压器、疏水器组成安装，以"组"为计量单位，当设计组成与项目不同时，阀门法兰盘和压力表数量可按设计用量进行调整，其余不变。

②减压器安装按高压侧的直径计算。

③法兰水表安装以"组"为计量单位，旁通管及止回阀与设计规定的安装形式不同时，阀门及止回阀法兰盘可按设计规定进行调整，其余不变。

4）卫生器具制作安装。

①卫生器具组成安装以"组"为计量单位，已按标准图综合了卫生器具与给水管、排水管连接的人工与材料用量，不得另行计算。化验支架按成品计算。

②浴盆安装不包括支座和四周侧面的砌砖及瓷砖粘贴。

③蹲式大便器安装，已包括了固定大便器的垫砖，但不包括大便器蹲台砌筑。

④大便槽、小便槽自动冲洗水箱安装以"套"为计量单位，已包括了水箱托架的制作安装，不得另行计算。

⑤小便槽冲洗管制作与安装以"m"为计量单位，不包括阀门安装，其工程量另行计算。

⑥脚踏开关安装，已包括了弯管与喷头的安装，不得另行计算。

⑦冷热水混合安装以"套"为计量单位，不包括支架制作安装及阀门安装，其工程量另行计算。

⑧蒸汽-水加热器安装以"台"为计量单位，包括莲蓬头安装，不包括支架制作安装及阀门、疏水器安装，其工程量另行计算。

⑨容积式水加热器安装以"台"为计量单位，不包括安全阀安装、保温与基础砌筑，应另行计算。

⑩电热水器、电开水炉安装以"台"为计量单位，只考虑本体安装，连接管、连接件等工程量另行计算。

⑪饮水器安装以"台"为计量单位，阀门和脚踏开关工程量另行计算。

5）供暖器具安装。

①热空气幕安装以"台"为计量单位，其支架制作安装另行计算。

②长翼、柱形铸铁散热器组成安装以"片"为计量单位，其汽包垫不得换算；圆翼形铸铁散热器组成安装以"节"为计量单位。

③光排管散热器制作安装以"m"为计量单位，已包括联管长度，不得另行计算。

6）小型容器制作安装。

①钢板水箱制作，按施工图所示尺寸，不扣除人孔、手孔质量，以"kg"为计量单位，法兰和短管水位计另行计算。

②钢板水箱安装，按国家标准图集水箱容积"m³"执行相应项目。各种水箱安装，均以"个"为计量单位。

7）燃气管道及附件、器具安装。

①各种管道安装，均按设计管道中心线长度，以"m"为计量单位，不扣除各种管件和阀门所占长度。

②除铸铁管外，管道安装中已包括管件安装和管件本身价值。

③承插铸铁管安装中未列出接头零件，其本身价值应按设计用量另行计算，其余不变。

④钢管焊接挖眼接管工作，均在项目中综合取定，不得另行计算。

⑤调长器及调长器与阀门连接，包括一副法兰安装，螺栓规格和数量以压力为0.6MPa的法兰装配，如压力不同可按设计要求的数量、规格进行调整，其他不变。

⑥燃气表安装按不同规格、型号分别以"块"为计量单位，不包括表托、支架、表底垫层基础，其工程量可根据设计要求另行计算。

⑦燃气加热设备、灶具等按不同用途规格型号，以"台"为计量单位。

⑧气嘴安装按规格型号连接方式，分别以"个"为计量单位。

8）采暖工程系统调整。采暖工程系统调整，应根据项目特征（系统），以"系统"为计量单位，按由采暖管道、管件、阀门、法兰、供暖器具组成采暖工程系统计算，其工作内容为系统调整。

9）相关规定。

①采暖热源管道室内外界限划分：以建筑物外墙皮1.5m为界，入口处设阀门者以阀门为界，工业管道界限划分以锅炉房或泵站外墙皮1.5m为界。

②燃气管道室内外界限划分：地下引入室内的管道以室内第一个阀门为界，地上引入室内的管道以墙外三通为界，室外燃气管道与市政燃气管道以两者的碰头点为界。

其他分项工程的工程量计算原则可参阅其他参考书。

3. 编制工程量汇总表

将各分项工程的工程量计算完后，需要将这些工程量汇总成一张表格。这样，一方面能够方便校对与审核，使之一目了然；另一方面，能够便于套用相应的定额，使预算做得准确而又迅速。工程量汇总表的格式见表4-9。

表4-9 安装工程量汇总表

顺序号	分项工程名称（或编号）	计算公式（或说明）	计量单位	数 量	备 注

4.4 施工预算的编制

4.4.1 施工预算概述

1. 施工预算的定义

施工预算是为了适应施工企业加强管理的需要，按照企业生产管理和队、组核算的要求，在施工图预算的控制下，以单位工程或分部、分项工程为对象，根据施工图、施工定额（或劳动定额和地区材料消耗定额）、施工组织设计，考虑挖掘企业内部潜力，在开工前由施工单位编制，供企业内部使用的一种预算。它规定了建筑工程在单位工程或分部、分层、分段上的人工、材料、施工机械台班的消耗数量标准和分部分项费付出的标准，是施工企业基层的成本计划文件，是与施工图预算和实际成本进行分析对比的基础资料。

2. 施工预算的作用

编制施工预算是加强企业管理、实行经济核算的重要措施，它对提高施工企业的管理水平、吸收和创新先进的施工技术和方法、降低施工耗量和提高劳动生产率有着重要的作用，施工预算的作用可分为以下几个方面。

（1）施工预算是施工企业编制施工作业计划的依据　施工作业计划是施工企业计划管理的基础，要求施工预算必须在开工之前编制好，施工预算为施工作业计划的编制和施工进度的安排提供了单位工程或分部、分层、分段的工程量以及人工、材料、施工机械台班和构配件的消耗量数量等数据，施工计划部门根据施工预算提供的数据，进行备料和按时组织材料进场及安排各工种的劳动力进场时间等，使施工作业计划编制得更具体、准确、可靠。

（2）施工预算是基层施工单位签发施工任务单和限额领料单的依据　施工任务单是施工作业计划落实到班组的计划文件，也是记录班组完成任务情况和结算班组工人工资的依据。

施工任务单的内容可分为两部分：一部分是下达给班组的工程内容，包括工程名称、计量单位、工程量、定额指标、平均技术等级、质量要求以及开工、竣工日期等；另一部分是班组实际完成工程任务情况的记载及工人工资结算，包括实际完成的工程量、实用工日数、实际平均技术等级、工人完成工程的工资额以及实际开工、竣工日期等。第一部分的内容均来源于施工预算。

限额领料单是随同施工任务单同时签发的，是施工班组为完成规定任务所需消耗材料数量的标准额度，是考核班组材料节约、超支情况的依据，是开展班组经济核算的基础。限额领料单主要包括各种材料消耗定额和限额领用的材料品种、规格、质量、数量等数据，也均来源于施工预算。

施工预算中确定的人工、材料、机械台班消耗量，作为签发工程施工任务的数量和领取施工用料的最高限额，不能突破。因此可以有效地控制人工、材料、机械台班的消耗数量。

（3）施工预算是衡量工人劳动成果、计算劳动报酬的依据　施工预算规定了工程内容、工程数量和用工数量，是衡量工人的劳动成果、计算劳动报酬的依据，它把工人的劳动成果和个人应得报酬的多少直接联系起来，体现了按劳取酬的原则。

（4）施工预算是施工企业开展经济活动分析，进行"两算"对比的依据　经济活动分析主要是应用施工预算的人工、材料和机械台班消耗数量及分部分项工程费与施工图预算的人工、材料、机械台班汇总数量及分部分项工程费进行对比，分析超支或节约的原因，改进技术操作和施工管理，有效地控制施工中的人力、物力消耗，节约工程成本开支。

施工企业开展经济活动分析是提高和加强企业经营管理的有效措施。由于施工预算中的工料消耗量是考虑采用施工技术组织措施以后计算的，因而其额定工料消耗量包含了技术组织因素。通过经济活动分析，可以找出企业管理中的薄弱环节和技术组织措施中存在的问题，从而提出加强和改进的意见，促进实施施工技术组织的节约措施。

4.4.2　施工预算的编制

1. 施工预算的编制依据

（1）施工图及说明书　施工图必须经过建设单位、设计单位和施工单位共同会审，并且还须有会审记录。如有设计更改，必须有设计更改图或设计更改通知。会审记录、设计更改图和设计更改通知书与施工图一样，是施工的依据，也是编制施工图预算及施工预算的依据。

（2）经过审核批准的安装工程施工图预算书　施工图预算书中的许多数据可为施工预算的编制提供许多有利条件和可比数据，并且施工预算的消耗量必须受施工图预算的控制，施工预算中所计算的项目消耗量及费用绝对不能超施工图预算，因此施工图预算书是编制施工预算的重要依据之一。施工预算的计算项目划分比施工图预算的分项工程项目划分要细，但有的工程量还是相同的（风机盘管和空气幕的安装等），为了减少重复计算，施工预算与施工图预算工程量相同的计算项目，可以照抄使用。

（3）经批准的施工组织设计或施工方案　施工组织设计或施工方案中确定的施工方法、施工顺序、施工机械、技术组织措施、现场平面布置等内容，都是施工预算计算工程量和实物耗量的重要依据。

（4）施工定额和有关补充定额或全国统一劳动定额和地区材料消耗定额　在编制施工预算时，根据施工定额所规定的建筑工程单位产品的人工、材料和机械台班消耗量的标准进行套用，使工程施工的费用控制在合理范围内。在目前全国和各地区尚无统一施工定额的情况下，编制施工预算时，人工部分可执行现行的《通用安装工程消耗量定额》，材料部分可执行地区颁发的《建筑安装工程消耗量标准》，施工机械部分可根据施工组织设计所规定的实际进场机械，按其种类、型号、台数和工期等进行计算。

（5）其他有关费用规定　其他有关费用主要是指施工过程中可能发生的因自然、人为等各种原因引起的相关费用，如气候影响、停水停电、机具维修及不可预见的零星用工等引起的费用增加。企业可以通过测算这笔费用，由企业内部包干使用。该费用的计算应根据地区、本企业的规定执行。

（6）设备材料手册及预算手册等工具书或资料　借助设备材料手册及预算手册等资料可以加速施工预算的编制。

2. 施工预算的编制方法

编制施工预算的方法主要有实物法、实物金额法和单位估价法三种。

（1）实物法　根据施工图和施工定额，结合施工组织设计或施工方案所确定的施工技术措施，计算出工程量后，套用施工定额，分析汇总人工、材料数量，但不进行计价，通过实物消耗数量来反映其经济效果。

（2）实物金额法　实物金额法是通过实物数量来计算人工费、材料费和分部分项工程费的一种方法。根据实物法算出的人工和各种材料的消耗量，分别乘以所在地区的工资标准和材料单价，求出人工费、材料费和分部分项工程费，以各项费用的多少来反映其经济效果。

（3）单位估价法　根据施工图和施工定额的有关规定，结合施工技术措施，列出工程项目，计算工程量，套用施工定额单价，逐项计算后汇总分部分项工程费，并分析汇总人工和主要材料消耗量，同时列出明细表，最后汇编成册。

三种编制方法的主要区别在于计价方法的不同。实物法只计算实物消耗量，运用这些实物消耗量可向施工班组签发施工任务单和限额领料单；实物金额法是先分析、汇总人工和材料实物消耗量，再进行计价；单位估价法则是按分项工程分析进行计价。

以上各种方法的机械台班和机械费，均按照施工组织设计或施工方案要求，根据实际进场的机械数量计算。

3. 施工预算的编制步骤

不管采用哪种编制方法，施工预算的编制一般均按以下步骤进行：

1）掌握工程项目现场情况，收集有关原始资料。编制施工预算之前，首先应掌握工程项目所在地的现场情况，了解施工现场的环境、地质、施工平面布置等有关情况，尤其是对关系到施工进程能否顺利进行的外界条件应有一个全面的了解。然后按前面所述的编制依据，将有关原始资料收集齐全，熟悉施工图和会审记录，熟悉施工组织设计或施工方案，了解所采取的施工方法和施工技术措施，熟悉施工定额和工程量计算规则，了解定额的项目划分、工作内容、计量单位、有关附注说明以及施工定额与预算定额的异同点。了解和掌握上述内容，是编制好施工预算的必备前提条件，也是在编制前必须要做好的基本准备工作。

2）列工程项目并计算其工程量。列项与计算工程量，是施工预算编制工作中最基本的一项工作。其所费时间最长，工作量最大，技术要求也较高，是一项十分细致而又复杂的工作。

施工预算的工程项目，是根据已会审的施工图和施工方案规定的施工方法，按施工定额项目划分和项目顺序排列的。有时为了签发施工任务单和适应"两算"对比分析的需要，也按照工程项目的施工程序或流水施工的分层、分段和施工图预算的项目顺序进行排列。

工程项目工程量的计算是在复核施工图预算工程量的基础上，按施工预算要求列出的。除了新增项目需要补充计算工程量外，其他可直接利用施工图预算的工程量而不必再算，但要根据施工组织设计或施工方案的要求，按分部、分层、分段进行划分。工程量的项目内容和计量单位，一定要与施工定额相一致，否则就无法套用定额。

3）查套施工定额。工程量计算完毕，经过汇总整理、列出工程项目，将这些工程项目名称、计量单位及工程数量逐项填入"施工预算工料分析表"（表4-8）之后，即可查套定额，将查到的定额编号与工料消耗指标，分别填入上表的相应栏目里。

套用施工定额项目时，其定额工作内容必须与施工图的构造、做法相符合，所列分项工程名称、内容和计量单位必须与所套定额项目的工作内容和计量单位完全一致。如果工程内容和定额内容不完全一致，而定额规定允许换算或可系数调整时，则应对定额进行换算后才可套用。对施工定额中的缺项，可借套其他类似定额或编制补充定额。编制的补充定额，应经权威部门批准后方可执行。

填写计量单位与工程数量时，注意采用定额单位及与之相对应的工程数量，这样就可以直接套用定额中的工料消耗指标，而不必改动定额消耗指标的小数点位置，以免发生差错。填写工料消耗指标时，人工部分应区别不同工种，材料部分应区别不同品种、规格和计量单位，分别进行填写。上述做法的目的是便于按不同的工种和不同的材料品种、规格分别进行汇总。

4）工料分析。按上述要求将"施工预算工料分析表"上的分部分项工程名称、定额单位、工程数量、定额编号、工料消耗指标等项目填写完毕后，即可进行工料分析，方法同施工图预算。

5）工料汇总。按分部工程分别将工料分析的结果进行汇总，最后再按单位工程进行汇总，并以此为依据编制单位工程工料计划，计算分部分项费和进行"两算"对比。

6）计算分部分项工程费和其他费用。根据上述汇总的工料数量与现行的工资标准、材料预算价格和机械台班单价，分别计算人工费、材料费和机械费，将三者之和加上管理费和利润即为本分部工程或单位工程的施工预算分部分项工程费。最后再根据本地区或本企业的规定计算其他有关费用。

7）编写编制说明。

4.4.3　施工预算与施工图预算的比较

1. "两算"对比的目的

"两算"对比，即施工预算与施工图预算对比。施工图预算确定的是工程预算价格，而施工预算确定的是工程计划成本。它们是从不同角度计算的两本经济账。

一个工程能否创利或创利多少，关键问题是看工程实际成本的高低。如果实际成本低于预算成本，则预算成本与实际成本之差即转化为利润，实际成本越低，利润水平就越高。反之，如果实际成本高于预算成本，则实际成本与预算成本的差值，就由计划利润补偿，结果是利润转化为成本，降低了利润水平。如果补偿额超过计划利润额，就造成亏损。所以，施工企业应加强工程成本管理，努力提高利润水平。"两算"对比分析就是加强经营管理，降低工程造价，提高利润水平的重要手段。

2. 施工预算与施工图预算的区别

（1）所起的作用不同　施工预算是施工企业为达到降低施工成本的目的，按照施工定额的规定，结合企业内部生产能力和施工技术水平而编制的一种供企业内部使用的预算。它是编制生产计划和企业内部实行定额管理、确定承包任务的基础。施工预算的编制决定了企业从事生产经营的计划成本，它是企业控制各项成本支出的依据。而施工图预算是计算单位工程预算造价，对外签订工程合同，确定企业收入的主要依据。在实行招标、投标的情况下，它也是招标者计算标底和投标者进行报价的基础。

（2）编制的依据不同　施工图预算与施工预算虽然都是根据同一施工图编制的，但两者使用的定额不同。施工预算是根据施工定额的规定，结合施工企业本身所采用的技术组织措施来计算的，所表现的是企业劳动力、材料和机械设备的实际消耗量，是施工企业控制资金支出的主要尺度。而施工图预算是根据预算定额或单位估价表来计算的，所体现的是对施工过程中消耗的人工、材料和机械台班，采用经济的形式进行的一种价值补偿，是施工企业确定资金来源的主要依据。

（3）计算的范围不同　施工预算一般以单位工程为编制对象，而且只计算到人工、材料和施工机械台班的消耗量及其相应的分部分项工程费为止，这是因为施工预算只供企业内部管理使用，如向班组签发施工任务单和限额领料单；而施工图预算一般以单项工程及其各单位工程为编制对象，要计算整个工程造价，包括分部分项工程费、措施项目费、其他项目费、规费和税金等。

（4）工程量的计算规则不同　施工预算的工程量计算，既要符合劳动定额的要求，又要符合材料消耗定额的要求，同时还要考虑生产计划和降低成本措施的要求。而施工图预算的工程量计算，只是按预算定额规定的工程量计算规则进行计算即可。

（5）计算的方法不同　编制施工图预算，其计算方法是先将各分项工程的工程量，分别乘以相应的预算定额单价，得出各分项工程基价费。累计各分项工程基价费，即得单位工程基价费。再计算间接费等费用，最后汇总，即可得出单位工程的预算造价。

编制施工预算则是先将各分项工程的工程量，分别乘以各自相应工种的劳动定额、材料和机械台班消耗定额，得出各分项工程的人工、材料和机械台班数量。累计各分项工程的人工、材料和机械台班消耗量，即得出单位工程所需用的人工、各工种的工日需用量，各种规格的材料需用量和机械台班需要量。再分别乘以相应预算单价并加以汇总，从而得出单位工程的计划成本。

（6）预算所反映的对象水平与深度不同　施工图预算反映的是整个社会的平均水平，施工预算则是反映本企业的实际水平。施工预算项目的划分较施工图预算更细、更深，工作量更大。

3. "两算" 对比的方法

"两算" 对比一般采用实物量对比法和实物金额对比法两种。

（1）实物量对比法　将施工预算所计算的工程量，套用施工定额的工料消耗指标，算出分部工程并汇总为单位工程的人工和主要材料消耗量，填入 "两算" 对比表，再与施工图预算的工料用量进行对比，算出节约和超支的数量差和百分率。其对比见表4-10。

（2）实务金额对比法　将施工预算所算出的人工、材料和施工机械台班消耗量，按分部工程汇总后，分别乘上相应的工资标准、材料预算价格和机械台班单价，得出分部工程的人工费、材料费和机械台班费，并将其填入 "两算" 对比表，按单位工程进行汇总，再与施工图预算中相应的人工费、材料和机械费、分部分项工程费等分别进行对比分析，算出节约或超支的金额差和百分率。其对比见表4-11。

表4-10　"两算" 实物量对比

工程名称：

序号	分部分项工程名称	单位	数量	两算名称	人工材料种类				
					人工/工日	管材/kg	钢板/kg	保温材料/m³	机械/台班
1				施工预算					
				施工图预算					
2				施工预算					
				施工图预算					
3				施工预算					
				施工图预算					
4				施工预算					
				施工图预算					
合　计				施工预算					
				施工图预算					
两算对比数量差值				节　约					
				超　支					
两算对比百分比				节约（%）					
				超支（%）					

审核：　　　　　　　　　　　　　　　　　　　　　　　　　　　制表：

表 4-11 "两算" 金额对比

序号	项 目	单位	施工预算			施工图预算			金额差		
			数量	单价	合计	数量	单价	合计	节约	超支	百分比
1	分部分项工程费	元									
	其中：人工费	元									
	材料费	元									
	机械台班费	元									
	管理费	元									
	利润	元									
2	措施项目费	元									
	其中：人工费	元									
	材料费	元									
	机械台班费	元									
	管理费	元									
	利润	元									

审核： 制表：

4. 对比的具体内容与分析评价

（1）**人工对比分析** 施工预算的人工数量及人工费与施工图预算相比，一般要低 10%~15%，这是由于"两算"套用的定额不一样所产生的。在预算定额中的人工消耗指标，考虑了在施工定额中未包括、而在一般正常施工情况下又不可避免要发生的一些零星用工因素。如不同工序之间的搭接、各工种之间的交叉配合所需停歇时间，因工程质量检查和隐蔽工程验收而影响的工人操作时间，以及施工中不可避免的其他少数零星用工等，在施工定额的基本用工、超远距离用工等基础上，预算定额又增加了 10% 的人工幅度差。人工"两算"对比表见表 4-12。

表 4-12 人工"两算"对比表

工程名称：

分项工程名称	施工预算					施工图预算					"两算"对比		
	定额编号	单位	工程量	单位/工日	合计/工日	定额编号	单位	工程量	单位/工日	合计/工日	节约	超支	百分比

（2）**材料消耗量对比分析** 施工定额的材料损耗率一般都低于预算定额，同时，编制施工预算时还要考虑扣除技术措施的材料节约量。但由于定额项目之间的水平不一致，有的项目也会出现施工预算的材料消耗量大于施工图预算，如果出现这种情况，则应分析研究，找出原因，采取措施，加以解决。材料消耗量对比见表 4-13。

表 4-13 材料消耗量对比

工程名称：

材料名称	单 位	施工预算数量	施工图预算数量	对比结果			备 注
				节 约	超 支	百分比	

（3）施工机械费对比分析 施工预算的机械费，是根据施工组织设计或施工方案所规定的实际进场机械，按其种类、型号、台数、使用期限和台班单价计算的。而施工图预算的机械费，是根据预算定额的机械种类型号和台班数，按施工生产的一般情况，考虑合理搭配，综合取定的，同施工现场的实际情况不可能完全一致。因此，对"两算"来说，施工机械无法进行台班数量对比，只能以"两算"的机械费进行对比分析。当发生施工预算的机械费大量超支，而又无特殊情况时，则应考虑改变原来施工组织设计中的机械施工方案，尽量做到不亏损而略有节余。

（4）周转材料使用费的对比分析 周转材料主要指脚手架等。施工预算的脚手架是根据施工组织设计或施工方案规定的搭设方法和具体内容分别进行计算的。施工图预算所依据的预算定额是综合考虑的，无法用实物量对比，只能按费用对比。

（5）计划成本与预算成本的对比分析、计划成本与预算成本的构成对比分析 其对比分析情况分别见表 4-14 和表 4-15。

表 4-14 计划成本与预算成本的对比分析

工程名称：

成本项目	预算/万元	计划/万元	升降额/万元	升降率（‰）	备 注
人工费					
材料费					
机械台班费					升为（－）
管理费					降为（＋）
临时设施费					
其他					
合计					

审核： 制表：

表 4-15 计划成本与预算成本的构成对比分析

工程名称：

成本项目	成本构成（%）		增加（＋）	减少（－）	备 注
	预 算	计 划			
人工费					
材料费					
机械费					
措施项目费					
工程直接成本					
管理费及其他					
工程总成本					

审核： 制表：

从上述五个方面的对比分析可以看出，对比分析的内容均为分部分项工程费和措施项目费，其他费用应由从事施工的企业下属部门单独进行核算，不能和分部分项工程费一起罗列，一般不进行"两算"对比。

4.4.4　施工预算书的编制与整理

当上述工作全部完成后，需要将其整理成完整的施工预算书，作为施工企业进行成本管理、人员管理、机械设备管理及工程质量管理与控制的一份经济性文件。完整的施工预算书应该包含以下内容。

1. 封面与目录

（1）封面　封面内容包括工程名称、工程类别、工程造价、施工图预算及施工预算的直接工程费、盈亏，以及编制单位、编制人、审核人、负责人签章的位置等，见表 4-16。

表 4-16　施工预算封面

建筑安装工程施工预算书	
工程名称：	建设单位：
工程编号：	施工单位：
工程类别：	预算造价：
编制单位：	负责人（签章）
编制日期　年　月　日	审核人（签章）
	编制人（签章）

（2）目录　施工预算书主要的内容由编制说明书和有关的各种计算表格组成，编制目录时将其列上即可。

2. 编制说明

编制说明是为了让审核和使用施工预算的人员能够清楚了解施工预算的编制过程和表中所包含的施工内容，以及施工预算中还未解决的问题。说明中应包含以下内容：

1）工程概况：说明工程性质、施工特点、工作内容、施工安装期限等。

2）编制依据：说明采用的有关施工图、施工定额、人工工资标准、材料价格、机械台班单价、施工组织设计或施工方案以及图样会审记录等。

3）范围：说明所编制的施工预算的工程范围。

4）根据现场勘察资料考虑的因素。

5）根据施工组织设计，施工中采用的主要的技术措施和降低生产成本的措施。

6）暂估项目和遗留项目，并说明其原因和处理办法。

7）还存在和需要解决的问题，以后的处理办法。

8）其他需要说明的问题。

3. 计算表格

施工预算中用到的表格比较多，采用表格的形式，往往使得内容更集中，让人看起来更加清楚、明了。主要的表格有以下几种。

（1）工程量计算表 工程量计算表是施工预算的基础表，主要反映分部分项工程名称、工程数量、计算式等，工程量可按施工图和施工定额规定的项目进行计算。其具体格式可参照表4-4。

（2）工料分析表 工料分析表是施工预算的基本计算用表，它直接反映各分部分项工程中的各工种不同等级的用工量及施工工程中各种材料的实际消耗量。具体表格详见表4-8。

（3）人工汇总表 人工汇总表是编制劳动力计划及合理调配劳动力的依据。它由"工料分析表"上的人工数，按不同工种和级别分别汇总而成，见表4-17。

表4-17 施工预算人工工日计算表

序　号	项目名称	人工费/元	人工单价/(元/工日)	人工工日/个
1				
2				
3				
4				
5				
6				

（4）材料消耗量汇总表 材料消耗量汇总表是编制材料需用量计划的依据。它由"工料分析表"上的材料量按不同品种、规格，根据现场用与加工厂用进行汇总而成，见表4-18。

表4-18 材料消耗量汇总表

序号	材料名称	规格型号	单位	数量	单价/元	材料费/元	备注
1							
2							
3							
4							
5							
6							

（5）机械台班使用量汇总表 机械台班使用量汇总表是计算施工费的依据，根据施工组织设计规定的实际进场机械，按其种类、型号、台数、工期等计算出台班数汇总而成，见表4-19。

表4-19 机械台班使用量汇总表

序号	机械名称	型号	台班数	台班单价/元	材料费/元	备注
1						
2						
3						
4						
5						

（6）"两算"对比表 这是在施工图预算与施工预算均完成后，对分部分项工程费中的各项目所进行的对比，对比的内容详见4.4.3节，其表格见表4-10～表4-15。

施工预算还可附有拟采用的技术组织措施、质量安全保证体系及合理化建议等内容，以保证施工人员按这些措施进行施工，达到降低成本的目的。

4.5 安装工程结算与竣工决算

4.5.1 安装工程结算

安装工程结算是指一个单项工程、单位工程、分部工程或分项工程完工后，经建设单位及有关部门验收并办理验收手续后，施工企业根据施工过程中现场实际情况的记录、设计变更通知书、现场工程更改签证、预算定额、材料预算价格和各项费用标准等资料，在概算范围内和施工图预算的基础上，按规定向建设单位办理工程价款的结算。它是确定工程收入，考核工程成本，进行计划统计、经济核算及竣工决算等的依据，也是建设单位确定工程实际造价的依据。

1. 安装工程结算的定义及意义

（1）安装工程结算的定义 安装工程结算是指承包商在工程实施过程中及工程竣工后，依据承包合同中付款条款的规定和已完成工程量，按照规定的程序向建设单位收取工程价款的经济活动。其实质是由于劳务供应、建筑材料、工器具和设备的购买、工程价款的支付和资金调拨等经济往来而发生的以货币形式表现的经济文件。

（2）安装工程结算的意义 安装工程结算的意义主要表现在以下几个方面：

1）建筑安装工程结算在一定程度上反映了工程的进度。因为建筑安装工程结算是根据已完成的工程量来进行的，所以根据累计已结算的工程价款占合同价款的比例，能近似地反映工程的进度。

2）及时进行工程结算，承包商能加速资金周转，提高资金的有效利用率。

3）及时办理工程结算，承包商才能真正获得相应利润，实现真实的经济效益。

4）及时办理工程结算，有利于施工企业了解在施工过程中的人工、材料及机械设备的实际消耗量，根据实际情况来加强内部管理，提高管理水平。

2. 安装工程结算的特点及作用

（1）安装工程结算的特点 安装工程结算，实质上是施工企业与建设单位之间的商品货币结算，通过结算实现施工企业的工程价款收入，补偿施工企业在一定时期内为生产建筑产品所消耗的一定数量的人力、物力和财力。但是，由于建筑产品与一般商品生产和交易方式等不同，安装工程结算具有不同于一般商品销售的显著特点，具体如下：

1）安装工程结算价格以预算价格为基础，单个计算建筑产品，具有单件性的特点。每一建筑产品都是按照建设单位的具体要求，在指定地点建造的。由于其建筑、结构形式，建造地点的工程地质、水文地质的不同，建设地区的自然条件与经济条件的不同，以及施工企业采用的施工方案等的不同，决定了安装工程价款结算不能像一般商品那样，按统一的销售价格结算。即使是使用同一套图样施工的两项工程，其最终造价也是不一样的，这是由于地质条件、管理水平、气候等因素造成的工程造价上的区别。当然，安装工程结算价格的计算也要有一个统一的标准，那就是安装工程的预算定额。工程价款结算是依据其预算文件等有关资料单个计算的。

2）建筑产品生产周期长，需要采用不同的工程价款结算方法。建筑产品施工周期长，少则数月，多则几年，甚至十几年。施工企业在施工过程中投入很多资金，倘若像其他商品那样出售成品换回货币，势必影响施工企业的资金周转和施工的顺利进行，同时也影响施工企业的经济核算、控制成本和利润计划的完成。因此，根据工程的特点和工期，建设单位与施工企业在合同中，应明确工程价款结算方法及有关问题。

（2）安装工程结算的作用　安装工程结算在工程项目的施工进程中所起的作用大致有以下几个方面：

1）通过工程结算办理已完工程的工程价款，确定施工企业的货币收入，补充施工生产过程中的资金消耗。

2）工程结算是统计施工企业完成生产计划和建设单位完成建设投资任务的依据。

3）工程价款结算是施工企业完成该工程项目的总货币收入，是企业内部编制工程决算、进行成本核算、确定工程实际成本的重要依据。

4）工程价款结算是建设单位编制竣工决算的主要依据。

5）工程价款结算的完成，标志着施工企业和建设单位双方在某个单位工程或分项工程上所承担的合同义务和经济责任的结束。

3. 安装工程结算的分类

根据基本建设工程结算的内容不同，建筑安装工程结算可分为以下几种。

（1）工程价款结算　它是指施工企业对已完工的单项工程、单位工程、分部工程或分项工程，经有关单位验收后，按国家规定向建设单位办理工程价款结算而编制的经济文件。其中也包括预收工程备料款和预收工程款的结算，在实际工作中通常统称为工程结算。建筑安装工程费用是构成建设费用的主要部分，一般约占建设工程费用的 60% 以上。因此，建筑安装工程的工程价款结算在建设工程结算中也是项目多、内容复杂和工作量较大的一项经济活动。

（2）设备、工器具购置结算　它是指建设单位、施工企业为了采购机械设备、工器具以及处理积压物资，同有关单位之间发生的货币收付结算。

（3）劳务供应结算　它是指施工企业、建设单位及有关部门之间互相提供咨询、勘察设计、建筑安装工程施工、运输和加工等劳务而发生的结算。

（4）其他货币资金结算　它是指施工企业、建设单位及主管基建部门和建设银行等部门之间资金调拨、缴纳、存款、贷款和账户清理而发生的结算。

4. 安装工程结算的方式

根据工程结算的时间和对象的不同，建筑安装工程结算可分为定期结算、阶段结算、年终结算和竣工后一次结算等。

（1）定期结算　它是指施工企业定期提出已完成的工程进度报表，连同工程价款结算账单，经建设单位签证，交建设银行（或其他机构）办理的工程价款结算。一般又分为：

1）月初预支、月末结算。在月初，施工企业按施工作业计划和施工图预算，编制当月工程价款预支账单，其中包括预计完成的工程名称、数量和预算价值等，经建设单位认定后交建设银行预支大约 50% 的当月工程价款。月末按当月施工统计数据，编制已完成工程月报表和工程价款结算账单，经建设单位签证，交建设银行办理月末结算。同时，扣除本月预支款，并办理下月预支款。

2）月末结算。月初（或月中）不实行预支，月终施工企业按统计的实际完成分部分项工程量，编制已完成的工程月报表和工程价款结算账单，经建设单位签证，交建设银行审核办理结算。

此外，分旬预支、按月结算、分月预支和按季度结算等都属于定期结算。

（2）阶段结算　它是指以单项（或单位）工程为对象，按其施工形象进度划分为若干施工阶段，按阶段进行的工程价款结算。一般又分为：

1）阶段预支和结算。根据工程的性质和特点，将其施工过程划分为若干施工形象进度阶段，以审定的施工图预算为基础，测算每个阶段的预支款数额。在施工开始时办理第一阶段的预支款，待该阶段完成后，计算其工程价款，经建设单位签证后，交建设银行审查并办理阶段结算，同时办理下阶段的预支款。

2）阶段预支、竣工结算。对于工程规模不大、投资额较小、承包合同价值在 50 万元以下或工期较短（一般在六个月以内）的工程，将其施工全过程的形象进度大体分几个阶段，施工企业按阶段预支工程价款，在工程竣工验收后，经建设单位签证，通过建设银行办理的工程竣工结算。

（3）年终结算　年终结算是指单位工程或单项工程不能在本年度竣工，而要转入下年度继续施工。为了正确统计施工企业本年度的经营成果和建设投资完成情况，由施工企业、建设单位和建设银行对正在施工的工程进行已完成和未完成工程量盘点，结清本年度的工程价款。

（4）竣工后一次结算　工程竣工结算是指施工企业所承包的工程按照合同规定全部竣工并经建设单位和有关部门验收交接后，由施工单位根据施工过程中实际发生的变更情况对原施工图预算或工程合同造价进行增减调整修正，再经建设单位审查，确定工程实际造价。

5. 安装工程结算的编制依据及内容

（1）安装工程结算的编制依据　安装工程结算的编制依据主要有以下资料：

1）施工企业与建设单位签订的合同或协议书。

2）施工进度计划、月旬作业计划和施工工期。

3）施工过程中现场实际情况记录和有关费用签证。

4）施工图及其有关资料、会审纪要、设计变更通知书和现场工程更改签证。

5）预算定额、材料预算价格表和各项费用的取费标准。

6）工程设计概算、施工图预算文件和年度建筑安装工程量。

7）国家和当地主管部门有关政策规定。

8）招标投标工程的招标文件和标书。

（2）安装工程结算内容　一般安装工程结算主要包括以下几个方面的内容：

1）按工程承包合同或协议办理预付工程备料款。

2）按照双方确定的结算方式开列月（或阶段）施工作业计划和工程价款预支单，办理工程预支款。

3）月末（或阶段完成）呈报已完成工程月（或阶段）报表和工程价款结算账单，同时按规定抵扣工程备料款和预付工程款，办理工程结算。

4）跨年度工程年终进行已完工程、未完工程盘点和年终结算。

5）单位工程竣工时，编写单位工程竣工书，办理单位工程竣工结算。

6）单项工程竣工时，办理单项工程竣工结算。

以上所述为工程结算的一般内容，由于结算种类不同，其中某些内容可以省略。

6. 安装工程竣工结算的编制

安装工程竣工结算一般在原合同确定的预算费用的基础上，根据施工中更改或变动的情况，对工程价差及量差费用变化进行计算调整，无须对原施工图预算再重算一次。结算时，先根据工程变化的签证单计算工程量，然后套用预算定额单价（算法同施工图预算），计算出调整工程的费用，将其列入结算工程费中，求得竣工结算工程费，即

竣工结算工程费 = 原合同预算工程费 + ∑增加项目费 − ∑减少项目费

对于没有竣工的单项工程，一般不做竣工结算，但在年终时应进行年终结算，其目的在于结清当年已完工程的价款额，剩余的未完工程待竣工后再结算。竣工结算的内容和表格形式见表4-20（表中数字为假设值）。

表4-20 竣工工程结算表

建设单位：　　　　　　　　　　　　　　　　　　　　　　　　　　　　（单位：元）

一、原合同预算工程造价			2365862
二、调整预算	（一）增加部分	1. 补充预算	28600
		2. 隐蔽工程	32600
		3.	
		4.	
		合计	61200
	（二）减少部分	1. 减少一台风机盘管	1860
		2.	
		3.	
		4.	
		合计	1860
三、竣工结算总造价			2425202
四、财务结算	（一）	已收工程款	1570000
	（二）	报产值的甲方供设备价值	58800
	（三）		
	（四）		
	（五）		
	（六）	实际结算工程款	796402
说明			

建设单位：　　　　　　　　　　　　　　　施工单位：

经办人　　　　　　　年　月　日　　　　　经办人　　　　　　　年　月　日

7. 安装工程结算的规则及手续

（1）安装工程结算的规则　施工企业与建设单位或发包单位办理工程价款结算时，必须遵守价款结算办法的规定。

1）施工企业向建设单位或发包单位收取工程款时，可按规定采用汇兑、委托收款、汇票、本票、支票、期票等各种结算手段。

采用期票结算，发包单位按发包工程投资总额将资金一次或分次存入开户银行，在存款总额内开出一定期限的商业汇票，经其开户行承兑后，交承包单位。承包单位到期持票向开户银行申请付款。

2）安装工程结算无论采用哪种结算方式，也不论工期长短，其施工期间结算的工程价款总额一般不得超过工程合同价值的 95%，结算双方可以在 5% 的幅度内协商确认尾款比例，并在工程承包合同中注明，尾款应存入开户银行的专用账户上，待工程竣工验收后清算。

承包方已向发包方出具履约保函或有其他保证的，可以不留工程尾款。

3）工程发承包双方必须遵守结算纪律，不准虚报冒领，不准相互拖欠。对无故拖欠工程款的单位，开户银行应督促拖欠单位及时清偿。对于承包单位冒领、多领的工程款，按多领款额每日 5/10000 处以罚款；发包单位违约拖延结算期的，按延付款额每日 5/10000 处以罚款（在签订承包合同时，施工企业与建设单位一般都在合同中注明了此项内容，结算时，如发生此类问题，按合同规定执行）。

4）工程发承包双方应严格履行承包合同，工程价款结算中的经济纠纷应协商解决。协商不成，可向双方主管部门或国家仲裁机关申请裁决或向法院起诉。对产生纠纷的结算款额，在有关方面做出裁决以前，开户银行不办理结算手续。

（2）住建部文件中关于结算的规定　住建部 2014 年 2 月 1 日起施行的《建筑安装工程施工发包与承包计价管理办法》中关于结算的条款如下：

第十八条　工程完工后，应当按照下列规定进行竣工结算。

（1）承包方应当在工程竣工验收合格后的约定期限内提交竣工结算文件。

（2）国有资金投资建筑工程的发包方，应当委托具有相应资质的工程造价咨询企业对竣工结算文件进行审核，并在收到竣工结算文件后的约定期限内向承包方提出由工程造价咨询企业出具的竣工结算文件审核意见；逾期未答复的，按照合同约定处理，合同没有约定的，竣工结算文件视为已被认可。

非国有资金投资的建筑工程发包方，应当在收到竣工结算文件后的约定期限内予以答复，逾期未答复的，按照合同约定处理，合同没有约定的，竣工结算文件视为已被认可；发包方对竣工结算文件有异议的，应当在答复期内向承包方提出，并可以在提出异议之日起的约定期限内与承包方协商；发包方在协商期内未与承包方协商或者经协商未能与承包方达成协议的，应当委托工程造价咨询企业进行竣工结算审核，并在协商期满后的约定期限内向承包方提出由工程造价咨询企业出具的竣工结算文件审核意见。

（3）承包方对发包方提出的工程造价咨询企业竣工结算审核意见有异议的，在接到该审核意见后一个月内，可以向有关工程造价管理机构或者有关行业组织申请调解，调解不成的，可以依法申请仲裁或者向人民法院提起诉讼。

发承包双方在合同中对本条第（1）项、第（2）项的期限没有明确约定的，应当按照国家有关规定执行；国家没有规定的，可认为其约定期限均为28日。

第十九条　工程竣工结算文件经发承包双方签字确认的，应当作为工程决算的依据，未经对方同意，另一方不得就已生效的竣工结算文件委托工程造价咨询企业重复审核。发包方应当按照竣工结算文件及时支付竣工结算款。

竣工结算文件应当由发包方报工程所在地县级以上地方人民政府住房城乡建设主管部门备案。

（3）施工合同中关于竣工结算的规定　《建筑安装工程施工合同》中关于竣工结算的规定摘录如下：

1）工程竣工验收报告经发包人认可后28天内，承包人向发包人递交竣工结算报告及完整的结算资料，双方按照协议书约定的合同价款及专用条款约定的合同价款调整内容，进行工程竣工结算。

2）发包人收到承包人递交的竣工决算报告及结算资料后28天内进行核实，给予确认或者提出修改意见。发包人确认竣工决算报告后通知经办银行向承包人支付工程竣工决算价款。承包人收到竣工决算价款后14天内将竣工工程交付发包人。

3）发包人收到竣工结算报告及结算资料后28天内无正当理由不支付工程竣工决算价款，从第29天起按承包人同期向银行贷款利率支付拖欠工程价款的利息，并承担违约责任。

4）发包人收到竣工决算报告及结算资料后28天内不支付工程竣工结算价款，承包人可以催告发包人支付结算价款。发包人在收到竣工结算报告及结算资料后56天内仍不支付的，承包人可以与发包人协议将该工程折价，也可以由承包人申请人民法院将该工程依法拍卖，承包人就该工程折价或者拍卖的价款优先受偿。

5）工程竣工验收报告经发包人认可后28天内，承包人未能向发包人递交竣工结算报告及完整的结算资料，造成工程竣工结算不能正常进行或工程竣工结算价款不能及时支付，发包人要求交付工程的，承包人应当交付；发包人不要求交付工程的，承包人承担保管责任。

6）发包人、承包人对工程竣工结算价款发生争议时，按本通用条款第37条关于争议的约定处理。

（4）安装工程结算的手续　进行工程价款结算时，一般应办理以下手续：

1）施工企业无论采用哪种结算方式，在向建设单位预支工程价款时，均应根据工程进度编制"工程价款预支账单"，送发包单位和开户银行办理手续。预支款项应在月终和竣工结算时从应收的工程款（对于自有或自筹资金来源而进行的建设项目，结算工程价款的手续有时会有所不同）中扣除。

2）企业在与发包单位进行工程价款结算时，应根据实际完成的工程量、施工图预算所列工程单价和取费标准，计算已完成的工程的价值，编制"已完成工程月报表"和"工程价款结算账单"，经发包单位审查签证后，通过开户银行办理结算。发包单位审查签证期一般不超过5天。

3）在工程价款结算账单中，除按已完成工程的实际进度结算工程价款外，还应扣除以下几项款项：

①企业在采用月中、旬末或按月预支工程款时，应在结算工程价款时，将预支的工程款全部扣除。

②预支的用于储备主要材料的备料款项，随着工程的进行，材料储备逐步减少，当竣工前未完工程所需材料价值相当于预支的备料款时，在工程结算时，按材料所占的比例陆续扣回，即用预支的备料款逐步抵减工程价款，直到竣工时全部扣清。

③其他各种应扣款的扣除，包括建设单位供给材料价款和其他各种往来款项的扣除。

④安装工程结算的价款。

只有扣除以上几种款项之后，才是企业实际应收工程款的数额。

8. 安装工程结算中经常出现的问题

1）预算编制依据不充分。

2）工程施工过程中设计变更不齐全、不合理。

3）工程施工过程中现场签证不齐全、不合理。

4）工程量计算有误。

5）定额套用有误。

6）重复立项。

7）漏列项目。

8）工程设备的价格变化不合理。

9）工程款项未按工程进度拨付，多支付工程款。

10）工程结算资料上报不及时。

11）建设单位组织工程结算的审查速度慢。

4.5.2　安装工程竣工决算

施工图预算是开工前编制的确定工程造价的技术经济文件。施工过程中，由于各方面原因造成工程的变更，使工程造价发生变化，为了如实地反映竣工工程造价，竣工后必须及时办理竣工结算。

1. 安装工程竣工决算概述

（1）安装工程竣工决算及其分类　安装工程竣工决算是指在竣工验收交付使用阶段，由建设单位编制的建设项目从筹建到竣工投产或使用全过程实际成本的经济文件。安装工程竣工决算是工程竣工验收的重要组成部分，是正确确定新增固定资产价值，综合反映竣工建设项目或单项工程的建设成果和财务情况的总结性文件，是办理固定资产交付手续的依据。建设单位及时、正确地编制竣工决算，对于总结分析建设过程中的经验教训，提高工程造价管理水平以及积累技术经济资料等，都具有重要意义。此外，它也是建设单位向国家报告建设工程实际造价和投资效果的重要文件。

为了严格执行基本建设项目竣工验收制度，正确核定新增固定资产价值，考核投资效果，建立健全经济责任制，按照国家基本建设委员会《关于基本建设项目竣工验收的规定》，所有的新建、扩建、改建和重建的建设工程项目竣工后都要编制竣工决算。

安装工程竣工决算的分类如下：

1）根据安装工程项目规模的大小，可分为大、中型建设项目竣工决算和小型建设项目竣工决算两大类。

2）根据安装工程项目决算的编制方法，可分为施工企业工程竣工决算和建设单位工程竣工决算两种。

①施工企业工程竣工决算。施工企业工程竣工决算是施工企业内部对竣工的单位工程进行实际成本分析、反映经济效果的一项决算工作，它以单位工程为对象，以单位工程竣工结算为依据，核算一个单位工程的预算成本、实际成本和成本降低额，又称为工程竣工成本决算。

施工企业工程竣工决算的作用，主要是反映单位工程预算的执行情况，分析工程成本超或降的原因；为同类型安装工程积累成本资料，总结经验教训，提高企业经营管理水平。

②建设单位工程竣工决算。建设单位工程竣工决算是由建设单位编制的反映建设项目实际造价和投资效果的文件，是竣工验收报告的重要组成部分。

建设单位工程竣工决算的作用，主要用于总结分析建设过程的经验教训，提高工程造价管理水平和积累技术经济资料，为制订类似工程的建设计划与修订概预算定额提供资料和经验。

必须指出，施工企业为了总结经验、提高经营管理水平，在单位工程竣工后，往往也编制单位工程竣工成本决算，核算单位工程的实际成本、预算成本和成本降低额，作为实际成本分析、反映经营成果、总结经验和提高管理水平的手段。它与建设工程竣工决算在概念的内涵上是不同的。

（2）安装工程竣工决算的作用

1）是国家对基本建设投资实行计划管理的重要手段。按照国家计划管理基本建设投资的规定，在批准基本建设项目计划任务书时，按投资估算估计基本建设计划投资数额。在确定基本建设项目设计方案时，按设计概算决定基本建设项目计划总投资最高数额。为了保证投资计划的实施，在施工图设计时编制施工图预算，确定单项工程或单位工程的计划价格，并且规定它不能超过相应的设计概算。施工企业要在施工图预算指标控制之下编制施工预算，确定施工计划成本。然而，在基本建设项目从筹建到竣工投产或交付使用的全过程中，各项费用的实际发生数额、基本建设投资计划的执行情况，只能从建设单位编制的安装工程竣工决算中全面地反映出来。通过把竣工决算的各项费用数额与设计概算中的相应费用指标对比，得出节约或超支的情况，分析节约或超支的原因，总结经验和教训，加强投资的计划管理，提高基本建设投资效果。

2）是国家对基本建设实行"三算"对比的基本依据。"三算"对比中的设计概算和施工图预算都是人们在建筑施工前，不同建设阶段根据有关资料进行计算，确定拟建工程所需要的费用。在一定意义上，它属于人们主观上的估算范畴。而安装工程竣工决算所确定的建设费用，是人们在施工安装过程中实际支付的费用。因此它在"三算"对比中具有特殊的作用，能够直接反映出固定资产投资计划完成情况和投资效果。

3）是竣工验收的主要依据。按基本建设程序规定，批准的设计文件中规定的工业项目经试生产后生产出的合格产品，如果是民用项目且符合设计要求、能够正常使用的，应该及时组织竣工验收工作，对建设项目应进行全面考核。按工程的不同情况，由负责验收的单位进行验收。

在竣工验收之前，建设单位向主管部门提出验收报告，其中主要组成部分是建设单位编制的竣工决算文件，作为验收委员会（或小组）的验收依据。验收人员要检查建设项目的实际建筑物、构筑物和生产设备与设施的生产和使用情况，同时，审查竣工决算文件中的有关内容和指标，确定建设项目的验收结果。

4）是确定工程最终造价、完结建设单位与施工单位的合同关系和经济责任的依据。

5）为施工企业确定工程的最终收入、进行经济核算和考核工程成本提供依据。

6）反映了建筑安装工程量和工程实物量的实际完成情况，从而为建设单位编报竣工决算提供了基础资料。

7）反映了建筑安装工程的实际造价，是编制概算定额、概算指标的基础资料。

2. 安装工程竣工决算书的编制

工程竣工决算书的编制是一项技术综合、政策性较强的工作。必须在坚持实事求是、公正合理的原则下，按照有关文件、规定进行编制，保证竣工决算书的质量，使工程决算顺利进行。

（1）安装工程竣工决算的编制依据

1）工程项目批准建设、监理、质量验收等有关文件。

2）工程竣工报告及工程竣工验收单。

3）工程承包合同或施工协议书。

4）招标投标文件与概算资料。

5）经建设单位及有关部门审核批准的原始工程概预算及增减概预算。

6）在工程实施过程中发生的材料参考预算价格差价凭据、暂估价差价凭据，以及合同规定需持凭证进行结算的原始凭据。

7）本地区现行的概预算定额、材料预算价格、费用定额及有关文件、规定等。

8）工程量计算书。

9）施工组织设计资料。

10）工程变更签证资料。

11）隐蔽工程施工资料。

12）工程决算的财务资料。

13）其他有关资料。

14）上级有关规定等。

（2）编制内容　安装工程竣工决算文件主要由文字说明和一系列报表组成。

1）文字说明。文字说明主要包括以下内容：

①安装工程概况。安装工程概况包括：

a. 进度：主要说明开工和竣工时间，对照合理工期和要求工期，说明工程进度是提前还是延期。

b. 质量：要根据竣工验收委员会或质量监督部门的验收评定，对工程质量进行说明。

c. 安全：根据劳动工资和施工部门的记录，对有无设备和人身事故进行说明。

d. 造价：应对照概算造价，说明节约还是超支，用金额和百分比进行分析说明。

②安装工程概算和基本建设计划的执行情况。

③各项技术经济指标完成情况和各项拨款的使用情况。

④建设成本和投资效果分析以及建设中的主要经验。

⑤存在的问题和解决的建议。

2）安装工程竣工决算的主要内容是通过表格形式来表达的。根据建设项目的规模和竣工决算内容繁简的不同，表格的数量和格式也不同。具体表格有竣工工程概况表、竣工财务决算总表、竣工财务决算明细表、交付使用固定资产明细表、交付使用流动资产明细表、递延资产明细表、工程造价执行情况分析表、待摊投资明细表等。

（3）竣工决算的编制步骤

1）收集、整理和分析有关依据资料。从工程开始就要按编制依据的要求，收集、整理有关资料，主要包括建设项目档案资料，如设计文件、施工记录、上级批文、概预算文件、工程结算的归集整理，财务处理、财产物资的盘点核实及债权债务的清偿，做到账表相符。

2）对照工程变动情况，重新核实各单位工程、单项工程造价。将竣工资料与原始设计图进行对比，必要时可实地测量，确认实际变更情况；根据经审定的施工单位竣工结算的原始资料，按照有关规定，对原概预算进行增减调整，重新核定工程造价。

3）填写竣工决算报表。按照建设工程决算表格中的内容，根据编制依据中的有关资料进行统计或计算各个项目的数量，并将其结果填到相应表格的栏目内，完成所有报表的填写。它是编制建设工程竣工决算的主要工作。

4）编写安装工程竣工决算说明。按照安装工程竣工决算说明的内容要求，根据编制依据材料和填写在报表中的结果，编写文字说明。

5）清理、装订好竣工图，按国家规定上报审批、存档。将上述编写的文字说明和填写的表格经核对无误后，装订成册，即成为安装工程竣工决算文件。将其上报主管部门审查，并把其中财务成本部分送交开户银行签证。竣工决算在上报主管部门的同时，抄送有关设计单位。大、中型建设项目的竣工决算还应抄送财政部、建设银行总行和省、市、自治区的财政局和建设银行分行各一份。

（4）竣工决算的编制方法

1）施工图预算加签证决算法。此方法就是签订合同时的原施工图预算造价不做改变，只将应增减的项目算出，并与原施工图预算合并的决算方法。增减的项目及其造价，根据施工过程中工程变更的具体工程量来确定。此法适用于没有变更内容、变更项目不多或变更后对工程造价影响很小的单位工程。

2）施工图预算加系数包干决算法。此方法是在施工前甲乙双方共同商定包干范围，并确定出包干系数，据此编制包干造价（即竣工决算工程造价）。如果发生包干范围以外的增加项目，必须经双方协商同意后方可变更，并随时办理工程变更结算单，经双方签证作为决算工程价款的依据。

3）单位面积造价包干的决算方式。此方法是施工前双方共同协商包干内容和单位面积包干造价，竣工后按完成的建筑面积计算工程结算造价的决算方法。对超出包干内容的增加项目，须经双方协商同意后，按实际发生的工程量另编施工图预算，增加到单位面积包干造价中。

4）招标投标决算方法。此方法主要是针对那些按照招标投标方法进入建筑市场的工程，甲乙双方依据中标价签订承包合同，合同价就是竣工决算造价。竣工决算时，除按合同规定的可以调整的内容，如奖惩的费用、变更、包干范围外增加的工程项目等应另计算外，原合同确定的工程造价不变。

目前，安装工程的管理日趋规范，对工程造价超过某一规定金额的建筑安装工程，都要采用招投标的方式进入建筑市场。因此，工程决算时，大多采用招标投标决算方式。

现在市场上有许多工程项目投资由原来的预算拨款改为银行贷款，取消了预收备料和预支工程价款制度，施工企业所需流动资金全部由建设银行贷款。采用新的贷款制度的建设项目，按承包合同规定，工程价款决算竣工后一次结算。竣工后一次结算的工程，一般按建设项目工期长短不同可分为：

①建设项目竣工决算。它是指建设工期在一年内的工程，一般以整个建设项目为决算对象，实行竣工后一次决算。

②单项工程竣工决算。它是指当年不能竣工的建设项目，其单项工程在当年开工，当年竣工的，实行单项工程竣工后一次决算。

单项工程当年不能竣工的工程项目，也可以实行分段结算、年终结算，或竣工后总决算的方法。

竣工后一次决算的方法是在建设工程竣工后，施工企业以原施工图预算为基础，按合同规定和施工中实际发生的情况，调整原施工图预算，经建设单位签证后交建设银行办理工程价款结算。对于实际施工过程中工程量变化较大的工程，如建筑面积的增减、设计方案变更等，引起施工图预算的变化也较大，可以根据新的设计方案和施工中的有关其他签证，重新编制施工图预算，其工程价款竣工后一次结算。实行施工图预算加包干系数承包的工程项目，按施工图预算加包干系数计算工程价款，并在工程竣工后一次决算。工程实际成本的盈亏由施工企业自己负责。

（5）竣工决算中容易出现的几个问题

1）不及时编制竣工决算。

2）审计竣工决算时的时间观念不强。

3）审计单位在利益驱动下，出现不公正现象。

4）审计人员素质不高。

5）编制的竣工决算种类不全。

6）编制竣工决算水平偏低。

7）竣工财务决算表不真实，虚列已完成工程建设成本的问题严重。

8）国家重点建设项目竣工决算不上报财政部门。

9）有关部门对竣工决算的编制、审计、管理等方面监督力度不够。

10）历年的决算资料数据不公开，管理简单化，历史资料不能充分利用。

11）施工企业故意抬高决算，而建设单位则常常无故压低决算数额。

12）咨询公司中的审计人员对工程建设具体情况不熟悉，决算审计时又不下现场，导致决算数额不准确等。

4.6　施工图预算的编制实例

本节以一个已投入使用的通风空调工程为例来介绍施工图预算编制、整理的具体方法和步骤。

【例4-1】　湖南省衡阳市某银行通风空调施工图如4-4（见书后）、图4-5（见书后）、图4-6（见书后）、图4-7所示，要求编制其施工图预算书。

图例	
空调供水管	L1
空调回水管	L2
自来给水管	S
膨胀水管	P
溢流水管	Y
排污管	W
柔性接头	
截止阀	
止回阀	
除污器	
自动排气阀	
温度计	
压力表	

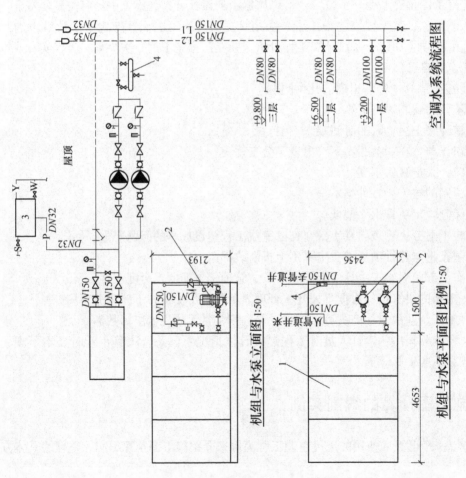

空调水系统流程图

机组与水泵立面图 1:50

机组与水泵平面图比例 1:50

图 4-7　设备机组布置与水系统流程图

编制的步骤如下：

（1）阅读图样，熟悉施工内容　在施工图中，给出了施工图图例（表4-21），熟读每个图例的含义。

表4-21　通风空调工程图例

空调供水管	——L₁——	柔性接头	—◁○▷—
空调回水管	– – – – L₂ – – – –	截止阀	—▷◁—
空调凝水管	– · – · – · –	止回阀	—▷▽—
自来水给水管	——S——	除污器	—⊢⊢—
膨胀水管	——P——	自动排气阀	⏚
溢流水管	——Y——	温度计	Ⅲ
排污管	——W——	压力表	⊘

（2）项目划分　根据本工程的具体内容，将其划分为以下五个分项工程：

1）通风空调工程。

2）空调水管道安装工程。

3）除锈、刷油、绝热工程。

4）设备安装工程。

5）系统仪表安装工程。

（3）工程量的统计　本工程量的计算依据施工图的工作内容，按不同的分项工程项目分类，参照通风空调工程施工图预算工程量计算规则的要求，汇总成表4-22。

表4-22　工程量统计表

建设单位：湖南省衡阳市某银行　　　　　　　　　　　　　　　　　　单位工程：通风空调工程

编号	分项工程名称	单位	计算式	统计结果
1	通风空调工程			
	空气处理机安装	台		3
	风机盘管安装	台		43
	镀锌薄钢板矩形风管的制作安装(周长800mm以下)	10m²	(69.4 + 137.8 + 216.5) ÷ 10	42.37
	镀锌薄钢板矩形风管制作安装(周长2000mm以下)	10m²		9.42
	帆布接口的制作安装	m²		51.6

（续）

编号	分项工程名称	单位	计 算 式	统计结果
	静压箱的制作安装	$10m^2$	$(6.4 + 2 \times 4.6)$	1.56
	风机盘管等支吊架的制作安装	100kg	$(46 \times 13.2) \div 100$	6.072
	防火调节阀安装(周长<3000mm)	个	$1 + 1$	3
	单层格栅风口安装(周长<900mm)	个	$2 + 3$	5
	单层格栅风口安装(周长>1500mm)	个	$4 + 14 + 2 + 2 + 5 + 6 + 6 + 5$	44
	散流器安装(周长<1000mm)	个	$6 + 10$	16
	散流器安装(周长<2000mm)	个	$58 + 22 + 6 + 2$	88
2	空调水管道安装工程			
	室外钢管焊接 $DN150$	10m	$30 \div 10$	3
	室外钢管焊接 $DN125$	10m	$9.4 \div 10$	0.94
	室外钢管焊接 $DN100$	10m	$9.4 \div 10$	0.94
	室内钢管焊接 $DN100$	10m	$14 \div 10$	1.4
	室内钢管焊接 $DN80$	10m	$76.5 \div 10$	7.65
	室内钢管焊接 $DN65$	10m	$72.9 \div 10$	7.29
	室内钢管焊接 $DN50$	10m	$108.1 \div 10$	10.81
	室内钢管焊接 $DN40$	10m	$82.8 \div 10$	8.28
	室内钢管焊接 $DN32$	10m	$176.3 \div 10$	17.63
	室内镀锌钢管螺纹连接 $DN25$	10m	$257.6 \div 10$	25.76
	室内镀锌钢管螺纹连接 $DN20$	10m	$445.1 \div 10$	44.51
	管道支架制作安装	100kg	$1380 \div 100$	13.8
	法兰安装 $DN32$	副	$6 \div 2$	3
	法兰安装 $DN40$	副	$9 \div 2$	4.5
	法兰安装 $DN80$	副	$8 \div 2$	4
	法兰安装 $DN100$	副	$4 \div 2$	2
	法兰安装 $DN150$	副	$18 \div 2$	9
	螺纹阀安装 $DN20$	个	43×2	86
	法兰阀安装 $DN32$	个		3
	法兰阀安装 $DN40$	个		6
	法兰阀安装 $DN80$	个		4
	法兰阀安装 $DN100$	个		2
	法兰阀安装 $DN150$	个		8
	自动排气阀安装 $DN20$	个		2
	浮球阀安装 $DN50$	个		1
	软接头安装 $DN20$	个		86

（续）

编号	分项工程名称	单 位	计 算 式	统计结果
	软接头安装 $DN40$	个		6
	软接头安装 $DN150$	个		6
	Y 形水过滤器安装 $DN150$	个		1
	膨胀水箱安装 $<1.4\ m^3$	个		1
3	除锈、刷油、绝热工程			
	管道除锈（中锈）	$10m^2$		22.29
	支吊架除锈（中锈）	100kg	$(607.2+1380)\div100$	19.872
	管道刷油（第一遍）	$10m^2$		22.29
	管道刷油（第二遍）	$10m^2$		22.29
	支吊架刷油（第一遍）	100kg		19.872
	支吊架刷油（第二遍）	100kg		19.872
	玻璃布刷油（第一遍）	$10m^2$		130.55
	玻璃布刷油（第二遍）	$10m^2$		130.55
	泡沫瓦块安装 $<D57,\delta=50mm$	m^3		21.31
	泡沫瓦块安装 $<D133,\delta=50mm$	m^3		6.19
	泡沫瓦块安装 $<D325,\delta=50mm$	m^3		1.41
	泡沫板安装 $\delta=40mm$	m^3		22.04
	玻璃布安装（管道）	$10m^2$		130.55
4	设备安装工程			
	风冷热泵机组安装	台		3
	冷冻水泵安装	台		2
	电辅加热器安装	台		1
5	系统仪表安装工程			
	温度计	支		3
	压力表	块		3

统计人＿＿＿＿＿＿＿＿ 年 月 日

（4）选套定额 根据统计的工程量及划分的分项工程分别套用相应的定额。从工程量统计表中可以看出，该工程需分别套用《湖南省安装工程消耗量标准（基价表）》第九册《通风空调工程》、第八册《给排水、采暖、燃气工程》、第十一册《刷油、防腐蚀、绝热工程》、第一册《机械设备安装工程》和第十册《系统仪表安装工程》等。并根据定额计算出定分部分项工程费和技术措施项目费。具体数据详见表4-23～表4-27。

（5）根据建筑安装工程费用的组成，计算其他费用 根据施工图、对照建筑安装工程的分类标准可以看出，本单位工程属于第四类工程，依据国家颁布的相关取费标准，将计算所得的总费用汇总成表，见表4-28。

表 4-23　安装工程预算表（一）

分项工程：通风空调工程

共 1 页　第 1 页

定额编号	安装名称及说明	定额单位	数量	单价值/元				总价值/元			
				合计	人工费	材料费	机械费	合计	人工费	材料费	机械费
一	定额计算费用										
C9-5	镀锌薄钢板矩形风管（δ=1.2mm 以内咬口）（周长 800mm 以下）	10m²	42.37	1106.64	648.20	288.37	170.07	46888.34	27464.23	12218.24	7205.87
C9-6	镀锌薄钢板矩形风管（δ=1.2mm 以内咬口）（周长 2000mm 以下）	10m²	9.42	797.33	478.80	229.50	89.03	75108.49	45102.96	21618.90	8386.63
C9-203	消声静压箱（体积≤1.0m³ 以内）	台	3.00	67.34	44.10	23.24	0.00	202.02	132.30	69.72	0.00
C9-234	设备支架（体积≤50kg）	100kg	1.20	708.56	553.00	92.76	62.80	850.27	663.60	111.31	18.85
C9-267	风机盘管　吊顶式	台	43.00	182.94	97.30	85.64	0.00	7866.42	4183.90	3682.52	0.00
C9-275	空气加热器（冷却器）安装（质量≤200kg）	台	3.00	197.77	109.20	50.89	37.68	593.31	327.60	152.67	113.04
C9-75	防火阀,防火调节阀（防火阀周长 2000mm 以内）	台	3.00	29.71	23.10	6.61	0.00	89.13	69.30	19.83	0.00
C9-113	带调节百叶风口风口安装（风口周长 4800mm 以内）	个	1.00	115.44	100.80	11.50	3.14	115.44	100.80	11.50	3.14
C9-110	带调节百叶风口风口安装（风口周长 1800mm 以内）	个	5.00	52.42	44.80	5.27	2.35	262.10	224.00	26.35	11.75
C9-113	带调节百叶风口风口安装（风口周长 4800mm 以内）	个	44.00	115.44	100.80	11.50	3.14	5079.36	4435.20	506.00	138.16
C9-118	铝合金散流器安装（圆形散流器直径≤350mm）	个	80.00	23.54	22.40	1.05	0.09	1883.17	1792.00	83.97	7.20
C9-115	铝合金散流器安装（方形、矩形散流器周长 1000mm 以内）	个	24.00	18.40	16.80	1.42	0.18	441.49	403.20	34.00	4.29
C9-371	柔性接口及伸缩节　有法兰	m²	30.00	791.57	445.90	137.40	208.27	23747.03	13377.00	4121.93	6248.10
合计								163126.56	98276.09	42656.94	22137.02
二	技术措施项目费用										
1	脚手架搭拆费	人工费×2.5%（工资占 25%）						2456.90	641.22	1815.68	0.00
2	系统调整费	人工费×13%（工资占 25%）						12775.89	3193.97	9581.92	0.00
3	安装与生产同时进行增加费	人工费×10%						9827.61	9827.61	0.00	0.00
4	高层建筑增加费	人工费×7%（工资占 57%）						6879.33	3921.22	2958.11	0.00
合计								31939.73	17584.02	14355.71	0.00

分项工程:空调水管道工程

表4-24　安装工程预算表 (二)

定额编号	定额名称	定额单位	数量	单位价值/元				总价值/元			
				合计	人工费	材料费	机械费	合计	人工费	材料费	机械费
一	定额计算费用										
C8-205	室内管道镀锌钢管安装（螺纹连接）（公称直径20mm）	10m	62.47	143.14	112.00	31.14	0.00	8941.96	6996.64	1945.32	0.00
C8-206	室内管道镀锌钢管安装（螺纹连接）（公称直径25mm）	10m	25.76	174.13	134.40	38.71	1.02	4485.59	3462.14	997.17	26.28
C8-226	室内管道钢管安装（焊接）（公称直径32mm）	10m	17.63	113.94	101.50	7.13	5.31	2008.76	1789.45	125.70	93.62
C8-227	室内管道钢管安装（焊接）（公称直径40mm）	10m	82.80	121.68	107.80	8.57	5.31	10075.10	8925.84	709.60	439.67
C8-228	室内管道钢管安装（焊接）（公称直径50mm）	10m	10.81	143.22	121.80	16.11	5.31	1548.21	1316.66	174.15	57.40
C8-229	室内管道钢管安装（焊接）（公称直径65mm）	10m	7.29	230.49	136.50	33.45	60.54	1680.27	995.09	243.85	441.34
C8-230	室内管道钢管安装（焊接）（公称直径80mm）	10m	7.65	279.28	154.70	40.37	84.21	2136.49	1183.46	308.83	644.21
C8-231	室内管道钢管安装（焊接）（公称直径100mm）	10m	1.40	296.30	192.50	76.05	27.75	414.82	269.50	106.47	38.85
C8-28	室外管道钢管安装（焊接）（公称直径100mm）	10m	0.94	115.47	50.40	31.99	33.08	108.54	47.38	30.07	31.10
C8-29	室外管道钢管安装（焊接）（公称直径125mm）	10m	0.94	140.82	63.00	43.85	33.97	132.37	59.22	41.22	31.93
C8-30	室外管道钢管安装（焊接）（公称直径150mm）	10m	3.00	179.38	72.80	59.74	46.84	538.14	218.40	179.22	140.52
C8-689	管道压力试验（公称直径50mm以内）	100m	19.95	291.61	263.90	27.71	0.00	5816.74	5264.01	552.73	0.00
C8-690	管道压力试验（公称直径100mm以内）	100m	1.63	402.67	314.30	60.86	27.51	657.96	513.57	99.45	44.95
C8-691	管道压力试验（公称直径200mm以内）	100m	0.39	497.79	384.30	75.61	37.88	196.13	151.41	29.79	14.92
C8-683	管道消毒,冲洗（公称直径50mm以内）	100m	19.95	54.80	35.00	19.80	0.00	1093.10	698.15	394.95	0.00
C8-684	管道消毒,冲洗（公称直径100mm以内）	100m	1.63	77.87	46.20	31.67	0.00	127.24	75.49	51.75	0.00
C8-685	管道消毒,冲洗（公称直径200mm以内）	100m	0.39	144.49	57.40	87.09	0.00	56.93	22.62	34.31	0.00
C8-717	螺纹阀门安装（公称直径20mm以内）	个	86.00	11.96	7.00	4.96	0.00	1028.56	602.00	426.56	0.00
C8-740	法兰阀门安装（焊接法兰连接）（公称直径32mm以内）	个	3.00	91.30	25.90	44.20	21.20	273.90	77.70	132.60	63.60

定额编号	定额名称	定额单位	数量	单位价值/元				总价值/元			
				合计	人工费	材料费	机械费	合计	人工费	材料费	机械费
C8-741	法兰阀门安装（焊接法兰连接）（公称直径40mm以内）	台	6.00	99.15	27.30	50.65	21.20	594.90	163.80	303.90	127.20
C8-744	法兰阀门安装（焊接法兰连接）（公称直径80mm以内）	台	4.00	186.87	51.10	98.26	37.51	747.48	204.40	393.04	150.04
C8-745	法兰阀门安装（焊接法兰连接）（公称直径100mm以内）	个	2.00	226.45	63.00	119.42	44.03	452.90	126.00	238.84	88.06
C8-747	法兰阀门安装（焊接法兰连接）（公称直径150mm以内）	个	6.00	348.38	95.90	203.55	48.93	2090.28	575.40	1221.30	293.58
C8-871	自动排气阀 DN20	个	16.00	18.24	11.20	7.04	0.00	291.84	179.20	112.64	0.00
C8-778	螺纹浮球阀安装（公称直径50mm以内）	个	1.00	22.15	16.80	5.35	0.00	22.15	16.80	5.35	0.00
C8-799	螺纹过滤器安装（公称直径20mm以内）	个	43.00	11.98	7.00	4.98	0.00	515.14	301.00	214.14	0.00
C8-802	螺纹过滤器安装（公称直径40mm以内）	个	3.00	29.84	16.80	13.04	0.00	89.52	50.40	39.12	0.00
C8-809	法兰过滤器安装（公称直径150mm）	个	1.00	359.58	107.10	203.55	48.93	359.58	107.10	203.55	48.93
C8-747	法兰阀门安装（焊接法兰连接）（公称直径150mm以内）	个	1.00	348.38	95.90	203.55	48.93	348.38	95.90	203.55	48.93
C8-815	螺纹橡胶软接头安装（公称直径20mm以内）	个	86.00	11.28	6.30	4.98	0.00	970.08	541.80	428.28	0.00
C8-818	螺纹橡胶软接头安装（公称直径40mm以内）	个	6.00	28.44	15.40	13.04	0.00	170.64	92.40	78.24	0.00
C8-825	法兰橡胶软接头安装（公称直径150mm）	个	6.00	343.48	91.00	203.55	48.93	2060.88	546.00	1221.30	293.58
C8-1221	矩形钢板水箱安装（总量1.4m³）	台	1.00	207.30	191.10	16.20	0.00	207.30	191.10	16.20	0.00
C8-1147	蒸汽式水加热器 小型单管式	10套	0.10	1541.90	464.10	249.43	828.37	154.19	46.41	24.94	82.84
合计				50396.08				35906.42	11288.13	3201.53	
二、	技术措施项目费										
1	脚手架搭拆费	人工费×2%（工资占25%）						718.13	179.53	538.60	0.00
2	系统调整费	人工费×15%（工资占20%）						5385.96	1077.19	4308.77	0.00
3	高层建筑增加费	人工费×21%（工资占17%）						7540.35	1281.86	6258.49	0.00
合计								13644.44	2538.58	11105.86	0.00

表 4-25　安装工程预算表（三）

分项工程：除锈、刷油、绝热工程

定额编号	定额名称	定额单位	数量	单位价值/元 合计	人工费	材料费	机械费	总价值/元 合计	人工费	材料费	机械费
一、	定额计算费用										
C11-1	手工除锈 管道轻锈（除微锈，只用管道制作的钢结构）	10m²	19.95	25.43	21.00	4.43	0.00	507.39	419.00	88.39	0.00
C11-53	管道刷油 防锈漆 第一遍	10m²	19.95	20.38	16.80	3.58	0.00	406.63	335.20	71.43	0.00
C11-54	管道刷油 防锈漆 第二遍	10m²	19.95	20.01	16.80	3.21	0.00	399.25	335.20	64.05	0.00
C11-1773	泡沫玻璃瓦块（管道）安装 管道 φ57 以下（厚度 50mm）	m³	22.38	803.37	525.70	266.27	11.40	17979.42	11765.17	5959.12	255.13
C11-1781	泡沫玻璃瓦块（管道）安装 管道 φ133 以下（厚度 50mm）	m³	4.42	633.41	389.20	233.95	10.26	2799.67	1720.26	1034.06	45.35
C11-1789	泡沫玻璃瓦块（管道）安装 管道 φ325 以下（厚度 50mm）	m³	1.11	581.54	343.70	227.58	10.26	645.51	381.51	252.61	11.39
C11-1832	泡沫玻璃板（设备）安装 卧式设备（厚度 40mm）	m³	22.04	1058.83	758.80	289.77	10.26	23336.61	16723.95	6386.53	226.13
合计								46074.48	31680.28	13856.19	538.00
二、	技术措施项目费用										
1	脚手架搭拆费（刷油）	人工费×6%（工资占 25%）						1900.82	475.20	1425.61	0.00
2	脚手架搭拆费（绝热）	人工费×15%（工资占 25%）						4752.04	1188.01	3564.03	0.00
3	安装与生产同时进行增加费	人工费×10%						3168.03	3168.03	0.00	0.00
合计								9820.89	4356.04	4989.64	0.00

表 4-26　安装工程预算表（四）

分项工程：设备安装工程

共 1 页　第 1 页

定额编号	定额名称	定额单位	数量	单位价值/元				总价值/元			
				合计	人工费	材料费	机械费	合计	人工费	材料费	机械费
一、	定额计算费用										
C1-1535	热泵式冷水机组（制冷量160kW以内）	台	3.00	6037.22	4992.40	519.94	524.88	18111.66	14977.20	1559.82	1574.64
C1-864	单级离心泵及离心式耐腐蚀泵（设备质量0.5t以内）	台	2.00	478.99	347.20	82.32	49.47	957.98	694.40	164.64	98.94
	合计							19069.64	15671.6	1724.46	1673.58
二、	技术措施项目费										
1	安装与生产同时进行增加费			人工费×10%				1567.16	1567.16	0	0
2	起重机具摊销费	t	4	12元/t				48	0	0	48
	合计							1615.16	1567.16	0	48

表4-27　安装工程预算表（五）

分项工程：系统仪表安装工程

共1页　第1页

定额编号	定额名称	定额单位	数量	单位价值/元				总价值/元			
				合计	人工费	材料费	机械费	合计	人工费	材料费	机械费
一、	定额计算费用										
C10-3	温度仪表 压力式温度计/控制器/控制开关	支	3.00	64.26	46.90	11.60	5.76	192.78	140.70	34.80	17.28
C10-596	温度计套管安装 碳钢	个	3.00	28.70	18.20	1.95	8.55	86.10	54.60	5.85	25.65
C10-595	取源部件配合安装	个	3.00	11.53	10.50	1.03	0.00	34.59	31.50	3.09	0.00
C10-26	压力仪表 压力表、真空表盘装	台（块）	3.00	35.57	34.30	0.91	0.36	106.71	102.90	2.73	1.08
C10-595	取源部件配合安装	个	3.00	11.53	10.50	1.03	0.00	34.59	31.50	3.09	0.00
合计								454.77	361.20	49.56	44.01

表 4-28　通风空调工程安装施工图预算汇总表

建设单位:湖南省衡阳市某银行　　　　　　　　　　　　　　　　　　　　　　　　共 1 页　第 1 页

序号	项 目	计 算 式	费率(%)	费用/元	备 注
1	分部分项工程费	FBFXF　1.1+1.2+1.3+1.4+1.5+1.6		797256.27	
1.1	人工费	RGF		181895.59	
1.2	材料费	CLF+ZCF+QTF+SBF		69575.28	
1.2.1	其中:工程设备费	SBF		408017.1	
1.3	其他材料费	QTCLF		0	1.2 × 其他材料费
1.4	机械费	JXF		27594.14	
1.5	管理费	GLF	28.98	52713.34	
1.6	利润	LR	31.59	57460.82	
2	措施项目费	2.1+2.2		103726.00	
2.1	能计量的部分	CSXMF　2.1.1+2.1.2+2.1.3+2.1.4+2.1.5+2.1.6		72320.95	
2.1.1	人工费	CSXMF_RGF		26045.80	
2.1.2	材料费	CSXMF_CLF+CSXMF_ZCF+CSXMF_QTF+CSXMF_SBF		30451.21	
2.1.3	其他材料费	CSXMF_QTCLF		0.00	
2.1.4	机械费	CSXMF_JXF		48.00	
2.1.5	管理费	CSXMF_GLF	28.98	7548.07	
2.1.6	利润	CSXMF_LR	31.59	8227.87	
2.2	总价措施项目费	ZJCSF		31405.05	
2.2.1	其中:安全文明施工费	QFJC+CSXMF_QFJC　(1.1+2.1.1)×13.76%	13.76	28612.74	
3	其他项目费	QTXMF		0.00	
4	规费	4.1+4.2+4.3+4.4+4.5+4.6		38271.74	
4.1	其中:养老保险费	(1+2+3)×2.84%	2.84	25587.90	
4.2	工程排污费	(1+2+3)×0.4%	0.40	3603.93	
4.3	安全生产责任险	(1+2+3)×0.20%	0.20	1801.96	
4.4	职工教育经费	(1+2+计日工)中的人工费总额	1.50	3119.12	
4.5	工会经费	(1+2+计日工)中的人工费总额	2.00	4158.83	
4.6	住房公积金	(1+2+计日工)中的人工费总额	6.00	12476.48	
5	税金	5.1+5.2+5.3+5.4		8912.75	
5.1	增值税	当期销项税额抵扣当期进项税额后的余额	9.00	7957.81	
5.2	城市建设维护税	增值税额	1.00~7.00	557.05	
5.3	教育费附加	增值税额	3.00	238.73	
5.4	地方教育附加	增值税额	2.00	159.16	
6	暂列金额	ZLJE		0.00	
7	含税工程造价	1+2+3+4+5+6		948166.80	

（6）编写施工图预算说明

1）工程概况。本工程地处湖南省衡阳市，为一幢用于银行营业与办公的三层楼建筑，建筑面积约 $1700m^2$，各功能区域均需设置空调。通风空调单位工程的施工期限为 5 个月。

2）本预算的编制依据及各类费用、费率的计算依据主要有：经建设方认可的、设计方盖章的通风空调施工图，《建设工程工程量清单计价规范》（GB 50500—2013），《通用安装工程消耗量定额》（TY02-31—2015），《住房城乡建设部、财政部关于印发＜建筑安装工程费用项目组成＞的通知》（建标【2013】44 号），2014 年《湖南省安装工程消耗量标准（基价表）》及《湖南省建设工程计价办法（2014）》等。

3）本预算中主要材料的价格计算是根据衡阳市发行的本月《材料快报》中的价格执行，适当考虑了采购和运输费用。

4）风机盘管及空调器的安装费用中不包括三速开关等电气部分的安装费用。

5）本预算中未计入部分及施工过程中发生的变更，待竣工结算时据实结算。

6）施工过程中可能发生的其他不可预见费用，由建设方和施工单位协商解决。

（7）工料分析（略）

（8）整理并装订施工图预算书　施工预算书的装订次序如下：

1）封面。

建筑安装工程施工预算书

工程名称：湖南省衡阳市某银行通风空调工程安装　　建设单位：湖南省衡阳市某银行

工程编号：2015-168　　　　　　　　　　　　　　　施工单位：

工程类别：建筑安装工程　　　　　　　　　　　　　预算造价：850515.69

编制单位　　　　　　　　　　　　　　　负责人（签章）

编制日期　年　月　日　　　　　　　　　审核人（签章）

编制人（签章）

2）施工图预算说明。

3）施工图预算汇总表（表4-28）。

4）分项工程预算表（表4-23～表4-27）。

5）工程量统计表（表4-22）。

6）主要设备表（本例题的主要设备表见表4-29）。

表4-29　主要设备表

单位工程：湖南省衡阳市某银行通风空调工程

序号	名称	规格型号	单位	数量	单价/元	合价/元	备注
1	模块化风冷热泵机组	LSQWRF130	台	3.00	38900.00	116700.00	
2	冷冻水泵	KQL100/150—11/2	台	2.00	3860.00	7720.00	
3	电辅加热器	DR6（D）	台	1.00	3260.00	3260.00	

（续）

序号	名称	规格型号	单位	数量	单价/元	合价/元	备注
4	空气处理机	G—4WD/B	台	1.00	5260.00	5260.00	
5	空气处理机	G—3WD/B	台	2.00	4880.00	9760.00	
6	风机盘管	FPG—20WA	个	14.00	2468.00	34552.00	
7	风机盘管	FPG—14WA	个	2.00	2370.00	4740.00	
8	风机盘管	FPG—12.5WA	个	6.00	2176.00	13056.00	
9	风机盘管	FPG—10WA	个	5.00	1680.00	8400.00	
10	风机盘管	FPG—8WA	个	3.00	1440.00	4320.00	
11	风机盘管	FPG—7.1WA	个	2.00	1140.00	2280.00	
12	风机盘管	FPG—5WA	个	6.00	998.00	5988.00	
13	风机盘管	FPG—3.5WA	个	5.00	780.00	3900.00	
14	矩形膨胀水箱	国标1#	个	1.00	2500.00	2500.00	
					合计	222436.00	

7）主要材料表（本例题的主要材料表见表4-30）。

表4-30　主要材料表

单位工程：湖南省衡阳市某银行通风空调工程

序号	名称	规格型号	单位	数量	单价/元	合价/元	备注
一、通风工程							
1	镀锌钢板	δ0.5	m²	482.17	38.00	18322.50	
2	镀锌钢板	δ0.75	m²	107.20	45.00	4824.00	
3	消声静压箱	1000mm×600mm×500mm	台	3.00	8200.00	24600.00	
4	70℃防火阀	1000mm×200mm	个	1.00	296.00	296.00	
5	70℃防火阀	630mm×200mm	个	2.00	223.00	446.00	
6	防雨百叶风口	1250mm×400mm	个	1.00	289.20	289.20	
7	门铰式回风百叶风口	600mm×240mm	个	5.00	58.00	290.00	
8	门铰式回风百叶风口	1200mm×320mm	个	44.00	224.00	9856.00	
9	散流器	φ300	个	58.00	112.20	6507.60	
10	散流器	φ250	个	22.00	96.10	2114.20	
11	方形散流器	300mm×300mm	个	2.00	112.20	224.40	
12	方形散流器	250mm×250mm	个	6.00	96.10	576.60	
13	方形散流器	200mm×200mm	个	6.00	82.40	494.40	
14	方形散流器	150mm×150mm	个	10.00	71.20	712.00	
二、管道工程							
1	镀锌钢管	DN20	m	637.19	9.50	6053.34	
2	镀锌钢管	DN25	m	262.75	11.50	3021.65	
3	无缝钢管	DN32	m	179.83	18.50	3326.78	

（续）

序号	名称	规格型号	单位	数量	单价/元	合价/元	备注
4	无缝钢管	DN40	m	844.56	22.20	18749.23	
5	无缝钢管	DN50	m	110.26	28.60	3153.49	
6	无缝钢管	DN65	m	74.36	44.00	3271.75	
7	无缝钢管	DN80	m	78.03	52.00	4057.56	
8	无缝钢管	DN100	m	23.82	64.00	1524.54	
9	无缝钢管	DN125	m	9.54	92.00	877.77	
10	无缝钢管	DN150	m	30.45	106.00	3227.70	
11	螺纹阀门	DN20	个	86.86	32.00	2779.52	
12	法兰阀门	DN32	个	3.00	49.00	147.00	
13	法兰阀门	DN40	个	6.00	63.00	378.00	
14	法兰阀门	DN80	个	4.00	243.00	972.00	
15	法兰阀门	DN100	个	2.00	313.00	626.00	
16	法兰阀门	DN150	个	6.00	563.00	3378.00	
17	自动排气阀	DN20	个	16.00	120.00	1920.00	
18	螺纹浮球阀	DN50	个	1.00	220.00	220.00	
19	螺纹过滤器	DN20	个	43.43	32.00	1389.76	
20	螺纹过滤器	DN40	个	3.03	78.00	236.34	
21	法兰过滤器	DN150	个	1.00	904.00	904.00	
22	金属软接头	DN20	个	86.86	38.40	3335.42	
23	橡胶软接头	DN40	个	6.06	89.00	539.34	
24	法兰橡胶软接头	DN150	个	6.00	398.80	2392.80	
25	法兰止回阀门	DN150	个	1.00	620.00	620.00	
三、保温工程							
1	泡沫玻璃板	δ40	m³	26.45	560.00	14810.88	
2	泡沫玻璃瓦块	δ40	m³	32.97	560.00	18463.20	
3	胶粘剂		kg	1569.45	9.00	14125.02	
四、其他							
1	温度计	0~100℃	个	3.00	35.00	105.00	
2	插座 带螺纹		套	3.00	12.00	36.00	
3	压力仪表接头	0~16MPa	套	3.00	24.00	72.00	
4	取源部件		套	3.00	6.00	18.00	
5	型钢	（综合）	kg	41.60	3.80	158.08	
6	酚醛防锈漆	各色	kg	47.42	24.00	1138.01	
						185581.10	

8）工料分析表（可参照表4-8进行编制）。

按以上次序将其装订成册就形成了较完整的施工图预算书。

复习思考题

1. 什么是设计概算？设计概算的内容分哪几个层次？
2. 简述设备安装工程概算的编制方法。
3. 什么是施工图预算？施工图预算包括哪些内容？
4. 施工图预算的编制程序是什么？
5. 编制施工图预算所需文件资料主要有哪些？
6. 编制施工图预算的依据是什么？
7. 怎样划分分项工程项目？
8. 什么是工程量？在计算工程量时应注意哪些问题？为什么编制施工图预算的关键是工程量的计算？
9. 安装工程施工图预算的编制说明应包括哪些内容？
10. 什么是施工预算？其作用是什么？
11. 施工预算编制的依据是什么？
12. 施工预算与施工图预算的关系是什么？
13. "两算"对比的主要内容有哪些？"两算"对比有何重要意义？
14. 什么是竣工决算？
15. 竣工决算与施工图预算的联系和区别是什么？
16. 编好竣工决算应注意哪些问题？

第 5 章

建筑安装工程招标投标与合同管理

市场经济的建立决定了建筑业必须具有自己的建筑市场,建筑产品成为商品在建筑市场上实行公开买卖,因此就产生了建筑市场的竞争。工程招标的基本原理就是要使价值规律对建筑产品价格起调节作用,也就是让建筑企业生产的建筑产品的个别价格到建筑市场去比较、衡量,如果在比较和衡量的过程中获胜,就证明该建筑企业产品的个别价格得到了社会的承认,建筑企业才能获得经济效益。由此产生了招标标底与投标报价两个概念,建筑企业生产的建筑产品的个别价格投标报价,衡量的标准就是招标标底,建筑企业生产的建筑产品在比较中获胜就是中标。因此标底和报价计算的准确与否,直接影响到建筑企业是否能中标,招标标底和投标报价的编制,对工程招投标活动的开展和实施有着极其重要的意义。

随着招标投标活动的实施,当中标人确定后,针对某一具体的工程项目,就需要签订合同。对建筑安装工程,为了更好地管理好工程项目,通过合同的形式对建设单位和施工企业的责、权、利做一个明确的规定,约束双方的行为,确保工程项目的顺利完工。

5.1 工程招标投标概述

招标投标是市场经济条件下进行大宗货物买卖、工程建设项目的发包与承包,以及服务项目的采购与提供时所采用的一种交易方式。工程项目的建设以招标投标的方式选择施工单位,是运用竞争机制来体现价值规律的科学管理模式。

5.1.1 建筑安装工程招标投标的基本概念

1. 招标

招标是建设项目业主在发包建筑安装工程项目的设计、施工及与工程建设有关的重要设备、材料等的采购时,通过一系列程序选择合适的承包商或供货商的过程。即业主将拟建工程的规模、内容和建设要求,或购买的设备、材料名称、规格、数量等内容以招标文件的形式告知愿意承担该建设工程任务或愿意出售设备、材料的建筑安装企业或设备材料的生产、销售企业,要求他们按照招标文件的要求,提供对建筑安装工程项目的承包资格、实施方案及报价等,编写投标文件。简单地说,就是招标方邀请投标方进行投标的这一过程即为招标。

2. 投标

投标是经资格审查合格、取得招标文件的投标方按照招标文件的具体要求编制投标文件，并在规定的日期内将投标文件递交给招标方，参与竞争承包权的交易行为。投标过程实质上是一个商业竞争过程，它不只是在价格方面的竞争，还包括信誉、管理、技术、实力、经验等多方面的综合竞争。投标的目的在于中标，在投标过程中应正确理解招标条件和要求，投标文件中要充分体现、证明自己在各方面的优势。

3. 开标

开标是指招标单位在规定的时间和地点，在有公证监督和所有投标单位出席的情况下，当众公开拆开投标书，宣布投标各单位投标项目、投标价格等主要内容，并加以记录和认可的过程。开标过程必须按法定的程序进行。

4. 评标

评标是指由招标单位组织专门的评标委员会，按照招标文件和有关法规的要求，对投标单位递交的投标资料进行审查、评比，提交书面评标报告，并择优选择中标单位的过程。若经评标委员会评审，认为所有投标文件都不符合招标文件要求的，可以否决所有投标，招标人应重新招标。评标过程要按招标要求，对投标单位提供的投标文件中的投标工程价格、质量、期限、商务条件等进行全面的审查，因此要求生产、质量、检验、供应、财务和计划等各方面的专业人员和公证机关参加。

5. 中标

中标是指招标单位根据评标委员会提交的书面评标报告，以书面的形式通知在评标中择优选出的投标单位，接受其投标报价及有关条件，称为授标，被选中的投标单位中标。

5.1.2　建筑安装工程招标投标的范围

1. 法律和行政法规规定必须招标的范围

（1）《中华人民共和国招标投标法》明确规定必须招标的范围　《中华人民共和国招标投标法》（以下简称《招标投标法》）规定，在中华人民共和国境内进行的下列工程项目的勘察、设计、施工、监理以及与工程项目有关的重要设备、材料的采购必须进行招标：

1）大型基础设施及公用事业等关系社会公共利益、公众安全的项目。

2）全部或者部分使用国有资金投资或者国家融资的项目。

3）使用国际组织或者外国政府贷款、援助资金的项目。

（2）必须进行招标项目的具体范围和规模标准　国家发展计划委员会根据《招标投标法》颁布了《工程建设项目招标范围和规模标准规定》，对《招标投标法》中的必须招标委托工程建设任务的范围做出了如下的细化规定：

1）根据工程项目的性质划分。

①关系社会公共利益、公众安全的基础设施项目的范围包括：

a. 煤炭、石油、天然气、电力、新能源等能源项目。

b. 铁路、公路、管道、水运、航空及其他交通运输业等运输项目。

c. 邮政、电信枢纽、通信、信息网络等邮电通讯项目。

d. 防洪、灌溉、排涝、引（供）水、滩涂治理、水土保持、水力枢纽等水利项目。

e. 道路、桥梁、地铁和轻轨交通、污水排放及处理、垃圾处理、地下管道、公共停车场等城市设施项目。

f. 生态环境保护项目。

g. 其他基础设施项目。

②关系社会公共利益、公众安全的公用事业项目的范围包括：

a. 供水、供电、供气、供热等市政工程项目。

b. 科技、教育、文化等项目。

c. 体育、旅游等项目。

d. 卫生、社会福利等项目。

e. 商品住宅，包括经济适用住房。

f. 其他公用事业项目。

③使用国有资金投资的项目的范围包括：

a. 使用各级财政预算资金的项目。

b. 使用纳入财政管理的各种政府性专项建设基金的项目。

c. 使用国有企业事业单位自有资金，并且国有资产投资者实际拥有控制权的项目。

④国有融资项目的范围包括：

a. 使用国家发行债券所筹资金的项目。

b. 使用国家对外借款或者担保所筹资金的项目。

c. 使用国家政策性贷款的项目。

d. 国家授权投资主体融资的项目。

e. 国家特许的融资项目。

⑤使用国际组织或者外国政府资金的项目的范围包括：

a. 使用世界银行、亚洲开发银行等国际组织贷款资金的项目。

b. 使用外国政府及其机构贷款资金的项目。

c. 使用国际组织或外国政府援助资金的项目。

2）按项目投资规模划分。上述范围内的各类工程建设项目，包括项目的勘察、设计、施工、监理以及与工程建设有关的重要设备、材料等的采购，达到下列标准之一的，必须进行招标。

①施工单项合同估算价在 200 万元人民币以上的。

②重要设备、材料等货物的采购、单项合同估价在 100 万元人民币以上的。

③勘察设计、监理等服务性的采购，单项合同估算价在 50 万元人民币以上的。

④单项合同估算价低于①、②、③项规定的标准，但项目的总投资额在 3000 万元人民币以上的。

3）应当公开招标的项目。在依法必须进行招标的项目中，项目全部使用国有资金投资或者国有资金投资占控股或者主导地位的项目，应当公开招标。

4）各省、自治区、直辖市的招标范围和规模标准。根据《工程建设项目招标范围和规模标准规定》，各省、自治区、直辖市有权规定本地区必须进行招标的具体范围和规模标准。在招标活动中，必须遵照本地区人民政府所颁布的相关规定进行招标。地方政府所规定的必须招标的具体范围和规模标准比国家规定的范围要大。

2. 可以不进行招标的范围

按照《招标投标法》《工程建设项目招标范围和规模标准规定》《设计招标投标管理办法》《施工招标投标管理办法》的规定，属于下列情形之一的，经县级以上地方人民政府建设行政主管部门批准，可以不进行招标，可以采用直接委托的方式承担建设任务。

1）涉及国家安全、国家机密的工程。

2）抢险救灾工程。

3）利用扶贫资金实行以工代赈、需要使用农民工等特殊情况。

4）建筑艺术造型有特殊要求的设计。

5）采用特定专利技术、专有技术的设计。

6）停建或者建后恢复建设的单位工程，且承包人未发生变更的。

7）施工企业自建自用工程的施工，且该施工企业资质等级符合工程要求。

8）在建工程追加的附属小型工程或者主体加层工程的施工，且承包人未发生变化的。

9）法律、法规、规章规定的其他情形。

可以不招标的项目发包，必须经有关主管部门批准。

5.1.3　工程招标投标的性质及作用

1. 工程招标投标的性质

招标承包制是建筑业和基本建设管理体制的重大改革，招标承包制的实施，使施工企业不再由上级行政主管部门分配施工任务，而必须面向社会、面向市场通过竞争性投标获得每项施工任务，同时也必须一项一项地按合同和设计文件要求，保证按期完成施工任务。企业必须加强管理、确保质量、提高效率、降低成本，以获得维持企业发展所必需的效益，并靠自己的实力力争赢得社会信誉。

所以，招标承包制是一种带有竞争性质的交易方式，它能在一定程度上解决投资者目标的优化问题。招标的目的和实质是通过施工企业之间的竞争择优选择承包者。投标则是施工企业之间相互竞争的特有形式。

工业企业的竞争一般是通过它们的商品来实现的，建筑市场上的竞争，是承包企业之间的直接竞争，不仅仅是企业在工艺、管理、效率、质量上的竞争，更是企业信誉的竞争。投资者作为买方，不是直接选择建筑商品，而是选择提供商品的施工企业。这种竞争的特点，迫使施工企业把信誉摆在重要的地位上。

2. 工程招标投标的作用

工程招标投标的作用主要体现在以下五个方面：

（1）有利于施工企业之间开展公平合理的竞争　招标投标往往是在政府监督部门的监督下，公开进行的一项经济活动。开展招投标活动可以避免施工企业和某些主管部门或权力机关的个别负责人进行暗箱操作，能使建设单位挑选到真正具备施工实力的、优秀的施工企业。

（2）有利于节省建设资金，提高经济效益　建筑安装工程市场的竞争，迫使施工企业降低工程成本、降低工程造价。同时由于明确了发承包双方的经济责任，也促使建设单位加强建设管理，抑制施工图预算超概算，竣工决算超施工图预算的不良做法。据有关资料显示，凡实行招标的建筑安装工程，其工程造价平均降低了6% ~8%。

（3）增强了设计单位的经济责任，有利于设计人员注意设计方案的经济可行性　设计中不仅要考虑技术问题，还受到投资金额的限制，提供的图样必须满足经济要求。

（4）促使建筑企业改进经营管理，在竞争中求得生存和发展　在竞争中，施工企业既要注意经济效益，同时更要重视社会效益和企业信誉，致力于提高工程质量、缩短工期、降低成本、提高生产率。

（5）提高施工企业的技术水平，增强国际工程承包的竞争力　通过招标投标，施工企业之间公平竞争，迫使企业在竞争中提高自身的技术水平和管理水平，加强竞争意识，才能在建筑安装工程市场中取得一席之地。此外，随着我国加入世界贸易组织，国内企业有更多的机会接触国际和国内许多大的工程项目。通过完善的招标投标制度，与国际工程承包惯例接轨，能有效地增强我国建筑施工企业在国际工程承包时的竞争力。

5.2　建筑安装工程招标

5.2.1　建筑安装工程招标的方式

招标方法、执行招标任务的单位及招标项目的工作范围不同，建筑安装工程招标投标的方式也不一样。

1. 按实施招标的方法分类

根据实施招标的方法的不同，建筑安装工程招标的方式分为：公开招标、邀请招标和协议招标三种。下面主要介绍前两种招标方式。

（1）公开招标　公开招标是指招标人以招标公告的方式邀请不特定的法人或其他组织投标，它是一种无限竞争的招标方式。采用该方式招标时，招标单位通过报纸或专业性刊物或其他媒介，发布招标通告，说明招标工程的名称、性质、规模、建造地点、建设要求等事项，公开邀请承包商参加投标竞争。凡是有意承包该工程，且符合规定条件的承包商都允许参加投标，给更多的符合资格要求的承包商以平等竞争的机会，从而使招标单位有较大的选择范围，达到选择报价合理、工期较短、信誉良好的承包商的目的。公开招标也存在着一些缺点，由于申请投标人较多，一般需要设置资格预审程序，而且，评标的工作量较大，所需招标时间长，费用高。这种招标方式一般适合于大中型建设项目。

招标人采用公开招标方式的，应当发布招标公告。依法必须进行招标的项目的招标公告，应当通过国家指定的报刊信息网络或者其他媒介发布。招标公告应当注明招标人的名称和地址、招标项目的性质、数量、实施地点和时间以及获取招标文件的办法等事项。

（2）邀请招标　邀请招标是招标人以投标邀请书的方式邀请特定的法人或者其他组织投标。邀请招标在国际上被称为选择性招标，是一种有限竞争的招标方式。采用这种招标方式时，招标单位一般不是通过公开方式（如在报刊上刊登广告），而是根据自己了解和掌握的信息、过去与承包商合作的经验或由咨询机构提供的情况等有选择地邀请数目有限的承包商参加投标。该招标方式的优点是经过选择的投标单位在工程经验、技术力量、经济和信誉上都比较可靠，因而一般都能保证工程进度和质量要求。此外，因参加投标的承包商数量少，故相对公开招标而言，邀请招标的时间相对较短，招标费用也较少。该招标方式的缺点是在价格、竞争的公平方面存在一些不足之处，因此《招标投标法》规定：国家重点项目和省、自治区、直辖市的地方重点项目不适宜公开招标的，经国务院发展计划部门或者省、自治区、直辖市人民政府批准，可以进行邀请招标。此外，依法必须进行招标的项目、全部使用国家资金投资或者国家资金投资占控股或者主导地位的应当公开招标。邀请招标一般适用于工程规模较小、没必要进行公开招标的项目，或规模大、专业性强、只有少数单位有承包能力的工程。

招标人采用邀请招标方式的，应当向三个以上具备承担招标项目的能力、资信良好的特定法人或者其他组织发出投标邀请书。投标邀请书与公开招标公告相同，应当注明招标人的名称和地址、招标项目的性质、数量、实施地点和时间以及获取招标文件的办法等事项。

2. 按执行招标任务的单位分类

根据执行招标任务的单位的不同，建筑安装工程招标的方式分为：自行招标和委托招标。

（1）自行招标 利用招标方式选择承包单位属于招标单位自主的市场行为，因此《招标投标法》规定：招标人具有编制招标文件和组织评标能力的，可以自行办理招标事宜。任何单位和个人不得强制其委托招标代理机构办理招标事宜。自行办理招标事宜的招标人，应当向有关行政监督部门进行项目备案。

依法必须进行施工招标的工程，招标人自行办理施工招标事宜的，除应当有编制招标文件和组织评标的能力外，还应当具备下列条件：

1）有专门的施工招标组织机构。

2）有与工程规模、复杂程度相适应并具有同类工程施工招标经验，熟悉有关工程施工招标法律法规的工程技术、概预算及工程管理的专业人员。

不具备上述条件的，招标人应当委托具有相应资质的工程招标代理机构代理施工招标。

依法必须进行设计招标的工程，招标人具备下列条件的可以自行组织设计招标：

1）有与招标项目工程规模及复杂程度相适应的工程技术、工程造价、财务和工程管理人员，具备组织编写招标文件的能力。

2）有组织评标的能力。

招标人不具备上述规定条件的，应当委托具有相应资质的招标代理机构进行设计招标。

（2）委托招标 招标人满足自行组织招标规定条件的可以自行组织招标，也可以委托招标代理机构组织招标。招标人不满足自行组织招标规定条件的应当委托招标代理机构组织招标。招标人有权自行选择招标代理机构，委托其办理招标事宜，任何单位和个不得以任何方式为招标人指定招标代理机构。

1）招标代理机构的性质。招标代理机构是依法设立的、从事招标代理业务并提供相关服务的社会中介组织。

2）招标代理机构应满足的要求。

①招标代理机构与行政机关或其他国家机关不得存在隶属关系或者其他利益关系。

②工程建设项目招标代理机构的资格应由省级及以上政府建设行政主管部门认定。

3）招标代理机构应具备的条件。

①有从事招标代理业务的营业场所和相应资金。

②有能够编制招标文件和组织评标的相应专业力量。

③有符合规定条件，可以作为评标委员会成员的技术、经济等方面的专家库。

3. 按招标项目的工作范围分类

根据招标项目的工作范围的不同，建筑安装工程招标的方式分为：全过程招标和工程各环节招标。

（1）全过程招标　全过程招标又称"交钥匙工程"招标，是指包括从工程的可行性研究、勘测、设计、材料设备采购、施工、安装调试、生产准备、试运行到竣工交付使用整个过程的全部内容的招标。

（2）工程各环节的招标　工程各环节的招标包括勘察设计招标、工程施工招标和材料、设备采购招标等，其内容为全过程招标中的某一部分。

5.2.2　建筑安装工程招标应具备的条件

建筑安装工程招标主要是就工程从开始设计到竣工这一过程中的设计、监理、施工及设备与材料四个方面进行招标。

1. 设计招标应具备的条件

进行工程设计招标时必须具备下列条件：

1）有正式批准的项目建议书和可行性研究报告。

2）有设计所必需的可靠的有关资料。

3）设计资金已落实。

4）招标申请书已批准。

2. 监理招标应具备的条件

进行建筑安装工程监理招标必须具备下列条件：

1）项目已列入国家或省市基本建设年度计划。

2）初步设计已获批准。

3）监理所需资金已落实。

3. 施工招标应具备的条件

进行建筑安装工程施工招标必须具备下列条件：

1）项目已列入国家或省市基本建设年度计划。

2）初步设计已经批准。

3）具有满足施工招标要求的设计文件。

4）监理单位已经确定。

5）投资来源与材料设备来源已落实。

6）施工现场已具备施工条件。

7）招标申请报告已经批准。

4. 设备、材料招标应具备的条件

进行建筑安装工程设备、材料招标应具备下列条件：

1）初步设计已经批准。

2）设备、材料技术经济指标已经确定。

3）投资及项目进度安排已经落实。

4）设备、材料所需资金已落实。

在进行工程建设招标之前，必须按《工程建设项目报建管理办法》的规定，向建设行政主管部门报建备案，报建时应提交的资料包括：

1）立项批准文件或年度投资计划。

2）固定资产投资许可证。

3）建设工程规划许可证。

4）资金证明。

5）有上级主管部门的建设单位，应有上级主管部门批准文件。

只有报建申请获批准后，才可以开始工程项目的建设，才可以开始工程的招标。

5.2.3　建筑安装工程招标的程序

要完成建筑安装工程招标，需要按以下步骤来实施。

1. 确定招标范围、落实招标条件

招标范围的确定以及实施招标的前期准备工作全部由招标单位独立完成。

2. 工程报建

报建时由建设单位填写统一格式的"建设工程项目报建登记表"，表中内容主要包括：项目名称、建设地点、建设内容、投资规模、资金来源、当年投资额、工程规模、结构类型、发包方式、计划开竣工日期、工程筹建情况等。

建设单位有上级主管部门的，需经其批准同意后方可报建。报建时，建设单位应向有关部门交验以下文件资料：

1）立项批准文件或年度投资计划。

2）固定资产投资许可证。

3）建设工程规划许可证。

4）资金证明。

5）建筑工程项目报建登记表。

6）建设单位上级主管部门批准同意报建文件。

报建备案后，具备了《招标投标法》中规定招标条件的建设工程项目，可办理建设单位资质审查。

3. 选择招标方式及确定是否自行组织招标

招标人应按照《招标投标法》和有关的招标、投标法律、法规的规定确定是采取公开招标，还是采取邀请招标；是采取自行招标，还是采取委托招标。若不满足自行招标条件，则必须进行委托招标。

4. 招标备案与选择招标代理机构

（1）招标备案　依法自行组织招标，招标人在发布招标公告或投标邀请书5日前，应向建设行政主管部门办理招标备案，建设行政主管部门自收到备案资料之日起5个工作日内没有异议的，招标人可发布招标公告或投标邀请书，不具备自行招标的，责令其停止办理招标事宜。

办理招标备案应提交下列资料：

1）建设项目的年度投资计划和工程项目报建登记表。

2）建设工程招标备案登记表。

3）项目法人单位的法人资格证明书和授权委托书。

4）招标公告或投标邀请书。

5）招标机构有关工程技术、概预算、财务以及工程管理等方面专业技术人员名单、职称证书或执业资格证书及其工作经历的证明材料。

（2）选择招标代理机构　依法可以自行组织招标的招标单位，若选择委托招标代理机构组织招标，或依法必须由招标代理机构组织招标的，可通过考查、比较，自主选择招标代理机构，委托其办理招标事宜。

若选择委托招标代理机构办理招标，招标程序中由招标人承担的工作均可由招标代理机构承担。

5. 编制招标相关文件

（1）资格预审文件　招标人根据工程规模、复杂程度和技术难度等具体情况，选择采取投标资格预审或资格后审。若采用资格预审，招标人应参照"资格预审文件范本"编制资格预审文件，该文件包括下列主要内容：

1）资格预审申请人须知。

2）资格预审申请书格式。

3）资格预审评审标准或方法。

（2）招标公告或投标邀请书　招标公告或投标邀请书的具体格式可由招标人自定，其内容一般包括：招标单位名称；建设项目资金来源；工程项目概况和本次招标工作范围的简要介绍；资格预审的条件；购买资格预审文件的地点、时间和价格等有关事项。

（3）招标文件　招标文件既是投标人编制投标书的依据，也是招标人的行为准则。招标人应根据工程的特点和具体情况，参照招标文件范本编写招标文件。招标人可根据招标项目具体情况，合理划分标段、确定工程，并在招标文件中加以说明，编制"投标须知"告知投标人。

投标须知的通用内容和格式如下：

投 标 须 知

目录

一、总则

1. 工程说明

2. 招标范围及工期

3. 资金来源

4. 合格的投标人

5. 踏勘现场

6. 投标费用

二、招标文件

7. 招标文件的组成

8. 招标文件的澄清

9. 招标文件的修改

三、投标文件的编制

10. 投标文件的语言及度量衡单位

11. 投标文件的组成

12. 投标文件格式

13. 投标报价

14. 投标货币

15. 投标有效期

16. 投标担保

17. 投标人的替代方案

18. 投标文件的份数和签署

四、投标文件的提交

19. 投标文件的装订、密封和标记

20. 投标文件的提交

21. 投标文件提交的截止时间

22. 迟交的投标文件

23. 投标文件的补充、修改与撤回

24. 资格预审申请书材料的更新

五、开标

25. 开标

26. 投标文件的有效性

六、评标

27. 评标委员会与评标

28. 评标过程的保密

29. 资格后审（如采用时）

30. 投标文件的澄清

31. 投标文件的初步预审

32. 投标文件计算错误的修正

33. 投标文件的评审、比较和否决

6. 投标书的评价与比较

七、合同的授予

34. 合同授予标准

35. 招标人拒绝投标权力

36. 中标通知书

37. 合同协议书的签署

38. 履约担保

（4）编制标底　标底是指招标人根据招标项目的具体情况编制的完成招标项目所需的全部费用，是招标单位给招标工程制定的预期价格。它是招标工作的核心文件，是择优选择承包单位的重要依据。国家规定，标底在开标前必须严格保密，如有泄漏，对责任者要严肃处理，直至法律制裁。标底在批准的概算或工程量清单编制的标底价格以内，由招标单位确定，但必须经招标管理部门审查。

6. 发布招标公告或发送投标邀请书

实行公开招标的工程项目，招标公告须在国家和省、自治区、直辖市规定的报刊或信息网等媒介上公开发布，同时在中国工程建设和建筑信息网公开发布。

实行邀请招标的工程项目，招标人可以向三个以上符合资质条件的投标人发出投标邀请书。投标邀请书分为资格预审方式和资格后审方式两种。其格式见附录 B。

7. 资格预审

（1）资格预审的目的　对潜在投标人进行资格审查，主要考查该企业总体能力是否具备招标工作所要求的条件。公开招标时设置资格预审程序的目的：一是保证参与投标的法人或者其他组织在资质和能力等方面能够满足招标工作的要求；二是通过评审优选出综合实力较强的一批申请投标人，请他们参加投标竞争，以减少评标工作量。

（2）对资格预审的要求　招标人资格预审时不得超出资格预审文件中规定的评审标准，不得提高资格标准、业绩标准和曾获奖等附加条件来限制或排斥投标申请人，不得对投标申请人实行歧视待遇。

（3）资格预审中投标人必须满足的最基本条件

1）一般资格条件。包括法人地位、资质等级、财务状况、企业信誉、分包计划等具体要求，是投标申请人应满足的最低标准。

2）强制性条件。视招标项目是否对潜在投标人有特殊要求决定有无。普通工程项目一般承包人均可完成，可不设置强制性条件。对于大型复杂项目尤其是需要有专门技术、设备或经验的投标人才能完成时，则应设置强制性条件。强制性条件是为了保证承包工作能够保质、保量、按期完成，按照项目特点设定而不是针对外地区或外系统投标人，因此不违背招标投标法的有关规定。强制性条件一般以潜在投标人是否完成过与招标工程同类型和同容量工程作为衡量标准。标准不应定得过高，否则会使合格投标人过少而影响竞争；也不应定得过低，否则可能让不具备实际施工能力的投标人获得合同，导致不能按预期目的完成，只要实施能力、工程经验与招标项目相符即可。

（4）发放资格预审合格通知书　按照资格预审文件中的评审标准或方法，评审合格的投标申请人确定以后，招标人向资格预审合格的投标人发放资格预审合格通知书。投标人在收到合格通知书后，应以书面形式确认是否参加投标，并在规定的时间和地点领取或购买招标文件和有关技术资料。只有通过资格预审的投标申请人，才有资格参与下一阶段的投标竞争。

8. 发售招标文件及有关技术资料

招标人向合格的投标人发放招标文件、图样和有关资料，投标人收到后应认真核对，无误后应以书面形式予以确认。招标人对于发出的招标文件可以酌情收取工本费，但不得以此牟利。对于其中的设计文件，招标人可以酌收押金。对于开标后将设计文件退还的，招标人应当退还押金。

依法必须进行施工招标的工程，招标人应当在招标文件发出的同时，将招标文件上报工程所在地的县级以上地方人民政府建设行政主管部门备案。建设行政主管部门发现招标文件有违反法律、法规内容的，应当责令招标人改正。

投标人收到招标文件和有关资料后，若有疑问或不清楚的问题需要解答、解释，应在收到招标文件后，在规定的时间前，以书面形式向招标人提出，招标人应以书面形式或在投标预备会（答疑会）上予以解答，但不说明询问的来源。

招标人对已发出的招标文件所做的任何澄清或修改，应当在招标文件要求提交投标文件截止日期 15 日前或在标书规定的时间内，以书面形式通知所有获得招标文件的投标人。投标人收到招标文件的澄清或修改内容后，应以书面形式予以确认。

招标文件的澄清或者修改内容为招标文件的组成部分，对招标人和投标人均起约束作用。

9. 现场勘查

招标人在投标须知规定的时间组织投标单位自费进行现场考察。设置此程序的目的：一方面是让投标人了解工程项目的现场情况、自然条件、施工条件以及周围环境条件，以便于编制投标书；另一方面也是要求投标人通过自己的实地考察确定投标的原则和策略，避免合同履行过程中以不了解现场情况为理由推卸应承担的合同责任。

10. 接受投标文件

按照招标通告和招标文件中规定的时间、地点和方式，招标单位接受投标文件。在接受投标文件时，招标单位要检查投标文件的密封和送达时间是否符合要求。合格者发给回执或在投标现场公布，否则视为废标。在投标截止时间以前，招标单位仍可接受投标单位的正式调价函件或补充说明。

11. 开标

开标是由招标单位主持，在规定的时间和地点，在评标委员会全体成员和所有投标单位参加的情况下，经公证检查投标文件密封后，当众宣布评标、定标办法和标底，当众启封投标文件、宣读投标报价和招标文件规定内容，并做记录。开标时，在公证人员的监督下，除了未按时送达或密封不合格的视为废标外，当发现投标书中缺少单位印章、法定代表人或法定代表委托人印章、投标书未按规定的要求填写、字迹模糊、内容不全或矛盾、没有响应招标书中要求响应的内容、投标单位未参加开标会议等情况时，宣布投标文件为废标。

12. 评标

评标是对各投标书优劣的比较，以便最终确定中标人，由评标委员会负责评标工作。

（1）评标委员会　评标委员会由招标人的代表和有关技术、经济等方面的专家组成，成员人数为 5 人以上单数，其中招标单位以外的专家不得少于成员总数的 2/3，专家人选应于国务院有关部门或省、自治区、直辖市政府有关部门提供的专家名册，或从招标代理机构的专家库中以随机抽取的方式确定。与投标人有利害关系的人不得进入评标委员会，已经进入的应当更换，保证评标的公平和公正。

（2）评标工作程序　小型工程由于承包工作内容较为简单、合同金额不大，可以采用即开、即评、即定的方式由评标委员会及时确定中标人。大型工程项目的评标因为评审内容复杂、涉及面宽，通常需分成初评和详评两个阶段进行。

（3）评标时的重要评审内容　评标时重点考评的内容有以下几点：

1）投标报价是否合理。主要将投标报价与标底比较，一般认为投标报价与标底差别不超过 3% ~ 5% 为合理，在此基础上价格最低者最优。

2）工期适当。在保证工程质量的前提下，要满足招标文件中要求的工期，能通过采用一定技术组织措施提前工期者为佳。

3）施工方案可行。要求投标文件提供的施工方案或施工组织设计是合理、切实可行的。

4）企业的信誉好。投标企业在信守合同、遵守国家法规、保证工程质量和后期服务等方面得到社会和行业广泛好评为佳。

除此之外，还要对投标单位的经验、业绩、财力、实力和所提供的附加优惠条件等其他因素做综合考虑。

（4）评标报告　评标报告是评标委员会经过对投标书评审后向招标人提出的结论性报告，作为定标的主要依据。评标报告应包括评标情况说明、对各个合格投标书的评价、推荐合格的中标候选人等内容。如果评标委员会经过评审，认为所有投标都不符合招标文件的要求，可以否决所有投标。出现这种情况后，招标人应认真分析招标文件的有关要求以及招标过程，对招标工作范围或招标文件的有关内容做出实质性修改后重新进行招标。

13. 定标

（1）定标程序　确定中标人前，招标人不得与投标人就投标价格、投标方案等实质性内容进行谈判。招标人应该根据评标委员提出的评标报告和推荐的中标候选人确定中标人，也可以授权评标委员会直接确定中标人。中标人确定后，招标人向中标人发出中标通知书，同时将中标结果通知所有未中标的投标人并退还他们的投标保证金或保函。中标通知书对招标人和中标人具有法律效力，招标人改变中标结果或中标人拒绝签订合同均要承担相应的法律责任。

中标通知书发出后 30 天内，双方应按照招标文件和投标文件订立书面合同，不得做实质性修改。招标人不得向中标人提出任何不合理要求作为订立合同的条件，双方也不得私下订立背离合同实质性内容的协议。

确定中标人后 15 天内，招标人应向有关行政监督部门提交招标投标情况的书面报告。

（2）定标原则　《招标投标法》规定，中标人的投标应当符合下列条件之一：

1）能够最大限度地满足招标文件中规定的各项综合评价标准。

2）能够满足招标文件的实质性要求，并且经评审的投标价格最低；但是投标价格低于成本的除外。

第一种情况是指用综合评分法或评标价格法进行比较后，最佳标书的投标人即为中标人。第二种情况适用于一般投标人均可完成的小型工程施工、采购通用的材料、购买技术指标固定、性能基本相同的定型生产的中小型设备等招标，对满足基本条件的投标书主要进行投标价格的比较。

中标人的确定，也就标志着招标工作的结束，接下来就是建设单位与中标单位签订建筑安装工程施工合同。

5.3　建筑安装工程投标

在建设工程中，建筑设备工程的安装施工是其中的一部分。根据《中华人民共和国招标投标法》和国家发展计划委员会《关于工程项目招标范围和规模标准规定》，建筑内部的建筑设备工程是必须进行招标的。因此，承包商只有通过投标的方式才有可能承揽到相应的工程。

投标单位或委托投标单位得到招标单位的招标公告后，根据自己的资质等级向招标单位提出投标申请。在其投标资格被招标单位确认后，参加招标单位或其代理人主持的发标会议，参与勘查现场及答疑。在这些工作的基础上，投标单位按照招标文件的要求编制投标书并在规定的日期、按规定的方式向招标单位提交投标书。前面这一系列过程就是投标。投标是对招标的一种响应。

对于投标单位而言，能否进入到投标的实质性阶段关键在于能否通过招标单位对投标单位的资格预审。这里的资格预审是对投标人投标资格的审查。

5.3.1　投标程序

投标是招标的对称词，是承包商对业主的建设项目招标的响应。投标和招标一样有其自身的运行规律，有与招标程序相对应的程序。其主要过程包括申请投标和递交资格预审资料、接受投标邀请和购买招标文件、研究招标文件、调查研究和问题澄清、编制投标文件、递交投标文件、参加投标会等。

1. 了解招标信息，选择投标对象

施工企业根据招标广告或招标通知，分析招标工程的条件，结合本企业经营目标、施工能力等，选择投标工程。

2. 申请投标和递交资格预审资料

按照招标广告或通知的规定，向招标单位提出投标申请，购买并填写《申请投标企业调查表》。《申请投标企业调查表》是招标单位对投标单位资格审查的主要依据，投标单位要如实认真填写，充分反映本单位的实力和对投标工程的经验。必要时，可提供附件，以期能使招标单位更多地了解本单位。《申请投标企业调查表》和其他招标公告或资格申请公告中要求的资料要按照公告中要求的时间及时送到规定地点。

3. 接受投标邀请和购买招标文件

施工企业通过资格预审或接到投标邀请书后，即表明该企业已经获得了本次投标的资格。若想参加本次投标，应携带有关证件、邀请书或预审合格证明及其他邀请书中要求的资料，按招标单位规定的时间和地点领取或购买招标文件。

4. 研究招标文件

招标文件是编制投标文件的依据，投标文件中的投标报价、工期、质量等都要以招标文件规定内容为基础。对招标文件全面、透彻理解，才能正确制定投标报价策略。取得招标文件后，要组织有经验的设计、施工、估价、管理人员对招标文件认真研究。研究重点应放在工程条件、设计图资料、工程范围；工程技术、质量、工期等要求；商务要求和条件，付款方式等方面。

5. 调查研究

调查研究是对工程施工现场的施工条件和当地的社会、经济、自然条件中可能影响施工的各种因素进行考察，获取有关数据和资料。调查重点为施工现场位置、地质、水文、气候、交通等条件；现场临时供水、供电、通信等情况；当地的劳动力、材料设备资源供应；当地的有关法规等。

6. 问题澄清

在由招标单位组织的答疑会上，投标单位应根据现场调查和对招标问题的研究，提出招标文件中概念模糊或把握不准之处，请设计单位、建设单位和招标文件编制人员澄清明确。

7. 编制投标文件

这是投标工作中最重要的一环。标书是投标单位用于投标的综合性技术经济文件。它是投标单位技术水平和管理水平的综合体现，也是招标单位选择承包单位的主要依据，中标的标书同时又是签订工程承包合同的基础。标书一般由各地招标投标管理部门规定统一格式，随招标文件发给投标单位。投标文件主要包括投标函、施工方案或施工组织设计，投标报价、对招标文件中各条件和要求的响应及其他附件和资料等。

8. 递交投标文件

所有投标文件备齐盖章签字后，装订成册封入密封袋中，在规定的时间交送到指定投标地点。投标文件投送不能晚于规定时间，否则为废标，但也不必过早，以便在发生新情况时更改。投标文件发出后，在投标截止时间前，投标单位仍可更改投标文件中的有些事项。投标文件被接受并确认合格后，投标单位应领取回执作为凭证。

装订成册的投标文件通常称之为投标书。投标书有正本和副本之分，一般正本一份，副本可按招标书的要求编制，并应在封面上明确盖上"正本"或"副本"印章，以示区分。原则上要求正本和副本的内容和格式完全一样，当针对某一项目内容，出现了正本、副本不一致的情况，评标时以正本为准。

9. 等待评标、决标

在此期间，投标人应掌握准确的开标时间，按规定准时参加开标会。

10. 参加开标会

招标采用公开开标方式时，投标单位要在规定的时间到指定地点参加开标会，在开标会上，招标单位当场宣读标底和符合条件的投标单位及其投标价并做记录，投标单位需对宣读内容进行确认。

11. 中标单位与建设单位签订承包合同

中标单位与建设单位承包合同的签订，标志着招投标过程的结束，同时也预示着建设单位与承包单位工程项目合作的开始，在随后开展的一系列施工活动中，建设单位和承包单位应严格遵照合同的条款来约束自己的施工及经济行为。

5.3.2　投标书的编制

投标单位对招标工程做出参与投标的决策之后，即应编制标书，也就是编制"投标者须知"中规定投标单位必须提交的全部文件。投标书就是由投标的承包商负责人签署的正式报价信，又称投标函。中标后，投标书及其附件即成为合同的重要组成部分。

标书是整个投标活动的重点所在，投标单位所做的一切工作都是围绕编制投标书而开展的。通过投标书的编制，要能准确地反映出投标单位所具备的承包工程项目的人力、财力、物力及决心，而招标单位最终选择承包单位主要是依据投标书中所反映出来的投标单位的综合实力。因此，投标单位能否中标，投标书编制得好坏起着举足轻重的作用。一般来说，标书分成商务标书和技术标书两部分。

1. 商务标书编制的要求与内容

商务标书的编制主要有两项工作，即投标报价和合同条款。

（1）投标报价　投标报价是投标单位在向招标单位提交的投标书中，所允诺的对招标内容（设计或施工，或设备、材料供应等）的承包价格，它具有一定的法律约束力。但经过一定程序的成本合同价格不一定是中标单位的投标报价。

投标报价是投标书的核心内容。投标单位在严格按招标文件的要求编制投标书时，根据招标标的物的具体内容、范围，并根据企业自身的投标能力和建筑市场的竞争状况，详细地计算承包标的物的各项单价和汇总价，其中包括考虑一定的利润、税金和风险系数，经过一定的决策过程，对单价和汇总价进行必要的调整，然后提出报价。

投标报价的主要内容分为下面几个部分：

1）核实工程量。工程量大小关系投标报价的高低，准确计算工程量是分析投标工程利润、进行投标报价决策的基础。当招标文件中已给出工程量，投标单位要按照设计图对工程量进行复核。当发现招标文件中的工程量与复核结果出入较大时，若招标文件规定对工程量不做增减，则采用不平衡报价策略，即不对工程量做修改，但提高复核后工程量高于原工程量的项目的单价，降低复核工程量低于原工程量的项目的单价；若招标文件无对工程量不做增减的规定，则以书面的形式，就工程量不一致的项目向招标单位提出工程量复核。如果招标文件中没有给定工程量，只提供图样和工程量计算规则，投标单位要根据招标单位提供的图样和计算规则，结合施工方案，合理划分施工项目，认真计算工程量，根据计算得出的工程量做出报价决策。

2）编制施工方案或施工组织设计。招标文件中一般要求投标单位提供投标工程的施工方案或施工组织设计。施工方案或施工组织设计既是投标报价的重要前提和依据，也是评标时要考虑的主要因素之一。一般情况下，投标文件中的施工方案或施工组织设计比施工单位施工前编制的施工方案或施工组织设计深度浅、内容粗。内容主要说明施工方法、主要机械设备、施工进度、劳动力人数、技术及安全措施等。施工方案或施工组织设计的编制原则是在工期、成本和技术可行性上对招标单位有吸引力。

3）分包询价。工程建设由于综合性强、复杂多变，总承包商不可能将全部工程内容完全独家包揽，特别是有些专业性较强的工程内容，需分包给其他专业工程公司。总承包商通常应在投标前进行分包询价，先取得分包商的报价，并增加总承包商应摊入的一定管理费后，将其价格作为自己投标总报价的一个组成部分。

4）报价计算。报价合理与否是投标能否中标的关键，要求投标报价必须接近标底。国内工程招标在定标时，中标价一般在标底价的一定范围内浮动。而标底价又是以现行的概（预）算编制法或工程量清单计价法来确定的。由于投标单位在开标前不可能知道标底价，因此，投标单位为了中标，只能根据招标文件、图样、有关工程造价的定额和规定，结合本次投标的报价决策仍以施工图预算法或工程量清单计价法来计算投标报价。

施工图预算法在上一章中已做了详细的介绍，工程量清单计价法将在下一章中重点讲述。

我国的投标报价计算的方法与标底及施工图预算方法基本相同，因此，报价与标底接近，不是完全意义上的竞争，提出的报价也没有竞争力。国外标价的费用组成和计算与我国不同，没有统一的预算定额和单价，也没有统一的计算费率。投标人全凭自己对工程特点的理解和掌握的资料计算标价，估计准确与否对报价关系很大，是完全意义上的竞争，提出的报价具有很强的竞争力。

（2）对合同条款的研究　研究的内容主要有以下几个方面：

1）工程范围。这是特别要搞清楚的，因为这与报价的高低有直接关系。

2）甲、乙双方的责任与义务。在合同中一般对乙方的要求和规定比较多，应仔细研究，除通用条件外，特别应注意对特殊条件的研究。

3）工程变更条款。一定要注意变更的原因，因为业主要求改变工程，应向乙方额外付款，反之由于乙方自己的原因造成的变更，经济责任由乙方自己承担。

4）付款方式和条件。确定付款的次数和每次付款占整个合同金额的最小百分比。

具体的内容详见"安装工程施工合同"范本。

2. 技术标书编制的要求与内容

技术标书部分的主要内容是详细叙述投标人对本工程项目如何去实施，包括质量保证、质量控制、进度控制、投资控制及具体的施工方案、施工总工期、工程质量等。

1）企业简介。说明企业的概况即可。

2）各种证件。包括企业法人地位的证件复印件、资信（财务）证明材料、企业法人营业执照、注册税务登记证（国、地税）、信用等级证、财务报表、施工资质证书、资信文件证明等。

3）项目组织表。投标人为实施本工程所采用的组织机构表，说明关键人物所在位置及工作关系。

4）关键人物简历。包括拟派该项目现场的项目经理、部门经理、工程技术人员、专业组长的学历、职称和工作经验等。

5）施工组织方案。投标人应根据工程的特殊性，全面地考虑各种因素制订出一个切实可行的施工组织方案。

6）投标人计划投入的主要机械设备。

7）投标人过去完成的主要工程。一般是近两三年内竣工的类似工程，也可以将现有主要正在施工的工程列入另一表格内以供甲方参考。

8）其他资料。包括科技成果鉴定书、企业质量认证及荣誉证明、设备说明等。

3. 投标书的格式（实例详见附录C）

封面一般根据投标单位的特点自己编制，但应注明内容。如：××××安装工程有限公司投标文件等。

5.3.3　投标报价细则

1. 投标报价的计算依据

1）招标单位提供的招标文件。

2）招标单位提供的设计图及有关的技术说明书等。

3）国家及地区颁发的现行建筑、安装工程预算定额及与之相配套执行的各种费用定额、规定等。

4）招标单位提供的建设项目工程量清单。

5）地方现行材料预算价格、采购地点及供应方式等。

6）因招标文件及设计图等不明确，经咨询后由招标单位书面答复的有关资料。

7）企业内部制定的有关取费、价格等的规定、标准。

8）其他与报价计算有关的各项政策、规定及调整系数等。

2. 投标报价计算技巧

投标报价技巧不仅仅是工作方法和技巧本身问题，而且在一定程度上反映了承包商的经营思想和管理水平。有经验的承包商，之所以能得到项目，而且能够获得较高利润，这跟他们注重研究、探索和巧妙地运用报价策略，不断总结经验，以及高明的投标报价技巧有关。投标报价要根据工程具体情况而定，不同工程采取不同的策略。

投标报价计算技巧是指在投标报价中采用一定的手法或技巧使业主可以接受，而中标后又能获得更多的利润。常用的报价计算技巧主要有以下几种。

（1）根据招标项目的不同特点采用不同报价

1）遇到如下情况报价可高一些：施工条件差的工程；专业要求高的技术密集型工程，而本公司在这方面又有专长，声望也较高；总价低的小工程，以及自己不愿意做，又不方便不投标的工程；特殊的工程，如港口码头、地下开挖工程等；工期要求急的工程；投标对手少的工程；支付条件不理想的工程。

2）遇到如下情况报价可低一些：施工条件好的工程；工作简单、工程量大而一般公司都可以做的工程；本公司目前急于打入某一市场、某一地区，或在该地区面临工程结束，机械设备等无工地转移时，本公司在附近有工程，而本项目又可利用该工程的设备件短期内突击完成的工程；投标对手多，竞争激烈的工程；非急需工程；支付条件好的工程。

（2）不平衡报价法　不平衡报价法是指一个工程项目总报价基本确定后，通过调整内部各个项目的报价，以期既不提高总报价、不影响中标，又能在结算时得到更理想的经济效益。一般可以考虑在以下几方面采用不平衡报价。

1）能够早日结账收款的项目，可适当提高。

2）预计今后工程量会增加的项目，单价适当提高；工程量可能减少的项目单价降低。

3）设计图不明确，估计修改后工程量要增加的，可以提高单价；而工程内容不清，可适当降低一些单价，待澄清后可再要求提价。采用不平衡报价一定要建立在对工程量表中工程量仔细核对分析的基础上，特别是对报低单价项目，如工程量执行时增多将造成承包商的重大损失；不平衡报价过多和过于明显，可能会引起业主反对，甚至导致废标。

（3）暂定项目　此类项目要在开工后再由业主研究决定是否实施，以及由哪家承包商实施。如果工程不分标，另由一家承包商施工，则其中肯定要做的项目单价可高些，不一定做的则应低些。如果工程分标，该暂定项目也可能由其他承包商施工，则不宜报高价，以免抬高总报价。

（4）多方案报价法　对于一些招标文件，如果发现工程范围不很明确，条款不清楚或很不公正，或技术规范要求过于苛刻时，则要在充分估计投标风险的基础上，按多方案报价法处理。即按原招标文件报一个价，然后再提出，如某某条款做某些变动，报价可降低多少，由此即可报出一个较低的价。这样可以降低总价，吸引业主。

（5）计日工单价的报价　如果是单纯报计日工单价，而且不计入总价中，可以报高些，以便在业主额外用工或使用施工机械时可多盈利。但如果计日工单价计入总报价时，则需具体分析后再定。

（6）增加建议方案　此方法慎重使用，看招标文件中是否有此项规定，允许提建议方案。如果有，投标者应抓住机会，组织专业人员仔细研究，提出更为合理的方案吸引业主，使自己中标，但原招标方案一定要报价。如果没有则不要用此法，以免引起业主的误解和反感。

（7）可供选择的项目报价　有些工程项目的分项工程，业主可能要求按某一方案报价，而后再提供几种可供选择方案的比较报价。这种情况下，通过调查确定将来有可能被选择使用的方案，适当提高其项目的报价；对难度较大方案，有意抬高其项目的报价；促使业主选择对承包商有利的项目方案。

（8）总分包商捆绑报价法　由于种种原因，总承包商需将某些项目分包出去，由此产生了总包报价和分包报价的矛盾。一般地，总承包商在投标前要先取得分包商的报价，并增加总承包商摊入的一定的管理费，作为自己投标总价的一个组成部分一并列入单价。值得注意的是，分包商从总承包商处获得分包项目后，常常以各种理由要求提高分包价格，这对总承包商十分不利。解决这一问题的办法是，总承包商从几家分包商中选择信誉较好、实力较强和报价合理的分包商签订分包协议，并将该分包商的姓名列入投标文件中，并要求其提交投标保函，以此办法，防止分包商事后反悔和涨价，还可能迫使其报出较合理的价格，以便共同争取中标。

5.4　工程合同管理

5.4.1　施工合同概述

1. 施工合同的概念

建筑工程施工合同，是发包人与承包人之间为完成商定的建设工程项目，确定双方权利和义务的协议。在建设领域，习惯于将施工合同的当事人称为发包方和承包方，可以认为承包方与承包人、发包方与发包人具有相同的含义。依照施工合同，承包方应完成一定的建筑、安装工程任务，发包方应提供必要的施工条件并支付工程价款。施工合同是建设工程合同的一种，它与其他建设工程合同一样，是一种双务合同（委托合同经要约承诺后合同成立，无论合同是否有偿，委托人与受托人都要承担相应的义务。对委托人来讲，委托人有向受托人预付处理委托事务费用的义务。当委托合同为有偿合同时还有支付受托人报酬的义务。对受托人来说，受托人有向委托人报告委托事务、亲自处理委托事务、转交委托事务所得成果等义务），在订立时也应遵守自愿、公平、诚实信用等原则。

建设工程施工合同是建设工程的主要合同，是工程建设质量控制、进度控制、投资控制的主要依据。在市场经济条件下，建设市场主体之间相互的权利义务关系主要是通过合同确立的，因此，在建设领域加强对施工合同的管理具有十分重要的意义。国家立法机关、国务院、国家建设行政管理部门都十分重视施工合同的规范工作，1999 年 3 月 15 日第九届全国人民代表大会第二次会议通过，1999 年 10 月 1 日生效实施的《中华人民共和国合同法》（以下简称《合同法》）对建设工程合同做了专章规定。《中华人民共和国建筑法》《中华人民共和国招标投标法》也有许多涉及建设工程施工合同的规定。这些法律是我国建设工程施工合同管理的依据。

施工合同的当事人是发包人和承包人，双方是平等的民事主体。发承包双方签订施工合同，必须具备相应资质条件和履行施工合同的能力。对合同范围内的工程实施建设时，发包人必须具备组织协调能力；承包人必须具备有关部门核定的资质等级并持有营业执照等证明文件。

发包人可以是具备法人资格的国家机关、事业单位、国有企业、集体企业、私营企业、经济联合体和社会团体，也可以是依法登记的个人合伙、个体经营户或个人，即一切以协议、法院判决或其他合法完备手续取得甲方的资格，承认全部合同条件，能够而且愿意履行合同规定义务（主要是支付工程价款能力）的合同当事人。与发包人合并的单位、兼并发包人的单位，购买发包人合同和接受发包方出让的单位和人员（即发包人的合法继承人），均可成为发包人，履行合同规定的义务，享有合同规定的权利。发包人既可以是建设单位，也可以是取得建设项目总承包资格的项目总承包单位。

承包人应是具备与工程相应资质和法人资格的，并被发包人接受的合同当事人及其合法继承人。承包人是施工单位。

在施工合同中，工程师受发包人委托或者委派对合同进行管理，在施工合同管理中具有重要的作用（虽然工程师不是施工合同当事人）。施工合同中的工程师是指监理单位委派的总监理工程师或发包人指定的履行合同的负责人，其具体身份和职责由双方在合同中约定。

2. 施工合同的特点

（1）合同标的的特殊性　施工合同的标的是各类建筑产品，建筑产品是不动产，其基础部分与大地相连，不能移动。这就决定了每个施工合同的标的都是特殊的，相互间具有不可替代性。也决定了施工生产的流动性。建筑物所在地就是施工生产场地，施工队伍和建筑产品的类别庞杂，其外观、结构、使用目的、使用人都各不相同，这就要求每一个建筑产品都需单独设计和施工（即使可重复利用的标准设计或重复使用的图样，也应采取必要的修改设计才能施工），即建筑产品是单位性生产，这也决定了施工合同标的的特殊性。这些特点都要求施工合同与之相适应。

（2）合同履行期限的长期性　建筑施工由于结构复杂、体积大、建筑材料类型多、工作量大，使得工期都较长（与一般工业产品的生产相比），而合同履行期限肯定要长于施工工期，因为工程建设的施工应当在合同签订后才开始，且需加上合同签订后到正式开工前的一个较长的施工准备时间和工程全部竣工验收后，办理竣工结算及保修期的时间，在工程的施工过程中，还可能因为不可抗力、工程变更、材料供应不及时等原因而导致工期顺延。这就要求施工合同有很强的计划性，施工过程必须按照计划进行；考虑到合同履行中不可预见因素的存在，要在合同履行过程中保证能实现双方约定的权利和义务。

（3）合同内容的多样性和复杂性　虽然施工合同的当事人只有两方，但其涉及的主体却有许多种。与大多数合同相比较，施工合同的履行期限长、标的额大，涉及的法律关系则包括了劳动关系、保险关系、运输关系等。这就要求施工合同的内容尽量详尽。施工合同除了应当具备合同的一般内容外，还应对安全施工、专利技术使用、发现地下障碍和文物、工程分包、不可抗力、工程设计变更、材料设备的供应、运输、验收等内容做出规定。在施工合同的履行过程中，除施工企业与发包人的合同关系外，还涉及与劳务人员的劳动关系、与保险公司的保险关系、与材料设备供应商的买卖关系、与运输企业的运输关系等。所有这些，都决定了施工合同具有多样性和复杂性的特点。

（4）合同监督的严格性　由于施工合同的履行对国家的经济发展、公民的工作和生活都有重大的影响，因此，国家对施工合同的监督是十分严格的。具体体现在以下几个方面。

1）对合同主体监督的严密性。建设工程施工合同主体一般只能是法人。发包人一般只能是经过批准进行工程项目建设的法人，必须有国家批准的建设项目，落实投资计划，并且应当具备相应的协调能力；承包人则必须具备法人资格，而且应当具备相应的从事施工的资质。无营业执照或无承包资质的单位不能作为建设工程施工合同的主体，资质等级低的单位不能越级承包建设工程。

2）对合同订立监督的严格性。订立建设工程施工合同必须以国家批准的投资计划为前提，即使是国家投资以外的、以其他方式筹集的投资也要受到当年的贷款规模和批准限额的限制，纳入当年投资规模的平衡，并经过严格的审批程序。建设工程施工合同的订立，还必须符合国家关于建设程序的规定。

我国《合同法》对合同形式确立了以不要式为主的原则，即在一般情况下对合同形式采用书面形式还是口头形式没有限制。但是，考虑到建设工程的重要性和复杂性，在施工过程中经常会发生影响合同履行的纠纷，因此《合同法》要求，建设工程施工合同应当采用书面形式。

3）对合同履行监督的严格性。在施工合同的履行过程中，除了合同当事人应当对合同进行严格的管理外，合同的主管机关（工商行政管理机构）、金融机构、建设行政主管机关等，都要对施工合同的履行进行严格的监督。

3. 施工合同的分类

（1）**按合同适用范围分**　有建设工程勘察设计合同，建筑工程施工准备合同，建筑工程施工合同，材料、成品、半成品或设备供应合同，劳务合同。其中建筑工程施工合同又包括土建工程施工合同、建筑设备安装施工合同、装饰工程施工合同、修缮工程施工合同、机械设备安装施工合同等。

（2）**按发承包关系分**　有工程总承包合同、工程分包合同、劳务分包合同、联合承包合同等。

（3）**按计价方式分**

1）固定价格合同。固定价格合同是指在约定的风险范围内价款不再调整的合同。这种合同的价款并不是绝对不可调整，而是约定范围内的风险由承包人承担。双方应当在专用条款中约定合同价款包括的风险费用和承担风险的范围。风险范围以外的合同价款调整方法，应当在专用条款内约定。

2）可调价格合同。可调价格合同是指合同价格可以调整的合同。合同双方应当在专用条款内约定合同价款的调整方法。

3）成本加酬金合同。成本加酬金合同是由发包人向承包人支付工程项目的实际成本，并按事先约定的某一种方式支付酬金的合同类型。合同价款包括成本和酬金两部分，合同双方应在专用条款内约定成本构成和酬金的计算方法。

4. 施工合同的订立

（1）订立施工合同应具备的条件

1）初步设计已经批准。

2）工程项目已经列入年度建设计划。

3）有能够满足施工需要的设计文件和有关技术资料。

4）建设资金和主要建筑材料设备来源已经落实。

5）招投标工程，中标通知书已经下达。

（2）订立施工合同的原则

1）施工合同必须依法订立。施工合同必须依据《中华人民共和国经济合同法》《中华人民共和国建筑法》《建筑安装工程承包合同条例》《建筑工程施工合同管理办法》等法律、法规订立，也应遵守国家的建设计划和其他计划（如贷款计划等）。合同的内容、形式均不得违反有关法律规定，也不得在违反其他法律、法规的基础上签订合同，或通过合同从事违法活动。建设工程施工对经济发展、社会生活有多方面的影响，国家有许多强制性的管理规定，施工合同当事人也都必须遵守。

2）平等、自愿、公平的原则。签订施工合同当事人双方，都具有平等的法律地位，任何一方都不得强迫对方接受不平等的合同条件。当事人有权决定是否订立施工合同和施工合同的内容，合同内容应当是双方当事人真实意思的体现。合同的内容应当是公平的，不能损害一方的利益，对于显失公平的施工合同，当事人一方有权申请人民法院或者仲裁机构予以变更或者撤销。

3）诚实信用原则。诚实信用原则要求在订立施工合同时要诚实，不得有欺诈行为，合同当事人应当如实将自身和工程的情况介绍给对方。在履行合同时，施工合同当事人要守信用，严格履行合同。

（3）订立施工合同的程序　施工合同作为合同的一种，也要经过要约和承诺两个阶段，其订立方式有两种：直接发包和招标发包。对于必须进行招标的建设项目工程建设的施工都应通过招标投标确定施工企业。

中标通知书发出后，中标的施工企业应当与建设单位及时签订合同。依据《招标投标法》的规定，中标通知书发出 30 天内，中标单位必须与建设单位依据招标文件、投标书等签订施工合同。签订合同的承包人必须是中标的施工企业，投标书中已确定的合同条款在签订时不得更改，合同价应与中标价相一致。如果中标施工企业拒绝与建设单位签订合同，则建设单位将不再返还其投标保证金（如果是由银行等金融机构出具投标保证函的，则投标保函出具者应当承担相应的保证责任），建设行政主管部门或其授权机构还可给予一定的行政处罚。

5.4.2　建筑工程施工合同示范文本

根据有关工程建设施工的法律、法规，结合我国工程建设施工的实际情况，并借鉴了国际上广泛的土木工程施工合同条件（特别是 FIDIC 土木工程施工合同条件），国家建设部、国家工商行政管理局于 1999 年 12 月 24 日印发了《建设工程施工合同示范文本》（以下简称《施工合同文本》）。《施工合同文本》是对国家建设部、国家工商行政管理局 1991 年 3 月 31 日发布的《建设工程施工合同示范文本》的修订，是各类公用建筑、民用住宅、工业厂房、交通设施及线路、管道的施工和设备安装的合同文本（详见附录 D）。

1. 施工合同文本的组成

《施工合同文本》由《协议书》《通用条款》《专用条款》三部分组成，并附有三个附件：附件一是《承包方承揽工程项目一览表》、附件二是《发包方供应材料设备一览表》、附件三是《房屋建筑工程质量保修书》。

（1）协议书　《协议书》是施工合同文本中总纲性的文件，是工程承包人和发包人根据有关法律，在平等、自愿、公平和诚实信用的原则下，就工程施工中最基本、最重要的事项协商一致而订立的合同。虽然其文字量不大，但它规定了合同当事人双方最主要的权利和义务，规定了合同的文件组成及双方对履行合同的承诺，并且建设单位和施工企业在此文件上签字盖章，因此具有很高的法律效力。《协议书》的内容主要包括以下内容：

1）工程概况。

2）工程承包范围。

3）合同工期：开工、竣工时间和合同工期总日历天数。

4）质量标准。

5）合同价款。

6）合同文件：合同协议书，中标通知书，投标书及附件，合同专用条款、合同通用条款，标准、规范及有关技术文件，图样，工程量清单，工程报价表或预算表等。

7）协议书中的有关词语含义与合同示范文本《通用条款》中的定义相同。

8）承包人向发包人承诺按照合同约定进行施工、竣工及质量保证期内的保修责任。

9）发包人向承包人承诺按照合同约定的期限和方式支付合同价款和其他应支付的款项。

10）合同生效：合同订立的时间、地点及约定生效时间。

（2）通用条款　《通用条款》是根据《合同法》《建筑法》等法律对承发包双方的权利义务做出的规定，除双方协商一致对其中的某些条款做了修改、补充或取消外，双方都必须履行。它是将建设工程施工合同中共性的一些内容抽象出来编写的一份完整的合同文件。它为双方签订合同提供一个提纲和参考，以防甲乙双方在签订合同时遗漏或由于表达含糊带来合同履行中发生纠纷。《通用条款》具有很强的通用性，基本适用于公共建筑、民用建筑、工业厂房、交通设施和管线道路等的施工和设备安装工程。《通用条款》共由十一部分47 条组成。这十一部分内容是：

1）词语定义及合同文件。

2）双方一般权利和义务。

3）施工组织设计和工期。

4）质量及检验。

5）安全施工。

6）合同价款与支付。

7）材料设备供应。

8）工程变更。

9）竣工验收与结算。

10）违约、索赔和争议。

11）其他。

（3）专用条款　《专用条款》部分是根据工程实际情况，按照《通用条款》中各条款的顺序，对《通用条款》条款的补充和具体化。《专用条款》的条款号与《通用条款》相一致，但主要是空格，由于《通用条款》只对合同的各方面做出了原则上和普遍性的规定，而实际工程的工程性质、施工内容、施工环境和条件各异，施工单位的施工能力不同，建设单位对工程的工期、质量、进度、造价等要求也不尽相同，所以需要双方根据工程的具体情况对《通用条款》进行补充、修改。

《施工合同文本》的附件则是对施工合同当事人的权利、义务的进一步明确，并且使得施工合同当事人的有关工作一目了然，便于执行和管理。

2. 施工合同文件的组成及解释顺序

组成建设工程施工合同的文件包括：

1）施工合同协议书。

2）中标通知书。

3）投标书及其附件。

4）施工合同专用条款。

5）施工合同通用条款。

6）标准、规范及有关技术文件。

7）图样。

8）工程量清单。

9）工程报价单或预算书。

双方有关工程的洽商、变更等书面协议或文件视为协议书的组成部分。

上述合同文件应能够互相解释、互相说明。当合同文件中出现不一致时，上面的顺序就是合同的优先解释顺序。在不违反法律和行政法规的前提下，当事人可以通过协商变更施工合同的内容。这些变更的协议或文件，效力高于其他合同文件；且签署在后的协议或文件效力高于签署在先的协议或文件。当合同文件出现含糊不清或者当事人有不同理解的内容时，按照合同争议的解决方式处理。

3. 施工合同签订过程中的注意事项

建设工程施工合同是依法保护发承包双方权益的法律文件。是发承包双方在工程施工过程中的最高行为准则。为防范合同纠纷，在签订施工合同过程中，需要注意以下几个方面。

（1）关于发包人与承包人

1）对发包人主要应了解两方面内容：

①主体资格，即建设相关手续是否齐全。例如，建设用地是否已经批准？是否列入投资计划？规划、设计是否得到批准？是否进行了招标等。

②履约能力即资金问题。施工所需资金是否已经落实或可能落实等。

2）对承包人主要了解的内容有：

①资质情况。

②施工能力。

③社会信誉。

④财务情况。承包方的二级公司和工程处不能对外签订合同。

上述内容是体现履约能力的指标，应认真地分析和判断。

（2）合同价款

1）《协议书》第5条"合同价款"的填写，应依据建设部第107号令《建筑工程施工发包与承包计价管理办法》第11条规定，招标工程的合同价款由发包人、承包人依据中标通知书中的中标价格在协议书内约定。非招标工程合同价款由发包人承包人依据工程预算在协议书中约定。

2）合同价款是双方共同约定的条款，要求第一要协议，第二要确定。

暂定价、暂估价、概算价、都不能作为合同价款，约而不定的造价不能作为合同价款。

（3）发包人工作与承包人工作条款

1）双方各自工作的具体时间要填写准确。

2）双方所做工作的具体内容和要求应填写详细。

3）双方不按约定完成有关工作应赔偿对方损失的范围、具体责任和计算方法要填写清楚。

（4）合同价款及调整条款

1）填写第 23 条款的合同价款及调整时应按《通用条款》所列的固定价格、可调价格、成本加酬金三种方式，约定一种写入本款。

2）采用固定价格应注意明确包死价的种类。如总价包死、单价包死，还是部分总价包死，以免履约过程中发生争议。

3）采用固定价格必须把风险范围约定清楚。

4）应当把风险费用的计算方法约定清楚。双方应约定一个百分比系数，也可采用绝对值法。

5）对于风险范围以外的风险费用，应约定调整方法。

（5）工程预付款条款

1）填写第 24 条款的依据是建设部第 107 号令《建筑工程施工发包与承包计价管理办法》第 14 条。

2）填写约定工程预付款的额度应结合工程款、建设工期及包工包料情况来计算。

3）应准确填写发包人向承包人拨付款项的具体时间或相对时间。

4）应填写约定扣回工程款的时间和比例。

（6）工程进度款条款

1）填写第 26 条款的依据是《合同法》第 286 条、《建筑法》第 18 条、建设部第 107 号令《建筑工程施工发包与承包计价管理办法》第 15 条。

2）工程进度款的拨付应以发包方代表确认的已完工程量，相应的单价及有关计价依据计算。

3）工程进度款的支付时间与支付方式以形象进度可选择：按月结算、分段结算、竣工后一次结算（小工程）及其他结算方式。

（7）材料设备供应条款

1）填写第 27、28 条款时应详细填写材料设备供应的具体内容、品种、规格、数量、单价、质量等级、提供的时间和地点。

2）应约定供应方承担的具体责任。

3）双方应约定供应材料和设备的结算方法（可以选择预结法、现结法、后结法或其他方法）。

（8）违约条款

1）在合同第 35.1 款中首先应约定发包人对《通用条款》第 24 条（预付款）、第 26 条（工程进度款）、第 33 条（竣工结算）的违约应承担的具体违约责任。

2）在合同第 35.2 款中应约定承包人对《通用条款》第 14 条第 2 款、第 15 条第 1 款的违约应承担的具体违约责任。

3）还应约定其他违约责任。

4）违约金与赔偿金应约定具体数额和具体计算方法，要越具体越好，具有可操作性，以防止事后产生争议。

（9）争议与工程分包条款

1）填写第37条款争议的解决方式是选择仲裁方式，还是选择诉讼方式，双方应达成一致意见。

2）如果选择仲裁方式，当事人可以自主选择仲裁机构。仲裁不受级别地域管辖限制。

3）如果选择诉讼方式，应当选定有管辖权的人民法院（诉讼是地域管辖）。

4）合同第38条分包的工程项目须经发包人同意，禁止分包单位将其承包的工程再分包。

（10）关于补充条款

1）需要补充新条款或哪条、哪款需要细化、补充或修改，可在《补充条款》内尽量补充，按顺序排列，如49、50等。

2）补充条款必须符合国家、现行的法律、法规要求，另行签订的有关书面协议应与主体合同精神相一致。要杜绝"阴阳合同"。

复习思考题

1. 简述建筑安装工程项目招标投标的重要意义。
2. 招标书的具体内容有哪些？
3. 编制建筑安装工程项目投标书的步骤有哪些？
4. 技术标书主要包含哪些方面的内容？
5. 商务标书的内容主要有哪些？
6. 投标应按哪些程序进行？
7. 施工合同的具体概念是什么？签订合同时有哪些注意事项？

第 6 章

建筑安装工程工程量清单及其计价

如何合理确定和有效控制工程造价，更科学地制定建筑产品计价方法，是当前面临的严峻问题。改革开放以来，为适应社会主义市场经济发展的需要，我国工程造价管理领域推行了一系列的改革。2000 年我国全面施行了《招标投标法》，自此确定了招投标制度在建设市场中的主导地位，竞争已成为制约工程造价的主要因素。2001 年国家建设部第 107 号部令发布了《建设工程施工发包与承包计价管理办法》，明确了投标人可以采用工程量清单报价的方法。2008 年国家住房和城乡建设部发布了《建设工程工程量清单计价规范》（GB 50500—2008），2013 年，国家住房和城乡建设部又修订发布了《建设工程工程量清单计价规范》（GB 50500—2013），国家住房和城乡建设部与质量监督检验检疫总局联合推出《通用安装工程工程量计算规范》（GB 50856—2013），并要求 2013 年 7 月 1 日起实施。推行工程量清单计价方法，有助于提高建设工程招标投标计价管理水平，规范招标人和投标人的计价行为，推动建筑业更进一步的改革，加快建筑业与国际接轨的步伐。

6.1 工程量清单概述

6.1.1 工程量清单的基本要求

工程量清单是指由具有编制招标文件能力的招标人，或受其委托具有相应资质的工程造价咨询机构、招标代理机构，依据《建设工程工程量清单计价规范》及招标文件的有关要求，结合设计文件及有关说明和施工现场实际情况等，编制拟建工程的分部分项工程项目、措施项目和相应数量的明细清单，是招标文件不可分割的一部分。

工程量清单体现了招标人要求投标人完成的工程项目及相应的工程数量，全面反映了投标报价要求，是编制招标工程标底和投标工程报价的依据，是支付工程进度款和办理工程结算，调整工程量及工程索赔的依据。

工程量清单是招标投标活动中对招标人和投标人都具有约束力的重要文件，专业性强，内容复杂。对编制人的业务技术要求高，能否编制出完整、严谨的工程量清单，直接影响招标质量，也是招标成败的关键。

6.1.2 工程量清单的组成

工程量清单由招标人编制，在施工招标活动中，招标人按规定的格式提供招标工程的工程量清单。一般的工程量清单包括以下六个方面的内容：

1）工程量清单总说明。包括工程概况、现场条件、编制工程量清单的依据及有关资料，对施工工艺、材料的特殊要求等。

2）分部分项工程项目。

3）措施项目。

4）其他项目。

5）规费。

6）税金。

6.2　工程量清单的编制

6.2.1　工程量清单的编制依据

编制工程量清单应严格遵守以下依据：

1）《通用安装工程工程量计算规范》（GB 50856—2013）和《建设工程工程量清单计价规范》（GB 50500—2013）。

2）国家或省级、行业建设主管部门颁发的计价依据和办法。

3）建设工程设计文件。

4）与建设工程项目有关的标准、规范和技术资料。

5）拟定的招标文件。

6）施工现场情况、工程特点及常规施工方案。

7）其他相关资料。

6.2.2　工程量清单的编制原则

工程量清单的项目设置原则是为了统一工程量清单项目编码、项目名称、项目特征、计量单位和工程量计量而制定的，是编制工程量清单的依据。在《建设工程工程量清单计价规范》中，对工程量清单项目的设置做了明确的规定。编制工程量清单时，项目编码、项目名称、项目特征、计量单位和工程量这五个要件缺一不可。

1. 项目编码

项目编码以五级编码设置，用十二位阿拉伯数字表示。一、二、三、四级为统一编码，共有九位；第五级编码分三位，由工程量清单编制人区分具体工程的清单项目特征而分别编码。各级编码代表的含义如下：

1）第一级表示分类码，即附录顺序码（分二位），处于第一、第二位。如建筑工程为01、装饰装修工程为02、安装工程为03、市政工程为04、园林绿化工程为05。

2）第二级表示章顺序码，即专业工程顺序码（分二位），处于第三、第四位。

3）第三级表示节顺序码，即分部工程顺序码（分二位），处于第五、第六位。

4）第四级表示清单项目码，即分项工程名称顺序码（分三位），处于第七、第八、第九位。

5）第五级表示具体清单项目码，即清单项目名称顺序码（分三位），处于第十、第十

一、第十二位。

前九位编码不能变动，建筑安装工程中的给排水、采暖、燃气工程和通风空调工程项目的前九位编码详见附录 G。后三位编码由清单编制人根据拟建工程的工程量清单项目名称和项目特征从 001 开始编制，同一招标工程的项目编码不得有重码。

2. 项目名称

项目名称原则上以形成工程实体而命名。项目名称如有缺项，招标人可按相应的原则进行补充，并报当地工程造价管理部门备案。

3. 项目特征

项目特征是对项目的准确描述，是影响价格的因素，是设置具体清单项目的依据。项目特征按不同的工程部位、施工工艺或材料品种、规格等分别列项。凡项目特征中未描述到的其他独有特征，由清单编制人视项目具体情况确定，以准确描述清单项目为准。

4. 计量单位

1）计量单位采用基本单位，除各专业另有特殊规定外，均按以下单位计量：

①以质量计算的项目按吨或千克（t 或 kg）计量。

②以体积计算的项目按立方米（m^3）计量。

③以面积计算的项目按平方米（m^2）计量。

④以长度计算的项目按延长米（m）计量。

⑤以自然计量单位计算的项目按个、套、块、樘、组、台、根计量。

⑥没有具体数量的项目按宗、项、系统等计量。

2）各专业有特殊计量单位的，均在各专业篇说明或章说明中规定。

5. 工程量计算规则

1）工程量计量规则是指对清单项目工程量的计算规定。

2）除另有说明外，清单项目工程量的计量均按设计图以工程实体的净值考虑，投标人投标报价时，应在单价中考虑施工中的各种损耗和需要增加的工程量。

工程量计算规则详见 4.3.3 节第 2 小节部分内容。

6. 工程内容

1）工程内容是指完成该清单项目可能发生的具体工程，可供招标人确定清单项目和投标人投标报价参考。

2）凡工程内容中未列全的其他具体工程，由投标人按招标文件或图样要求编制，以完成清单项目为准，综合考虑到报价中。

6.2.3　工程量清单的招标格式及要求

工程量清单的招标格式如下。

1. 封面

工程量清单的封面格式见表 6-1。

表 6-1 工程量清单的封面格式

_____工程

工 程 量 清 单

招标人：_____
（单位盖章）

工程造价
咨 询 人：_____
（单位资质专用章）

法定代表人
或其授权人：_____
（签字或盖章）

法定代表人
或其授权人：_____
（签字或盖章）

编 制 人：_____
（造价人员签字盖执业专用章）

复 核 人：_____
（造价工程师签字盖执业专用章）

编制时间：　年　月　日

复核时间：　年　月　日

封面的内容需由招标人填写、签字、盖章。

2. 填表须知

填表须知主要包括以下内容：

1）工程量清单表中所有要求签字、盖章的地方必须由规定的人员签字、盖章。

2）工程量清单表中的任何内容不得随意删除或涂改。

3）工程量清单表中列明的所有需要填报的单价和合价，投标人均应填报，未填报的单价和合价，视为此项费用已包含在工程量清单的其他单价和合价中。

4）工程量清单所有报价以_____币表示。

5）投标报价文件应一式_____份。

6）其他。

3. 总说明

总说明的格式见表6-2。填写时主要包括以下内容：

表6-2　总 说 明

工程名称：　　　　　　　　　　　　　　　　　　　　　　第　页　共　页

| |
| |

1）工程概况：建设规模、工程特征、计划工期、施工现场实际情况、交通运输情况、自然地理条件、环境保护要求等。

2）工程量招标和分包范围。

3）工程量清单编制依据。

4）工程质量、材料、施工等的特殊要求。

5）招标人自行采购材料的名称、规格型号、数量等。

6）其他项目清单中的相关费用问题。

7）其他需要说明的问题。

4. 分部分项工程工程项目

其具体格式见表6-3。分部分项工程量清单应包括项目编码、项目名称、项目特征、计量单位和工程数量五个部分。

表6-3　分部分项工程量清单

工程名称：　　　　　　　　　　　　　　　　　　　　　　第　页　共　页

序号	项目编码	项目名称	项目特征	计量单位	工程数量

1）分部分项工程量清单包括的内容应满足两方面的要求：一要满足规范管理、方便管理的要求；二要满足计价的要求。为了满足上述要求，规范提出了分部分项工程量清单的"四个统一"，即项目编码统一、项目名称统一、计量单位统一、工程量计算规则统一。招标人必须按规定执行，不得因情况不同而变动。

2）项目编码按照计量规则的规定，编制具体项目编码。分部分项工程量清单编码以十二位阿拉伯数字表示，前九位为全国统一编码，编制分部分项工程量清单时应按附录中的相应编码设置，不得变动，后三位是清单项目名称编码，这三位具体项目编码由清单编制人根据设置的清单项目编制，并应自001起顺序编制。

3）分部分项工程量清单项目名称的设置，应考虑三个因素：一是附录中的项目名称；二是附录中的项目特征；三是拟建工程的实际情况。

工程量清单编制时，以附录中的项目名称为主体，考虑该项目的规格、型号、材质等特征，结合拟建工程的实际情况，使其工程量清单项目名称具体化、细化，能够反映影响工程造价的主要因素。随着科学技术的发展，新材料、新技术、新的施工工艺将伴随出现，凡附录中的缺项，在工程量清单编制时，编制人可做补充。补充项目应填写在工程量清单相应分部工程项目之后，并在"项目编码"栏中以"补"字示之，并报当地工程造价管理机构（省级）备案。

4）现行"预算定额"，其项目一般是按施工工序进行设置的，包括的工程内容一般是单一的，据此规定了相应的工程量计算规则。工程量清单项目的划分，一般是以一个"综合实体"考虑的，一般包括多项工程内容，据此规定了相应的工程量计算规则。两者的工程量计算规则是有区别的。

5）工程数量按照计量规则计算，其精确度按下列规定：以"t"为单位的，保留小数点以后三位，第四位小数四舍五入；以"m^3""m^2""m"为单位，应保留两位小数，第三位小数四舍五入；以"个""项"等为单位的，应取整数。

5. 措施项目

措施项目是为完成分项实体工程而必须采取的一些措施性项目，主要包括发生于该工程施工准备和施工过程中能的技术、生活、安全和环境保护等方面的项目。措施项目分为专业措施项目、安全文明施工及其他措施项目。《通用安装工程工程量计算规范》中明确规定了相应的工作内容和包含范围。其清单格式见表6-4。

表6-4 措施项目清单

工程名称：　　　　　　　　　　　　　　　　　　　　　　第　页　共　页

序号	项目编码	项目名称	计量单位	工程数量
一	专业措施项目			
1				
2				
3				
二	031302001001	安全文明施工	项	1

（续）

序号	项目编码	项目名称	计量单位	工程数量
三	其他措施项目			
1	031302002001	夜间施工增加	项	1
2	031302003001	非夜间施工增加	项	1
3	031302004001	二次搬运	项	1
4	031302005001	冬雨季施工增加	项	1
5	031302006001	已完工程及设备保护	项	1
6	031302007001	高层施工增加	项	1

编制措施项目清单需根据项目的具体特征和内容，分以下两种情况执行：

1）凡是能明确列出项目编码、项目名称、项目特征、计量单位和工程量的措施项目，编制措施项目清单时，按照编制分部分项工程项目清单类似的方法执行。

2）只能列出项目编码和项目名称，不能列出项目特征、计量单位和工程量的措施项目，编制措施项目清单时，按照附录 G 措施项目规定的项目编码和项目名称确定。

6. 其他项目

其他项目清单主要包含以下内容。

（1）暂列金额 暂列金额是招标人暂定并包括在合同价款中的一笔款项，是根据工程建设自身的规律决定的。在工程建设过程中，设计方需要根据工程项目的进展不断地进行优化和调整；发包人的需求可能会随工程建设进展出现变化；工程项目建设过程中还存在其他诸多不确定因素。为了消化以上因素必然会影响到合同价格的调整，暂列金额是应这类不可避免的价格调整而设立的，以便合理确定工程造价的控制目标。暂列金额在项目结算时按实际发生量进行计算，如没有发生，该金额仍归属发包方。暂列金额可根据工程的复杂程度、设计深度、工程环境条件等因素进行估算，但不应该超过分部分项工程费和措施项目费之和的 15%。

（2）暂估价 暂估价是指从招标阶段开始直至签订合同协议时，招标人在招标文件中提供的用于支付必然要发生但暂时不能确定价格的材料以及需另行发包的专业工程金额。包括材料暂估单价、工程设备暂估单价和专业工程暂估价。

（3）计日工 计日工是为了解决现场发生的零星工作的计价而设立的。国际上常见的标准合同条款中，大多数都设立了计日工计价机制。计日工以完成零星工作所消耗的人工、材料、机械台班进行计量，并按照计日工表中填报的适用项目的单价进行计价支付。

（4）总承包服务费 总承包服务费是为了解决招标人在法律、规范允许的条件下进行专业工程发包以及自行采购供应材料、设备时，要求总承包人对发包的专业工程提供协调和配合服务；对供应的材料、设备提供收、发和保管服务以及对施工现场进行统一管理；对竣工资料进行统一汇总整理等发生并向总承包人支付的费用。

（5）其他未列的项目 其他未列的项目可根据工程实际情况补充。

具体格式见表6-5。

表 6-5 其他项目清单

工程名称： 标段： 第 页 共 页

序 号	项 目 名 称	计量单位	备注
1	暂列金额		
2	暂估价		
2.1	材料暂估单价		
2.2	工程设备暂估单价		
2.3	专业工程暂估价		
3	计日工		
4	总承包服务费		
5	其他		

7. 规费

规费是指政府和国家权力部门规定必须缴纳的费用，政府和有关权力部门可根据形势发展的需要，对规费项目进行调整。因此，在计算工程费用时，如国家规定必须缴纳的费用外，还应考虑各省政府和有关权力部门的规定。具体格式见表6-6。

表 6-6 规费项目清单

工程名称： 标段： 第 页 共 页

序 号	项目名称
1	工程排污费（含扬尘控制费用）
2	社会保险费
3	住房公积金
4	工会经费
5	职工教育经费
6	安全生产责任保险费

6.3 工程量清单计价

6.3.1 工程量清单计价概述

工程量清单计价是指依据招标文件中的工程量清单，由投标人根据自身的技术装备水平、管理水平、市场价格信息等自主报价的一种报价模式。

工程量清单计价是国际上通行的做法。推行工程量清单计价是我国造价管理体制的一场变革，是工程计价模式的飞跃，对建筑市场各方主体都将产生重大的影响。对规范建筑工程计价行为，合理确定工程造价，完善建设工程招投标，规范建筑市场秩序将产生积极和深远的影响。

我国目前推行工程量清单计价办法，其目的就是由招标人提供工程量清单，由投标人对工程量清单复核，结合企业管理水平、技术装备、施工组织措施等，依照市场价格水平、行业成本水平及所掌握的价格信息，让企业自主报价。通过工程量清单的统一提供，使构成工程造价的各项要素如人工费、材料费、机械费、管理费、措施项目费、利润等的最终定价权交给了企业。同时，也向企业提出了更高的要求，企业要获得最佳效益，就必须不断改进施工技术，合理调配资源，降低各种消耗，更新观念，不断提高企业的经营水平，并且要求企业不断挖掘潜力，积极采用新技术、新工艺、新材料，通过科学技术不断创新，努力降低成本，保证企业在激烈的市场竞争中立于不败之地。推行这一计价方法，将会使我国的计价依据逐步与国际惯例接轨，有利于提高国内建设方参与国际化竞争的能力，有利于提高工程建设管理能力，促进国内企业向高素质、高水平、科学管理的方向发展。

6.3.2　工程量清单计价的意义

（1）实行工程量清单计价，是深化工程造价改革，推进基本建设市场化的需要　工程量清单计价规范的推行，改革了以工程预算定额为计价依据的模式，改变了预算定额中存在的国家指令性较多的状况和使用中的弊端，采用企业自主报价的做法，正确反映了各个施工企业的实际消耗量，体现了企业管理水平、技术装备水平和劳动生产率，充分体现了市场公平竞争，有利于工程招投标和评标活动的健康开展。

（2）实行工程量清单计价，是与国际惯例接轨的需要　实行工程量清单计价，是国际上通行的做法。我国加入 WTO 以后，为了适应国际建筑市场竞争，一切都要与国际接轨。我国实行工程量清单计价，有利于提高工程建设管理水平，有利于提高各方建筑主体参与国际化竞争的能力。

（3）实行工程量清单计价，是规范市场，适应市场经济发展的需要　工程量清单计价，是通过市场形成建设工程价格。企业参与竞标的工程，可以自行合理确定报价，有利于规范业主在招标中的弄虚作假、盲目压价、暗箱操作等不规范行为。实现建设市场有序竞争，真正体现公开、公平、公正的原则。工程量清单计价的实行，有利于控制建设项目投资、合理利用资源，有利于促进技术进步、提高劳动生产率，有利于提高造价人员的专业能力和素质。

（4）实行工程量清单计价，有利于我国工程造价管理政府职能的转变　实行工程量清单计价，由过去的政府发布的工程预算定额的做法，转变为制定工程量清单计价的方法，以适应市场经济规律的需要。使我国工程造价管理政府职能由过去的行政干预转变为进行依法监督，有效地强化了政府对工程造价的宏观调控。

6.3.3　工程量清单计价费用的构成

工程量清单费用由分部分项清单费用、措施项目清单费用、其他项目清单费用、规费等组成。

1. 分部分项工程量清单费用

工程量清单计价采用综合单价计价，综合单价应由完成一个规定计量单位工程所需的全部费用组成，包括人工费、材料费、施工机械使用费、管理费、利润等，并考虑风险费用。

（1）人工费 人工费是指直接完成工程量清单中各个分项工程施工的生产工人开支的各项费用。

（2）材料费 材料费是指施工过程中耗用的构成工程实体各种材料费用的总和。

（3）施工机械使用费 施工机械使用费是指使用施工机械作业所发生的机械使用费。

（4）管理费 管理费是指投标企业为组织施工生产经营活动所发生的管理费用。

（5）利润 利润是指按企业经营管理水平和市场的竞争能力，完成工程量清单中各个分项工程应获得并计入清单项目中的利润。

（6）风险费用 风险费用是指投标企业在确定综合单价时，客观上产生的不可避免误差以及在施工过程中遇到的施工现场条件复杂、恶劣的自然条件、施工中意外事故、物价暴涨以及其他风险因素所发生的费用。

2. 措施项目清单费用

措施项目是指施工企业为完成工程项目施工，发生于该工程项目施工前和施工过程中的技术、生活、安全等非工程实体项目，应包括为完成工程项目施工必须采取的各种措施所发生的费用。措施项目清单费用根据拟建工程具体情况所包括的项目，见表6-4。

3. 其他项目清单费用

其他项目清单费用见表6-5。

4. 规费

其他项目清单费用见表6-6。

6.3.4 工程量清单的计价程序和计算方法

1. 工程量清单的计价程序

工程量清单计价的基本程序是：在统一的工程量计算规则的基础上，制定工程量清单项目设置规则，根据具体过程的施工图算出各个清单项目的工程量，再根据各种渠道所获得的工程造价信息和经验数据计量得到工程造价。也就是说工程量清单计价的编制过程可以分为两个阶段，即工程量清单格式的编制和利用工程量清单来编制投标报价。

2. 工程量清单计价的计算方法

一个项目的总报价是由项目最基本的计量单位的费用一步步累计而得到的。其计算方法如下：

1）建设项目总报价 = ∑单项工程报价。

2）单项工程报价 = ∑单位工程报价。

3）单位工程报价 = 分部分项工程费 + 措施项目费 + 其他项目费 + 规费 + 税金。

4）分部分项工程费 = ∑分部分项工程量 × 分部分项工程综合单价。

其中，分部分项工程中的综合单价由人工费、材料费、机械费、管理费、利润等组成，并考虑风险费用。

5）措施项目费 = ∑措施项目工程量 × 措施项目综合单价。

其中，措施项目包括专业措施项目、安全文明施工和其他措施项目三部分，措施项目综合单价的构成与分部分项工程单价构成类似。

6.3.5 工程量清单计价与定额预算计价的区别

1. 编制依据不同

定额计价以施工图、现行预算定额、季度造价信息、费用定额和费用文件为编制依据。清单计价以招标文件中的工程量清单、施工现场情况、合理的施工方法、企业定额、市场价格信息、主管部门发布的社会平均消耗量定额为编制依据。

2. 计价方法不同

定额计价是招标单位和投标单位按施工图、现行预算定额、造价信息、费用定额，分别计算招标书的标底和投标书的报价。清单计价是招标单位给出工程量清单，投标单位根据工程量清单、企业自身的技术装备和管理水平、企业定额、企业成本，自主投标报价。

3. 表现形式不同

定额计价多采用单方造价(工程总价)形式，清单计价采用综合单价形式。综合单价包括人工费、材料费、机械使用费、管理费、利润、风险等因素，当工程量发生变化时，单价一般不做调整。

4. 费用组成不同

定额计价由分部分项工程费、措施项目费、其他项目费、规费、税金组成等费用组成，清单计价除定额计价中的五项费用外，还需考虑施工中必须发生的工程所需费用和风险因素而增加的费用。

5. 评标方法不同

定额计价的标价多采用百分制评分法。清单计价多采用合理的低报价中标法，它既要对总价进行评分，也要对比综合单价进行分析评分。

6. 项目编码不同

定额计价的项目编码，采用现行预算定额中的子目项编码（各省、市的预算定额子目项编码与全国统一预算定额的子目编码不一致）。清单计价要求全国实行统一的项目编码，项目编码为十二位阿拉伯数。例如，室内采暖工程中的 DN15、DN20 的镀锌钢管（螺纹连接）安装，定额计价的编码为 C8-204、C8-205。清单计价的编码为 DN15，镀锌钢管的安装为 031001001001、DN20 镀锌钢管安装的为 031001001002。

7. 合同价格调整方式不同

定额计价采用变更签证、定额解释、政策性等调整合同价格。清单计价主要是索赔，工程量清单通过招标中的报价形式体现，中标后作为签订合同的依据固定下来，工程量清单计价的单价不得调整。

总之，在建设工程招投标中推行工程量清单计价与以往定额加取费的计价模式相比有以下几个优点：

1）工程量清单反映了工程的实物消耗和有关费用，易于结合工程的具体情况进行计价，更能反映工程的个别成本和实际成本。

2）工程量清单作为招标文件的组成部分，针对目前业主在招标中盲目压价和结算无依据的状况，可以避免工程招标中的弄虚作假、暗箱操作等不规范的招标行为。

3）建筑企业通过采用工程量清单计价，有利于企业编制自己的企业定额，从而改变现有定额中束缚企业自主报价的状况。

4）工程量清单计价方法可以加强工程实施阶段结算与合同价的管理，在工程变更、工程款支付与结算方面的规范管理起到积极的作用。

6.3.6　工程量清单计价的标准格式

工程量清单计价格式应随招标文件发至投标人，由投标人填写。工程量清单计价格式应由下列内容组成：

1）封面，见表6-7，表中内容由投标人按规定的格式填写、签字、盖章。

表6-7　工程量清单报价封面格式

```
                        _____工程

                  工 程 量 清 单 报 价 表

           编  制  单  位：_____(单位盖章)

           法 定 代 表 人：_____(签字盖章)

           造价工程师及证号：_____(签字盖执业专用章)

           编  制  时  间：_____
```

2）投标总价　见表6-8，应按工程项目总价表合计金额填写。

表6-8　投标总价格式

```
                  投  标  总  价

           招 标 人：_____

           工程名称：_____

           投标总价(小写)：_____

               (大写)：_____

           投 标 人：_____

                            (单位盖章)

           法定代表人

           或其授权人：_____

                            (签字或盖章)

           编 制 人：_____

                        (造价人员签字盖专用章)

           编制时间：    年    月    日
```

3）工程项目总价表。

4）单项工程费汇总表。

以上两表的表格形式是一样的，只是填表时分别填写单项或单位工程名称即可，见表6-9。

表 6-9 工程项目总价表（单项工程费汇总表）

工程名称： 标段： 第 页 共 页

序 号	单项（位）工程名称	金额/元
	合 计	

5）单位工程费汇总表，见表6-10。

表 6-10 单位工程费汇总表

工程名称： 第 页 共 页

序 号	单项（位）工程名称	金额/元
1	分部分项工程费合计	
2	措施项目费合计	
3	其他项目费合计	
4	规费	
5	税金	
	合 计	

6）分部分项工程量清单计价表，见表6-11；

表 6-11 分部分项工程量清单计价表

工程名称： 标段： 第 页 共 页

序 号	项目编码	项目名称	项目特征	计量单位	工程数量	金额/元	
						综合单价	合 价
		本页小计					
		合 计					

7）措施项目清单计价表，与分部分项工程量清单计价表（表6-11）的格式相同，只是不能明确计算工程数量的项目按项计。

8）其他项目清单计价表，见表6-12。

表 6-12　其他项目清单计价表

工程名称：　　　　　　　　　　　标段：　　　　　　　　　第　页　共　页

序　号	项 目 名 称	计 量 单 位	金额/元	备　注
1	暂列金额			
2	暂估价			
2.1	材料暂估单价			
2.2	工程设备暂估单价			
2.3	专业工程暂估价			
3	计日工			
4	总承包服务费			
5	其他			

9）规费表，见表 6-13。

表 6-13　规费项目清单计价表

工程名称：　　　　　　　　　　　标段：　　　　　　　　　第　页　共　页

序　号	项 目 名 称	计 算 基 础	费率(%)	金额/元
1	工程排污费(含扬尘控制费用)		0.40	
2	社会保险费		2.84	
3	住房公积金		6.00	
4	工会经费		2.00	
5	职工教育经费		1.50	
6	安全生产责任保险费		0.20	

10）分部分项工程量清单综合单价分析表，见表 6-14。

表 6-14　分部分项工程量清单综合单价分析表

工程名称：　　　　　　　　　　　　　　　　　　　　　　　第　页　共　页

序号	清单编码	清单项目	定额编号	工程内容	单位	数量	子目综合单价分析					综合单价/元	合价/元
							人工费	材料费	机械费	管理费	利润		

分部分项工程量清单综合单价分析表应由招标人根据需要提出要求后填写。下面举例说明其分析方法。

【例6-1】 一台4号离心通风机的安装，试做出其工程量清单综合单价分析表。

【解】 查阅2014年《湖南省安装工程消耗量标准（基价表)》，将有关项目填入分析表：

分部分项工程量清单综合单价分析表

工程名称：4号离心风机的安装　　　　　　　　　　　　　　　第 页 共 页

| 030108001001 | 4号离心风机安装 | 台 | 1 | 486.68 元 | | | | |

定额编号	工程内容	单位	数量	综合单价分析/元				
				人工费	材料费	机械使用费	管理费	利润	合计
C9-236	4号离心式通风机安装	台	1	67.90	24.50	—	19.68	21.45	133.53
C9-234	设备支架制作安装<50kg	100kg	0.32	176.96	29.68	20.09	51.28	55.90	333.91
C9-28	软管接口安装	m	0.4	1.96	—		0.57	0.62	3.15
C11-113	金属结构刷红丹防锈漆一遍	100kg	0.32	4.70	0.73		1.36	1.48	8.27
C11-114	金属结构刷红丹防锈漆两遍	100kg	0.32	4.48	0.62		1.30	1.42	7.82
合　计									486.68

6.4 工程量清单计价实例

本节以4.6节的实例为依据，分别介绍编制工程量清单及其计价的具体方法和步骤。

6.4.1 编制工程量清单

工程量清单是由招标单位编制的，其编制步骤如下：

1）制作工程量清单封面。其具体格式见表6-1。

2）编写总说明，见表6-15。

表6-15 总 说 明

工程名称：湖南省衡阳市某银行通风空调工程　　　　　　　　　第1页 共1页

1. 本工程为湖南省衡阳市某银行通风空调安装工程。土建工程已经完工，并按照安装工程施工图做好了现场安装预留工作；安装工程计划工期为45个有效工作日；由建设单位自筹资金；现场施工场地较大，制作件可在现场组织加工；通风空调安装工程采用包工包料承包方式。

2. 本工程量清单按照《建设工程工程量清单计价规范》(GB 50500—2013)和某设计院设计的有关通风空调工程安装施工图计算。

3. 交通条件：便利。

4. 环境保护要求。

5. 其他项目清单中费用不单独计算，可忽略。

6. 其他。

3）依据计算所得到的工程量（表4-22）编制工程量清单，见表6-16。

表6-16　工程量清单

工程名称：湖南省衡阳市某银行通风空调工程　　　　　　　　　　　　第2页　共2页

序号	项目编码	项目名称	项目特征	计量单位	工程数量
1	030113001001	冷水机组	（1）名称：模块化风冷热泵冷水机组 （2）型号：LSQWRFM130 （3）质量：1800kg （4）制冷（热）形式：风冷电压缩式 （5）制冷（热）量：130kW （6）单机试运转要求：联合运转调试	台	3
2	030109001001	离心式泵	（1）名称：单级立式离心水泵 （2）型号：KQL100/150—11/2 （3）规格：DN100 （4）质量：0.5t 以内 （5）材质：碳钢 （6）减振装置形式、数量：橡胶减振 （7）单机试运转要求：联合运转调试	台	2
3	031004016001	电辅加热器	（1）类型：电辅助加热器 （2）型号、规格：DR6（D） （3）安装方式：法兰连接明装	套	1
4	030701001001	吊顶柜式空调机组	（1）名称：吊顶柜式空调机组 （2）型号：G—4WD/B （3）规格：4000m³/h （4）质量：115kg （5）安装形式：天花内吊装 （6）支架形式、材质：碳钢综合	台	1
5	030701001002	吊顶柜式空调机组	（1）名称：吊顶柜式空调机组 （2）型号：G—3WD/B （3）规格：3000m³/h （4）质量：106kg （5）安装形式：天花内吊装 （6）支架形式、材质：碳钢综合	台	2
6	030701004001	风机盘管	（1）名称：风机盘管 （2）型号：FP—20WA （3）规格：2040m³/h （4）安装形式：卧式暗装 （5）减振器、支架形式、材质：型钢（综合） （6）试压要求：1.2MPa 以内	台	14

（续）

序号	项目编码	项目名称	项目特征	计量单位	工程数量
7	030701004002	风机盘管	（1）名称：风机盘管 （2）型号：FP—14WA （3）规格：1360m³/h （4）安装形式：卧式暗装 （5）减振器、支架形式、材质：型钢（综合） （6）试压要求：1.2MPa以内	台	2
8	030701004003	风机盘管	（1）名称：风机盘管 （2）型号：FP—12.5WA （3）规格：1250m³/h （4）安装形式：卧式暗装 （5）减振器、支架形式、材质：型钢（综合） （6）试压要求：1.2MPa以内	台	6
9	030701004004	风机盘管	（1）名称：风机盘管 （2）型号：FP—10WA （3）规格：1020m³/h （4）安装形式：卧式暗装 （5）减振器、支架形式、材质：型钢（综合） （6）试压要求：1.2MPa以内	台	5
10	030701004005	风机盘管	（1）名称：风机盘管 （2）型号：FP—8WA （3）规格：850m³/h （4）安装形式：卧式暗装 （5）减振器、支架形式、材质：型钢（综合） （6）试压要求：1.2MPa以内	台	3
11	030701004006	风机盘管	（1）名称：风机盘管 （2）型号：FP—7.1WA （3）规格：680m³/h （4）安装形式：卧式暗装 （5）减振器、支架形式、材质：型钢（综合） （6）试压要求：1.2MPa以内	台	2
12	030701004007	风机盘管	（1）名称：风机盘管 （2）型号：FP—5WA （3）规格：510m³/h （4）安装形式：卧式暗装 （5）减振器、支架形式、材质：型钢（综合） （6）试压要求：1.2MPa以内	台	6

（续）

序号	项目编码	项目名称	项目特征	计量单位	工程数量
13	030701004008	风机盘管	（1）名称：风机盘管 （2）型号：FP—3.5WA （3）规格：3400m³/h （4）安装形式：卧式暗装 （5）减振器、支架形式、材质：型钢（综合） （6）试压要求：1.2MPa 以内	台	5
14	030702001001	碳钢通风管道	（1）名称：送风管道 （2）材质：镀锌钢板 （3）形状：矩形 （4）规格：周长 800mm 以下 （5）板材厚度：δ0.5 （6）管件、法兰等附件及支架设计要求：型钢（综合） （7）接口形式：咬口连接	m²	423.7
15	030702001002	碳钢通风管道	（1）名称：送风管道 （2）材质：镀锌钢板 （3）形状：矩形 （4）规格：周长 2000mm 以下 （5）板材厚度：δ0.75 （6）管件、法兰等附件及支架设计要求：型钢（综合） （7）接口形式：咬口连接	m²	94.2
16	031208003001	通风管道绝热	（1）绝热材料品种：泡沫玻璃棉 （2）绝热厚度：40mm	m³	22.04
17	030703021001	静压箱	（1）名称：消声静压箱 （2）规格：1000mm×600mm×500mm （3）形式：阻抗式消声 （4）材质：碳钢内衬消声棉 （5）支架形式、材质：碳钢综合	个	3
18	030703001001	碳钢阀门	（1）名称：防火阀 （2）型号：FHF—WSDJ （3）规格：1000mm×200mm （4）质量：22kg （5）类型：方形 （6）支架形式、材质：碳钢综合	个	1
19	030703001002	碳钢阀门	（1）名称：防火阀 （2）型号：FHF—WSDJ （3）规格：630mm×200mm （4）质量：22kg （5）类型：方形 （6）支架形式、材质：碳钢综合	个	2

（续）

序号	项目编码	项目名称	项目特征	计量单位	工程数量
20	030703011001	铝及铝合金风口、散流器	（1）名称：防雨百叶风口 （2）规格：1250mm×400mm （3）类型：铝合金风口 （4）形式：矩形、带防虫网	个	1
21	030703011002	铝及铝合金风口、散流器	（1）名称：门铰式回风百叶风口 （2）规格：600mm×240mm （3）类型：铝合金风口 （4）形式：门铰式、带过滤网	个	5
22	030703011003	铝及铝合金风口、散流器	（1）名称：门铰式回风百叶风口 （2）规格：1200mm×320mm （3）类型：铝合金风口 （4）形式：门铰式、带过滤网	个	44
23	030703011004	铝及铝合金风口、散流器	（1）名称：圆形散流器 （2）规格：$\phi300$ （3）类型：铝合金风口 （4）形式：带调节阀	个	58
24	030703011005	铝及铝合金风口、散流器	（1）名称：圆形散流器 （2）规格：$\phi250$ （3）类型：铝合金风口 （4）形式：带调节阀	个	22
25	030703011006	铝及铝合金风口、散流器	（1）名称：方形散流器 （2）规格：300mm×300mm （3）类型：铝合金风口 （4）形式：方形，带调节阀	个	2
26	030703011007	铝及铝合金风口、散流器	（1）名称：方形散流器 （2）规格：250mm×250mm （3）类型：铝合金风口 （4）形式：方形，带调节阀	个	6
27	030703011008	铝及铝合金风口、散流器	（1）名称：方形散流器 （2）规格：200mm×200mm （3）类型：铝合金风口 （4）形式：方形，带调节阀	个	6
28	030703011009	铝及铝合金风口、散流器	（1）名称：方形散流器 （2）规格：150mm×150mm （3）类型：铝合金风口 （4）形式：方形，带调节阀	个	10

（续）

序号	项目编码	项目名称	项目特征	计量单位	工程数量
29	030703019001	柔性接口	(1) 名称：软接口 (2) 规格：综合 (3) 材质：防火帆布 (4) 类型：柔性接口 (5) 形式：法兰连接	m^2	30
30	031001001001	镀锌钢管	(1) 安装部位：室内吊顶内 (2) 介质：水 (3) 规格、压力等级：1.0MPa 以内 (4) 连接形式：螺纹 (5) 压力试验及吹、洗设计要求：清水冲洗	m	624.7
31	031001001002	镀锌钢管	(1) 安装部位：室内吊顶内 (2) 介质：水 (3) 规格、压力等级：1.0MPa 以内 (4) 连接形式：焊接 (5) 压力试验及吹、洗设计要求：清水冲洗、试压	m	257.6
32	031001002001	钢管	(1) 安装部位：室内吊顶内 (2) 介质：水 (3) 规格、压力等级：1.0MPa 以内 (4) 连接形式：焊接 (5) 压力试验及吹、洗设计要求：清水冲洗、试压	m	176.3
33	031001002002	钢管	(1) 安装部位：室内吊顶内 (2) 介质：水 (3) 规格、压力等级：1.0MPa 以内 (4) 连接形式：焊接 (5) 压力试验及吹、洗设计要求：清水冲洗、试压	m	828.0
34	031001002003	钢管	(1) 安装部位：室内吊顶内 (2) 介质：水 (3) 规格、压力等级：1.0MPa 以内 (4) 连接形式：焊接 (5) 压力试验及吹、洗设计要求：清水冲洗、试压	m	108.1
35	031001002004	钢管	(1) 安装部位：室内吊顶内 (2) 介质：水 (3) 规格、压力等级：1.0MPa 以内 (4) 连接形式：焊接 (5) 压力试验及吹、洗设计要求：清水冲洗、试压	m	72.9

（续）

序号	项目编码	项目名称	项目特征	计量单位	工程数量
36	031001002005	钢管	(1) 安装部位：室内吊顶内 (2) 介质：水 (3) 规格、压力等级：1.0MPa 以内 (4) 连接形式：焊接 (5) 压力试验及吹、洗设计要求：清水冲洗、试压	m	76.5
37	031001002006	钢管	(1) 安装部位：室内吊顶内 (2) 介质：水 (3) 规格、压力等级：1.0MPa 以内 (4) 连接形式：焊接 (5) 压力试验及吹、洗设计要求：清水冲洗、试压	m	14
38	031001002007	钢管	(1) 安装部位：室外屋面 (2) 介质：水 (3) 规格、压力等级：1.0MPa 以内 (4) 连接形式：焊接 (5) 压力试验及吹、洗设计要求：清水冲洗、试压	m	9.4
39	031001002008	钢管	(1) 安装部位：室外屋面 (2) 介质：水 (3) 规格、压力等级：1.0MPa 以内 (4) 连接形式：焊接 (5) 压力试验及吹、洗设计要求：清水冲洗、试压	m	9.4
40	031001002009	钢管	(1) 安装部位：室外屋面 (2) 介质：水 (3) 规格、压力等级：1.0MPa 以内 (4) 连接形式：焊接 (5) 压力试验及吹、洗设计要求：清水冲洗、试压	m	30
41	031208002001	管道绝热	(1) 绝热材料品种：泡沫玻璃棉 (2) 绝热厚度：50mm (3) 管道外径：$D57$ 以内 (4) 软木品种：樟木	m³	23.38
42	031208002002	管道绝热	(1) 绝热材料品种：泡沫玻璃棉 (2) 绝热厚度：50mm (3) 管道外径：$D133$ 以内 (4) 软木品种：樟木	m³	4.42
43	031208002003	管道绝热	(1) 绝热材料品种：泡沫玻璃棉 (2) 绝热厚度：50mm (3) 管道外径：$D325$ 以内 (4) 软木品种：樟木	m³	1.11

（续）

序号	项目编码	项目名称	项目特征	计量单位	工程数量
44	031003001001	螺纹阀门	(1) 类型：闸阀、Z15W—16T *DN*20 (2) 材质：黄铜 (3) 规格、压力等级：1.0MPa 以内 (4) 连接形式：螺纹	个	86
45	031003003001	焊接法兰阀门	(1) 类型：闸阀 D371X—16 *DN*32 (2) 材质：铸铁 (3) 规格、压力等级：1.0MPa 以内 (4) 连接形式：法兰 (5) 焊接方法：电钎焊	个	3
46	031003003002	焊接法兰阀门	(1) 类型：闸阀 D371X—16 *DN*40 (2) 材质：铸铁 (3) 规格、压力等级：1.0MPa 以内 (4) 连接形式：法兰 (5) 焊接方法：电钎焊	个	6
47	031003003003	焊接法兰阀门	(1) 类型：闸阀 D371X—16 *DN*80 (2) 材质：铸铁 (3) 规格、压力等级：1.0MPa 以内 (4) 连接形式：法兰 (5) 焊接方法：电钎焊	个	4
48	031003003004	焊接法兰阀门	(1) 类型：闸阀 D371X—16 *DN*100 (2) 材质：铸铁 (3) 规格、压力等级：1.0MPa 以内 (4) 连接形式：法兰 (5) 焊接方法：电钎焊	个	2
49	031003003005	焊接法兰阀门	(1) 类型：闸阀 D371X—16 *DN*150 (2) 材质：铸铁 (3) 规格、压力等级：1.0MPa 以内 (4) 连接形式：法兰 (5) 焊接方法：电钎焊	个	6
50	031003001002	螺纹阀门	(1) 类型：自动排气阀 PQF—16TL *DN*20 (2) 材质：黄铜 (3) 规格、压力等级：1.0MPa 以内 (4) 连接形式：螺纹	个	16
51	031003001003	螺纹阀门	(1) 类型：浮球阀 FQF—16T *DN*50 (2) 材质：黄铜 (3) 规格、压力等级：1.0MPa 以内 (4) 连接形式：螺纹	个	1

（续）

序号	项目编码	项目名称	项目特征	计量单位	工程数量
52	031003008001	除污器（过滤器）	（1）材质：黄铜 （2）规格、压力等级：GL11—16T DN20 1.0MPa 以内 （3）连接形式：螺纹	组	43
53	031003008002	除污器（过滤器）	（1）材质：黄铜 （2）规格、压力等级：GL11—16T DN40 1.0MPa 以内 （3）连接形式：螺纹	组	3
54	031003008003	除污器（过滤器）	（1）材质：铸铁 （2）规格、压力等级：GL41—16C DN150 1.0MPa 以内 （3）连接形式：法兰	组	1
55	031003003006	焊接法兰阀门	（1）类型 止回阀 H41T—16 DN150 （2）材质：铸铁 （3）规格、压力等级：1.2MPa 以内 （4）连接形式：法兰 （5）焊接方法：电钎焊	个	1
56	031003010001	软接头（软管）	（1）材质：金属 （2）规格：KPT—N DN20 （3）连接形式：螺纹	个	86
57	031003010002	软接头（软管）	（1）材质：橡胶 （2）规格：KXT DN40 （3）连接形式：螺纹	个	6
58	031003010003	软接头（软管）	（1）材质：橡胶 （2）规格：DN150 （3）连接形式：法兰	个	6
59	031006015001	水箱	（1）材质、类型 碳钢膨胀水箱 （2）型号、规格：国标1号	台	1
60	030601001001	温度仪表	（1）名称：温度表 （2）规格：0～100℃ （3）套管材质、规格：碳钢	支	3
61	030601002001	压力仪表	（1）名称：压力表 （2）型号：盘式 （3）规格：0～16MPa （4）压力表弯材质、规格：碳钢	台	3

制表日期：

4）编制措施项目清单，见表6-17。

表6-17 措施项目清单

工程名称：湖南省衡阳市某银行通风空调工程 第1页 共1页

序 号	项目编码	项目名称	计量单位	工程数量
一		专业措施项目		
1	031301017001	脚手架搭拆	项	1
2	031301012001	工程系统检测、检验	项	1
3	031301010001	安装与生产同时进行施工增加	项	1
4	031301018001	其他措施	项	1
二	031302001001	安全文明施工	项	1
三		其他措施项目		
1	031302002001	夜间施工增加	项	1
2	031302003001	非夜间施工增加	项	1
3	031302004001	二次搬运	项	1
4	031302005001	冬雨季施工增加	项	1
5	031302006001	已完工程及设备保护	项	1
6	031302007001	高层施工增加	项	1

5）编制其他项目清单和规费项目清单，具体格式见表6-5和6-6。

6.4.2 工程量清单计价

根据招标单位提供的工程量清单进行自主报价。

1）根据表6-16编制分部分项工程量清单计价表，见表6-18。

表6-18 分部分项工程量清单计价表

工程名称：湖南省衡阳市某银行通风空调工程 第 页 共 页

序号	项目编码	项目名称	项目特征	计量单位	工程数量	金额/元 综合单价	金额/元 合价
1	030113001001	冷水机组	（1）名称：模块化风冷热泵冷水机组 （2）型号：LSQWRFM130 （3）质量：1800kg （4）制冷（热）形式：风冷电压缩式 （5）制冷（热）量：130kW （6）单机试运转要求：联合运转调试	台	3	41489.29	124467.87
2	030109001001	离心式泵	（1）名称：单级立式离心水泵 （2）型号：KQL100/150—11/2 （3）规格：DN100 （4）质量：0.5t以内 （5）材质：碳钢 （6）减振装置形式、数量：橡胶减振 （7）单机试运转要求：联合运转调试	台	2	4549.29	9098.58

（续）

序号	项目编码	项目名称	项目特征	计量单位	工程数量	金额/元	
						综合单价	合价
3	031004016001	蒸汽-水加热器	（1）类型：电辅助加热器 （2）型号、规格：DR6（D） （3）安装方式：法兰连接明装	套	1	3359.46	3359.46
4	030701001001	吊顶柜式空调机组	（1）名称：吊顶柜式空调机组 （2）型号：G—4WD/B （3）规格：4000m³/h （4）质量：115kg （5）安装形式：天花内吊装 （6）支架形式、材质：碳钢综合	台	1	5755.43	5755.43
5	030701001002	吊顶柜式空调机组	（1）名称：吊顶柜式空调机组 （2）型号：G—3WD/B （3）规格：3000m³/h （4）质量：106kg （5）安装形式：天花内吊装 （6）支架形式、材质：碳钢综合	台	2	5375.07	10750.14
6	030701004001	风机盘管	（1）名称：风机盘管 （2）型号：FP—20WA （3）规格：2040m³/h （4）安装形式：卧式暗装 （5）减振器、支架形式、材质：型钢（综合） （6）试压要求：1.2MPa以内	台	14	2709.87	37938.18
7	030701004002	风机盘管	（1）名称：风机盘管 （2）型号：FP—14WA （3）规格：1360m³/h （4）安装形式：卧式暗装 （5）减振器、支架形式、材质：型钢（综合） （6）试压要求：1.2MPa以内	台	2	2611.87	5223.74
8	030701004003	风机盘管	（1）名称：风机盘管 （2）型号：FP—12.5WA （3）规格：1250m³/h （4）安装形式：卧式暗装 （5）减振器、支架形式、材质：型钢（综合） （6）试压要求：1.2MPa以内	台	6	2417.87	14507.22
9	030901005004	风机盘管	（1）名称：风机盘管 （2）型号：FP—10WA （3）规格：1020m³/h （4）安装形式：卧式暗装 （5）减振器、支架形式、材质：型钢（综合） （6）试压要求：1.2MPa以内	台	5	1921.87	9609.35

（续）

序号	项目编码	项目名称	项目特征	计量单位	工程数量	综合单价	合价
						金额/元	
10	030701004005	风机盘管	（1）名称：风机盘管 （2）型号：FP—8WA （3）规格：850m³/h （4）安装形式：卧式暗装 （5）减振器、支架形式、材质：型钢（综合） （6）试压要求：1.2MPa以内	台	3	1681.87	5045.61
11	030701004006	风机盘管	（1）名称：风机盘管 （2）型号：FP—7.1WA （3）规格：680m³/h （4）安装形式：卧式暗装 （5）减振器、支架形式、材质：型钢（综合） （6）试压要求：1.2MPa以内	台	2	1381.87	2763.74
12	030701004007	风机盘管	（1）名称：风机盘管 （2）型号：FP—5WA （3）规格：510m³/h （4）安装形式：卧式暗装 （5）减振器、支架形式、材质：型钢（综合） （6）试压要求：1.2MPa以内	台	6	1239.87	7439.22
13	030701004008	风机盘管	（1）名称：风机盘管 （2）型号：FP—3.5WA （3）规格：3400m³/h （4）安装形式：卧式暗装 （5）减振器、支架形式、材质：型钢（综合） （6）试压要求：1.2MPa以内	台	5	1021.87	5109.35
14	030702001001	碳钢通风管道	（1）名称：送风管道 （2）材质：镀锌钢板 （3）形状：矩形 （4）规格：周长800mm以下 （5）板材厚度：δ0.5 （6）管件、法兰等附件及支架设计要求：型钢（综合） （7）接口形式：咬口连接	m²	423.7	193.16	81841.89
15	030702001002	碳钢通风管道	（1）名称：送风管道 （2）材质：镀锌钢板 （3）形状：矩形 （4）规格：周长2000mm以下 （5）板材厚度：δ0.75 （6）管件、法兰等附件及支架设计要求：型钢（综合） （7）接口形式：咬口连接	m²	94.2	155.94	15066.35

（续）

序号	项目编码	项目名称	项目特征	计量单位	工程数量	综合单价	合价
						金额/元	
16	031208003001	通风管道绝热	(1) 绝热材料品种：泡沫玻璃棉 (2) 绝热厚度：40mm	m³	22.04	2190.44	48277.30
17	030703021001	静压箱	(1) 名称：消声静压箱 (2) 规格：1000mm×600mm×500mm (3) 形式：阻抗式消声 (4) 材质：碳钢内衬消声棉 (5) 支架形式、材质：碳钢综合	个	3	8294.057	24882.15
18	030703001001	碳钢阀门	(1) 名称：防火阀 (2) 型号：FHF—WSDJ (3) 规格：1000mm×200mm (4) 质量：22kg (5) 类型：方形 (6) 支架形式、材质：碳钢综合	个	1	339.70	339.70
19	030703001002	碳钢阀门	(1) 名称：防火阀 (2) 型号：FHF—WSDJ (3) 规格：630mm×200mm (4) 质量：22kg (5) 类型：方形 (6) 支架形式、材质：碳钢综合	个	2	266.70	533.40
20	030703011001	铝及铝合金风口、散流器	(1) 名称：防雨百叶风口 (2) 规格：1250mm×400mm (3) 类型：铝合金风口 (4) 形式：矩形、带防虫网	个	1	465.36	465.36
21	030703011002	铝及铝合金风口、散流器	(1) 名称：门铰式回风百叶风口 (2) 规格：600mm×240mm (3) 类型：铝合金风口 (4) 形式：门铰式、带过滤网	个	5	137.55	687.75
22	030703011003	铝及铝合金风口、散流器	(1) 名称：门铰式回风百叶风口 (2) 规格：1200mm×320mm (3) 类型：铝合金风口 (4) 形式：门铰式、带过滤网	个	44	400.49	17621.56
23	030703011004	铝及铝合金风口、散流器	(1) 名称：圆形散流器 (2) 规格：φ300 (3) 类型：铝合金风口 (4) 形式：带调节阀	个	58	109.31	6339.98
24	030703011005	铝及铝合金风口、散流器	(1) 名称：圆形散流器 (2) 规格：φ250 (3) 类型：铝合金风口 (4) 形式：带调节阀	个	22	105.21	2314.62

（续）

序号	项目编码	项目名称	项目特征	计量单位	工程数量	综合单价	合价
25	030703011006	铝及铝合金风口、散流器	(1) 名称：方形散流器 (2) 规格：300mm×300mm (3) 类型：铝合金风口 (4) 形式：方形，带调节阀	个	2	153.15	306.30
26	030703011007	铝及铝合金风口、散流器	(1) 名称：方形散流器 (2) 规格：250mm×250mm (3) 类型：铝合金风口 (4) 形式：方形，带调节阀	个	6	96.687	580.08
27	030703011008	铝及铝合金风口、散流器	(1) 名称：方形散流器 (2) 规格：200mm×200mm (3) 类型：铝合金风口 (4) 形式：方形，带调节阀	个	6	90.98	545.88
28	030703011009	铝及铝合金风口、散流器	(1) 名称：方形散流器 (2) 规格：150mm×150mm (3) 类型：铝合金风口 (4) 形式：方形，带调节阀	个	10	86.78	867.80
29	030703019001	柔性接口	(1) 名称：软接口 (2) 规格：综合 (3) 材质：防火帆布 (4) 类型：柔性接口 (5) 形式：法兰连接	m²	30	1061.65	31849.50
30	031001001001	镀锌钢管	(1) 安装部位：室内吊顶内 (2) 介质：水 (3) 规格、压力等级：1.0MPa 以内 (4) 连接形式：螺纹 (5) 压力试验及吹、洗设计要求：清水冲洗	m	624.7	36.05	22520.43
31	031001001002	镀锌钢管	(1) 安装部位：室内吊顶内 (2) 介质：水 (3) 规格、压力等级：1.0MPa 以内 (4) 连接形式：焊接 (5) 压力试验及吹、洗设计要求：清水冲洗、试压	m	257.6	42.54	10958.30
32	031001002001	钢管	(1) 安装部位：室内吊顶内 (2) 介质：水 (3) 规格、压力等级：1.0MPa 以内 (4) 连接形式：焊接 (5) 压力试验及吹、洗设计要求：清水冲洗、试压	m	176.3	43.25	7624.98

（续）

序号	项目编码	项目名称	项 目 特 征	计量单位	工程数量	金额/元 综合单价	合　价
33	031001002002	钢管	（1）安装部位：室内吊顶内 （2）介质：水 （3）规格、压力等级：1.0MPa以内 （4）连接形式：焊接 （5）压力试验及吹、洗设计要求：清水冲洗、试压	m	828.0	48.58	40224.24
34	031001002003	钢管	（1）安装部位：室内吊顶内 （2）介质：水 （3）规格、压力等级：1.0MPa以内 （4）连接形式：焊接 （5）压力试验及吹、洗设计要求：清水冲洗、试压	m	108.1	58.61	6335.74
35	031001002004	钢管	（1）安装部位：室内吊顶内 （2）介质：水 （3）规格、压力等级：1.0MPa以内 （4）连接形式：焊接 （5）压力试验及吹、洗设计要求：清水冲洗、试压	m	72.9	86.39	6297.83
36	031001002005	钢管	（1）安装部位：室内吊顶内 （2）介质：水 （3）规格、压力等级：1.0MPa以内 （4）连接形式：焊接 （5）压力试验及吹、洗设计要求：清水冲洗、试压	m	76.5	100.75	7707.38
37	031001002006	镀锌钢管	（1）安装部位：室内吊顶内 （2）介质：水 （3）规格、压力等级：1.0MPa以内 （4）连接形式：焊接 （5）压力试验及吹、洗设计要求：清水冲洗、试压	m	14	116.35	1628.90
38	031001002007	镀锌钢管	（1）安装部位：室外屋面 （2）介质：水 （3）规格、压力等级：1.0MPa以内 （4）连接形式：焊接 （5）压力试验及吹、洗设计要求：清水冲洗、试压	m	9.40	92.70	871.38

（续）

序号	项目编码	项目名称	项目特征	计量单位	工程数量	金额/元	
						综合单价	合价
39	031001002008	钢管	(1) 安装部位：室外屋面 (2) 介质：水 (3) 规格、压力等级：1.0MPa 以内 (4) 连接形式：焊接 (5) 压力试验及吹、洗设计要求：清水冲洗、试压	m	9.4	127.81	1201.32
40	031001002009	钢管	(1) 安装部位：室外屋面 (2) 介质：水 (3) 规格、压力等级：1.0MPa 以内 (4) 连接形式：焊接 (5) 压力试验及吹、洗设计要求：清水冲洗、试压	m	30.0	146.45	4393.42
41	031208002001	管道绝热	(1) 绝热材料品种：泡沫玻璃棉 (2) 绝热厚度：50mm (3) 管道外径：$D57$ 以内 (4) 软木品种：樟木	m³	23.38	2335.84	54611.94
42	031208002002	管道绝热	(1) 绝热材料品种：泡沫玻璃棉 (2) 绝热厚度：50mm (3) 管道外径：$D133$ 以内 (4) 软木品种：樟木	m³	4.42	1907.61	8431.64
43	031208002003	管道绝热	(1) 绝热材料品种：泡沫玻璃棉 (2) 绝热厚度：50mm (3) 管道外径：$D325$ 以内 (4) 软木品种：樟木	m³	1.11	1807.71	2006.56
44	031003001001	螺纹阀门	(1) 类型：闸阀、Z15W—16T $DN20$ (2) 材质：黄铜 (3) 规格、压力等级：1.0MPa 以内 (4) 连接形式：螺纹	个	86	48.55	4175.30
45	031003003001	焊接法兰阀门	(1) 类型：闸阀 D371X—16 $DN32$ (2) 材质：铸铁 (3) 规格、压力等级：1.0MPa 以内 (4) 连接形式：法兰 (5) 焊接方法：电钎焊	个	3	155.98	467.94
46	031003003002	焊接法兰阀门	(1) 类型：闸阀 D371X—16 $DN40$ (2) 材质：铸铁 (3) 规格、压力等级：1.0MPa 以内 (4) 连接形式：法兰 (5) 焊接方法：电钎焊	个	6	178.68	1072.10

（续）

序号	项目编码	项目名称	项目特征	计量单位	工程数量	综合单价	合价
47	031003003003	焊接法兰阀门	（1）类型：闸阀 D371X—16 DN80 （2）材质：铸铁 （3）规格、压力等级：1.0MPa 以内 （4）连接形式：法兰 （5）焊接方法：电钎焊	个	4	460.83	1843.33
48	031003003004	焊接法兰阀门	（1）类型：闸阀 D371X—16 DN100 （2）材质：铸铁 （3）规格、压力等级：1.0MPa 以内 （4）连接形式：法兰 （5）焊接方法：电钎焊	个	2	577.61	1155.22
49	031003003005	焊接法兰阀门	（1）类型：闸阀 D371X—16 DN150 （2）材质：铸铁 （3）规格、压力等级：1.0MPa 以内 （4）连接形式：法兰 （5）焊接方法：电钎焊	个	6	969.46	5816.79
50	031003001002	螺纹阀门	（1）类型：自动排气阀 PQF—16TL DN20 （2）材质：黄铜 （3）规格、压力等级：1.0MPa 以内 （4）连接形式：螺纹 DN20	个	16	151.85	2429.66
51	031003001003	螺纹阀门	（1）类型：浮球阀 FQF—16T DN50 （2）材质：黄铜 （3）规格、压力等级：1.0MPa 以内 （4）连接形式：螺纹	个	1	252.32	252.32
52	031003008001	除污器（过滤器）	（1）材质：黄铜 （2）规格、压力等级：GL11—16T DN20 1.0MPa 以内 （3）连接形式：螺纹	组	43	48.54	2087.28
53	031003008002	除污器（过滤器）	（1）材质：黄铜 （2）规格、压力等级：GL11—16T DN40 1.0MPa 以内 （3）连接形式：螺纹	组	3	118.80	356.39
54	031003008003	除污器（过滤器）	（1）材质：铸铁 （2）规格、压力等级：GL41—16C DN150 1.0MPa 以内 （3）连接形式：法兰	组	1	1328.45	1328.45

（续）

序号	项目编码	项目名称	项目特征	计量单位	工程数量	综合单价	合价
55	031003003006	焊接法兰阀门	(1) 类型：止回阀 H41T—16 DN150 (2) 材质：铸铁 (3) 规格、压力等级：1.2MPa 以内 (4) 连接形式：法兰 (5) 焊接方法：电钎焊	个	1	1026.46	1026.46
56	031003010001	软接头（软管）	(1) 材质：金属 (2) 规格：KPT—N DN20 (3) 连接形式：螺纹	个	86	53.88	4633.69
57	031003010002	软接头（软管）	(1) 材质：橡胶 (2) 规格：KXT DN40 (3) 连接形式：螺纹	个	6	127.65	765.93
58	031003010003	软接头（软管）	(1) 材质：橡胶 (2) 规格：DN150 (3) 连接形式：法兰	个	6	797.40	4784.38
59	031006015001	水箱	(1) 材质、类型：碳钢膨胀水箱 (2) 型号、规格：国标1号	台	1	2823.05	2823.05
60	030601001001	温度仪表	(1) 名称：温度表 (2) 规格：0～100℃ (3) 套管材质、规格：碳钢	支	3	197.26	591.78
61	030601002001	压力表	(1) 名称：压力表 (2) 型号：盘式 (3) 规格：0～16MPa (4) 压力表弯材质、规格：碳钢	台	3	77.20	231.59
合计							684243.23

制表日期：

2）根据表6-17编制措施项目清单计价表，见表6-19。

表6-19 措施项目清单计价表

工程名称：湖南省衡阳市某银行通风空调工程 　　　　　　　　第1页 共1页

序号	项目编码	项目名称	项目特征	计量单位	工程数量	综合单价	合价
一		专业措施项目					
1	031301017001	脚手架搭拆		项	1	12338.05	12338.05
2	031301012001	工程系统检测、检验		项	1	14207.09	14207.09
3	031301010001	安装与生产同时进行施工增加		项	1	8683.80	8683.80
4	031301018001	其他措施		项	1	48097.09	48097.09
二	031302001001	安全文明施工		项	1	15765.75	15765.75

（续）

序号	项目编码	项目名称	项目特征	计量单位	工程数量	综合单价	合价
三		其他措施项目					
1	031302002001	夜间施工增加		项	1	0	0
2	031302003001	非夜间施工增加		项	1		
3	031302004001	二次搬运		项	1		
4	031302005001	冬雨季施工增加		项	1	1069.18	1069.18
5	031302006001	已完工程及设备保护		项	1		
6	031302007001	高层施工增加		项	1		
		合　计					100160.96

3）编制其他项目清单计价表。该项目未发生其他项目费用，所以该清单费不计。

4）编制规费项目清单计价表，见表6-20。

表6-20　规费项目清单计价表

序号	项目名称	计算基础	计算费率（%）	金额/元
1	社会保险费	分部分项工程费＋措施项目费＋其他项目	2.84	22277.08
2	工程排污费		0.40	3137.62
3	住房公积金		6.0	47064.25
4	安全生产责任险		0.20	1568.81
5	职工教育经费	（分部分项工程费＋计日工）中的人工费总额＋可计量措施项目	1.50	3254.98
6	工会经费		2.00	4339.97
	合　计			81642.71

5）编制工程量清单计价汇总表，见表6-21。

表6-21　工程量清单计价汇总表

工程名称：湖南省衡阳市某银行通风空调工程　　　　　第1页　共1页

序号	费用名称	费率（%）	合价/元
1	分部分项工程费合计（表6-18）		684243.23
2	措施项目费合计（表6-19）		100160.96
3	其他项目费合计		0
4	规费合计（表6-20）		81642.71
5	税金		28251.63
5.1	增值税（不含税销售额×3%）	3	25224.67
5.2	城市建设维护税（增值税额×7%）	7	1765.73
5.3	教育费附加（增值税额×3%）	3	756.74
5.4	地方教育附加（增值税额×2%）	2	504.49
	合计		894298.53

注：表中税率采用简易计税方法计税。

6）编制工程量清单综合单价分析表，见表6-22。

表6-22　工程量清单综合单价分析表

工程名称：湖南省衡阳市某银行通风空调工程　　　　　　　　　　　　　　　第　页　共　页

序号	清单编码	项目名称	单位	数量	综合单价/元	合价/元
1	030113001001	热泵式冷水机组（制冷量160kW以内）新增:模块化风冷热泵机组 LSQWRF130	台	1	41489.29	41489.29

消耗量标准编号	项目名称	单位	数量	单价（基价表）				单价（市场价）						合价/元
	冷水机组			合计	人工费	材料费	机械费	合计	人工费	材料费	机械费	管理费 28.98%	利润 31.59%	
C1-1535换		台	1	1887.16	1159.20	668.67	59.29	1887.16	1159.20	668.67	59.29	335.94	366.19	2589.29
综合人工（建安工程）70.00元/工日													合计/元	124467.87

材料费明细（本栏单价为市场单价）	主要材料名称、规格、型号	单位	数量	单价	合价	暂估单价	暂估合价
	模块化风冷热泵机组	台	1.000	38900.0	38900.0		
	材料费合计	元	—	—	38900.0		

序号	清单编码	项目名称	单位	数量	综合单价/元	合价/元
2	030109001001	单级离心泵及离心式耐腐蚀泵设备重量新增:冷冻水泵 KQL100/150—11/2	台	2	4549.29	4549.29

消耗量标准编号	项目名称	单位	数量	单价（基价表）				单价（市场价）						合价/元
	离心式泵			合计	人工费	材料费	机械费	合计	人工费	材料费	机械费	管理费 28.98%	利润 31.59%	
C1-864换		台	2	4338.99	347.20	3942.31	49.48	4338.99	347.20	3942.31	49.48	100.62	109.68	689.29
综合人工（建安工程）70.00元/工日													累计/元	9098.58

材料费明细（本栏单价为市场单价）	主要材料名称、规格、型号	单位	数量	单价	合价	暂估单价	暂估合价
	其他材料费（本项目）	元	—	—	3942.31		3942.31
	材料费合计	元	—	—	3942.31		3942.31

（续）

序号 3

清单编码	项目名称	计量单位			综合单价		合价/元
031004016001	蒸汽式水加热器 小型单管式	套					3359.46

消耗量标准编号	项目名称	单位	数量	单价（基价表）				单价（市场价）			管理费 28.98%	利润 31.59%	合价/元
				人工费	材料费	机械费	合计	人工费	材料费	机械费			
C8-1147	蒸汽式水加热器 小型单管式	10套	0.100	464.10	249.43		713.53	464.10	32849.43		13.45	14.66	99.46

综合人工（建安工程）70.00 元/工日　　合计/元　713.53　　合计/元　3359.46

主要材料名称、规格、型号	单位	数量	单价	合价	暂估单价	暂估合价
蒸汽式水加热器	个	1.000	3260.00	3260.00		
其他材料费（本项目）	元	—	—	24.94		
材料费合计	元	—		3284.94		

序号 4

清单编码	项目名称	计量单位			综合单价		合价/元
030701001001	吊顶柜式空调机组	台					5738.77

消耗量标准编号	项目名称	单位	数量	单价（基价表）				单价（市场价）			管理费 28.98%	利润 31.59%	合价/元
				人工费	材料费	机械费	合计	人工费	材料费	机械费			
C9-274	空气加热器（冷却器）安装（质量≤100kg）	台	1	84.70	40.89	30.42	156.02	84.70	40.89	30.42	24.55	26.76	207.33
C9-234	设备支架（质量≤50kg）	100kg	0.200	553.00	92.77	62.80	708.57	110.60	18.55	12.56	32.05	34.94	208.70

综合人工（建安工程）70.00 元/工日　　合计/元　5755.43

主要材料名称、规格、型号	单位	数量	单价	合价	暂估单价	暂估合价
型钢（综合）	kg	20.800	3.80	79.04		
空气处理机	台	1.000	5260.0	5260.00		
其他材料费（本项目）	元	—	—	59.45		
材料费合计	元	—		5398.49		

（续）

综合单价分析表（序号 5）

序号	清单编码（消耗量标准编号）	项目名称	单位	数量	单价（基价表）				单价（市场价）				管理费 29.34%	利润 31.59%	综合单价	合价/元
					合计	人工费	材料费	机械费	合计	人工费	材料费	机械费				
5	030701001002	吊顶柜式空调机组	台	2											5219.51	10439.02
	C9-274	空气加热器（冷却器）安装（质量≤100kg）	台	2	156.02	84.70	40.89	30.42		84.70	4920.89	30.42	21.30	22.93		5080.25
	C9-234	设备支架（质量≤50kg）	100kg	0.20	708.57	553.00	92.77	62.80		553.00	487.97	62.80	13.91	14.97		139.26

综合人工（建安工程）70.00元/工日　　合计/元　70.42　10439.02

材料费明细（本栏单价为市场单价）

主要材料名称、规格、型号	单位	数量	单价（市场价）	合价	暂估单价	暂估合价
型钢（综合）	kg	10.400	3.80	39.52		
空气处理机	台	1.000			4880.00	4880.00
其他材料费（本项目）	元	—	—	50.17		
材料费合计	元	—	—	4969.69		

综合单价分析表（序号 6）

序号	清单编码（消耗量标准编号）	项目名称	单位	数量	单价（基价表）				单价（市场价）				管理费 29.34%	利润 31.59%	综合单价	合价/元
					合计	人工费	材料费	机械费	合计	人工费	材料费	机械费				
6	030701004001	风机盘管 吊顶式	台	14											2701.75	37824.48
	C9-267	风机盘管 吊顶式	台	14	182.93	97.30	85.63	24.47		97.30	2553.63	24.47	24.47	26.35	368.85	2701.75

综合人工（建安工程）70.00元/工日　　合计/元　342.57　37824.48

材料费明细（本栏单价为市场单价）

主要材料名称、规格、型号	单位	数量	单价（市场价）	合价	暂估单价	暂估合价
风机盘管	个	1.000			2468.00	2468.00
其他材料费（本项目）	元	—	—	85.63		
材料费合计	元	—	—	2553.63		

（续）

序号 7

清单编码	项目名称	计量单位				综合单价		合价/元
030701004002	风机盘管 吊顶式	台						2603.75

消耗量标准编号	项目名称	单位	数量	单价（基价表）				单价（市场价）				管理费	利润	综合单价	合价/元
				合计	人工费	材料费	机械费	合计	人工费	材料费	机械费	29.34%	31.59%		
C9-267	风机盘管	台	2	182.93	97.30	85.63		182.93	97.30	85.63		24.47	26.35	2603.75	2603.75
综合人工（建安工程）70.00元/工日										2455.63	2370.00	48.94	52.69	5207.50	5207.50

材料费明细（本栏单价为市场单价）

主要材料名称、规格、型号	单位	数量	单价	合价	暂估单价	暂估合价
风机盘管	个	1.000	2370.00	2370.00		
其他材料费（本项目）	元	—	—	85.63		
材料费合计	元	—	—	2455.63		

序号 8

清单编码	项目名称	计量单位				综合单价		合价/元
030701004003	风机盘管 吊顶式	台						2409.75

消耗量标准编号	项目名称	单位	数量	单价（基价表）				单价（市场价）				管理费	利润	综合单价	合价/元
				合计	人工费	材料费	机械费	合计	人工费	材料费	机械费	29.34%	31.59%		
C9-267	风机盘管	台	6	182.93	97.30	85.63		182.93	97.30	85.63		24.47	26.35	2409.75	2409.75
综合人工（建安工程）70.00元/工日										2261.63	2176.00	146.82	158.08	14458.49	14458.49

材料费明细（本栏单价为市场单价）

主要材料名称、规格、型号	单位	数量	单价	合价	暂估单价	暂估合价
风机盘管	个	1.000	2176.00	2176.00		
其他材料费（本项目）	元	—	—	85.63		
材料费合计	元	—	—	2261.63		

序号 9

清单编码	项目名称	计量单位				综合单价		合价/元
030701004004	风机盘管 吊顶式	台						1913.75

消耗量标准编号	项目名称	单位	数量	单价（基价表）				单价（市场价）				管理费	利润	综合单价	合价/元
				合计	人工费	材料费	机械费	合计	人工费	材料费	机械费	29.34%	31.59%		
C9-267	风机盘管	台	5	182.93	97.30	85.63		182.93	97.30	85.63		24.47	26.35	1913.75	1913.75
综合人工（建安工程）70.00元/工日										1765.63	1680.0	122.35	131.73	9568.74	9568.74

材料费明细（本栏单价为市场单价）

主要材料名称、规格、型号	单位	数量	单价	合价	暂估单价	暂估合价
风机盘管	个	1.000	1680.0	1680.0		
其他材料费（本项目）	元	—	—	85.63		
材料费合计	元	—	—	1765.63		

（续）

序号 10

清单编码	项目名称		单位	数量	
030701004005	风机盘管 吊顶式		台	3	

消耗量标准编号	风机盘管 单价（基价表）				计量单位	单价（市场价）				数量	综合单价		合价/元
	合计	人工费	材料费	机械费		合计	人工费	材料费	机械费		管理费 29.34%	利润 31.59%	1673.75
C9-267	182.93	97.30	85.63			182.93	97.30	85.63		3	24.47	26.35	1673.75

主要材料名称、规格、型号	单位	数量	单价	合价	暂估单价	暂估合价
风机盘管	个	1.000	1440.00	1440.00		
其他材料费（本项目）	元	—	—	85.63		
材料费合计	元	—	—	1525.63		

材料费明细（本栏单价为市场单价）

序号 11

清单编码	项目名称		单位	数量	
030701004006	风机盘管 吊顶式		台	2	

消耗量标准编号	风机盘管 单价（基价表）				计量单位	单价（市场价）				数量	综合单价		合价/元
	合计	人工费	材料费	机械费		合计	人工费	材料费	机械费		管理费 29.34%	利润 31.59%	1373.75
C9-267	182.93	97.30	85.63			182.93	97.30	85.63		2	24.47	26.35	1373.75

主要材料名称、规格、型号	单位	数量	单价	合价	暂估单价	暂估合价
风机盘管	个	1.000	1140.00	1140.00		
其他材料费（本项目）	元	—	—	85.63		
材料费合计	元	—	—	1225.63		

材料费明细（本栏单价为市场单价）

综合人工（建安工程）70.00元/工日　　合计/元：48.94　52.69　2747.50

序号 12

清单编码	项目名称		单位	数量	
030701004007	风机盘管 吊顶式		台	6	

消耗量标准编号	风机盘管 单价（基价表）				计量单位	单价（市场价）				数量	综合单价		合价/元
	合计	人工费	材料费	机械费		合计	人工费	材料费	机械费		管理费 29.34%	利润 31.59%	1231.75
C9-267	182.93	97.30	85.63			182.93	97.30	85.63		6	24.47	26.35	1231.75

主要材料名称、规格、型号	单位	数量	单价	合价	暂估单价	暂估合价
风机盘管	个	1.000	998.00	998.00		
其他材料费（本项目）	元	—	—	85.63		
材料费合计	元	—	—	1083.63		

材料费明细（本栏单价为市场单价）

综合人工（建安工程）70.00元/工日　　合计/元：146.82　158.08　7390.49

（续）

序号 13

清单编码	项目名称	计量单位	数量	综合单价/元	合价/元
030701004008	风机盘管 吊顶式	台	5	1013.75	—

综合人工（建安工程）70.00元/工日

消耗量标准编号	项目名称	单位	数量	单价（基价表）				单价（市场价）			综合单价			合价/元
				人工费	材料费	机械费	合计	人工费	材料费	机械费	管理费 29.34%	利润 31.59%	合价	
C9-267	风机盘管 吊顶式	台	5	97.30	85.63		182.93	97.30	865.63		24.47	26.35	1013.75	1013.75
（合价）											122.35	131.73	5068.74	5068.74

材料费明细（本栏单价为市场单价）

主要材料名称、规格、型号	单位	数量	单价	合价	暂估单价	暂估合价
风机盘管	个	1.000	780.00	780.00		
其他材料费（本项目）	元	—		85.63		
材料费合计	元	—		865.63		

序号 14

清单编码	项目名称	计量单位	数量	综合单价/元	合价/元
030702001001	镀锌薄钢板矩形风管（δ=1.2mm以内咬口）（周长800mm以下）	m²	423.700	187.76	—

综合人工（建安工程）70.00元/工日

消耗量标准编号	项目名称	单位	数量	单价（基价表）				单价（市场价）			综合单价			合价/元
				人工费	材料费	机械费	合计	人工费	材料费	机械费	管理费 29.34%	利润 31.59%	合价	
C9-5	镀锌薄钢板矩形风管（δ=1.2mm以内咬口）（周长800mm以下）	10m²	42.370	648.20	288.37	170.07	1106.64	648.20	720.81	170.07	16.30	17.55	187.76	187.76
（合价）											6906.86	7436.53	79554.21	79554.21

材料费明细（本栏单价为市场单价）

主要材料名称、规格、型号	单位	数量	单价	合价	暂估单价	暂估合价
镀锌钢板 δ0.5	m²	1.138	38.00	43.24		
其他材料费（本项目）	元	—		28.84		
材料费合计	元	—		72.08		

（续）

序号	清单编码 消耗量标准编号	项目名称	单位	数量	单价（基价表）				计量单位	单价（市场价）			数量	综合单价			合价/元
					合计	人工费	材料费	机械费		人工费	材料费	机械费		管理费 29.34%	利润 31.59%	综合单价	
15	030702001002	镀锌薄钢板矩形风管（δ=1.2mm以内吹口）（周长2000mm以下）	10m²	9.420	797.29	478.80	229.47	89.02	m²	478.80	741.57	89.02	94.200	12.04	12.96	155.94	155.94
	C9-6																
	综合人工（建安工程）70.00元工日													合计/元		1134.27	14690.00
														暂估单价		1221.26	暂估合价

材料费明细（本栏单价为市场单价）

主要材料名称、规格、型号	单位	数量	单价	合价
镀锌钢板 80.75	m²	1.138	45.00	51.21
其他材料费（本项目）	元	—	—	22.95
材料费合计	元	—	—	74.16

序号	清单编码 消耗量标准编号	项目名称	单位	数量	单价（基价表）				计量单位	单价（市场价）			数量	综合单价			合价/元
					合计	人工费	材料费	机械费		人工费	材料费	机械费		管理费 29.34%	利润 31.59%	综合单价	
16	031208003001	泡沫玻璃板（设备）安装卧式设备（厚40mm）	m³	22.04	1058.84	758.80	289.77	10.26	m³	758.80	961.77	10.26	22.04	190.83	205.46	2127.12	2127.12
	C11-1832																
	综合人工（建安工程）70.00元工日													累计/元		4205.84	46881.82
														暂估单价		4528.37	暂估合价

材料费明细（本栏单价为市场单价）

主要材料名称、规格、型号	单位	数量	单价	合价
胶粘剂	kg	28.400	9.00	255.60
泡沫玻璃板	m³	1.200	560.00	672.00
其他材料费（本项目）	元	—	—	34.17
材料费合计	元	—	—	961.77

（续）

序号 17

清单编码	030703021001	项目名称	消声静压箱（体积1.0m³以内）	计量单位	个	数量	3	综合单价		合价/元	8290.37

消耗量标准编号	项目名称	单位	数量	单价（基价表）				计量单位	单价（市场价）			数量	管理费 29.34%	利润 31.59%	合价/元
				合计	人工费	材料费	机械费		人工费	材料费	机械费				
C9-203	消声静压箱（体积1.0m³以内）	台	3	67.34	44.10	23.24		个	44.10	8223.24			11.09	11.94	8290.37
C9-234	设备支架（质量≤50kg）	100kg		708.57	553.00	92.77	62.80	元	553.00	487.97	62.80		33.27	35.82	24871.11

综合人工（建安工程）70.00元/工日 合计/元

材料费明细（本栏单价为市场单价）	主要材料名称、规格、型号	单位	数量	单价	合价	暂估单价	暂估合价
	消声静压箱	台	1.000	8200.0	8200.00		
	其他材料费（本项目）	元	—	—	23.24		
	材料费合计	元	—	—	8223.24		

序号 18

清单编码	030703001001	项目名称	防火阀、防火调节阀安装（防火阀周长2000mm以内）	计量单位	个	数量	1	综合单价	337.77	合价/元	337.77

消耗量标准编号	项目名称	单位	数量	单价（基价表）				计量单位	单价（市场价）			数量	管理费 29.34%	利润 31.59%	合价/元
				合计	人工费	材料费	机械费		人工费	材料费	机械费				
C9-75	防火阀、防火调节阀安装（防火阀周长2000mm以内）	台	1	29.71	23.10	6.61		个	23.10	302.61		1.000	5.81	6.25	337.77

综合人工（建安工程）70.00元/工日 合计/元 337.77

材料费明细（本栏单价为市场单价）	主要材料名称、规格、型号	单位	数量	单价	合价	暂估单价	暂估合价
	70℃防火阀	个	1.000	296.00	296.00		
	其他材料费（本项目）	元	—	—	6.61		
	材料费合计	元	—	—	302.61		

（续）

序号 19

清单编码	项目名称	计量单位	综合单价	合价/元
030703001002	防火阀、防火调节阀安装（防火阀周长2000mm以内）	个	264.77	264.77

消耗量标准编号	项目名称	单位	数量	单价（基价表）				单价（市场价）			管理费 29.34%	利润 31.59%	综合单价	合价/元
				人工费	材料费	机械费	合计	人工费	材料费	机械费				
C9-75	碳钢阀门	台	2	23.10	6.61		29.71	23.10	229.61	223.00	5.81	6.25	264.77	264.77

综合人工（建安工程）70.00元/工日　　合计/元　529.55

材料费明细（本栏单价为市场单价）

主要材料名称、规格、型号	单位	数量	单价（市场价）	合价	暂估单价	暂估合价
70℃防火阀	个	1.000	223.00	223.00		
其他材料费（本项目）	元	—		6.61		
材料费合计	元	—		229.61		

序号 20

清单编码	项目名称	计量单位	综合单价	合价/元
030703011001	带调节阀及滤网百叶风口安装（风口周长4800mm以内）	个	457.28	457.28

消耗量标准编号	项目名称	单位	数量	单价（基价表）				单价（市场价）			管理费 29.34%	利润 31.59%	综合单价	合价/元
				人工费	材料费	机械费	合计	人工费	材料费	机械费				
C9-113	铝及铝合金风口、散流器	个	1	100.80	11.50	3.14	115.44	100.80	300.70	3.14	25.35	27.29	457.28	457.28

综合人工（建安工程）70.00元/工日　　合计/元　457.28

材料费明细（本栏单价为市场单价）

主要材料名称、规格、型号	单位	数量	单价（市场价）	合价	暂估单价	暂估合价
防雨百叶风口	个	1.000	289.20	289.20		
其他材料费（本项目）	元	—		11.50		
材料费合计	元	—		300.70		

（续）

序号	清单编码	项目名称								合价/元
	消耗量标准编号	项目名称	单位	数量	单价（基价表）					
					合计	人工费	材料费	机械费		
					单价（市场价）				综合单价	
					合计	人工费	材料费	机械费	管理费 29.34%	利润 31.59%	
21	030703011002	铝及铝合金风口、散流器								133.82
	C9-110	带调节阀及滤网百叶风口 安装（风口周长1800mm以内）	个	5	52.42	44.80	5.27	2.35		
					52.42	44.80	63.27	2.35	11.27 / 29.34%	12.13 / 31.59%	133.82
	综合人工（建安工程）70.00元/工日		计量单位	个	合计/元	56.33	综合单价	60.65	合价/元	669.09

材料费明细（本栏单价为市场单价）

主要材料名称、规格、型号	单位	数量	单价（市场价）	合价	暂估单价	暂估合价
门铰式回风百叶风口	个	1.000	58.00	58.00		
其他材料费（本项目）	元	—	—	5.27		
材料费合计	元	—	—	63.27		

序号	清单编码	项目名称								合价/元
	消耗量标准编号	项目名称	单位	数量	单价（基价表）					
					合计	人工费	材料费	机械费		
					单价（市场价）				综合单价	
					合计	人工费	材料费	机械费	管理费 29.34%	利润 31.59%	
22	030703011003	铝及铝合金风口、散流器								392.08
	C9-113	带调节阀及滤网百叶风口 安装（风口周长4800mm以内）	个	44	115.44	100.80	11.50	3.14		
					115.44	100.80	235.50	3.14	25.35 / 29.34%	27.29 / 31.59%	392.08
	综合人工（建安工程）70.00元/工日		计量单位	个	合计/元	1115.39	综合单价	1200.93	合价/元	17251.54

材料费明细（本栏单价为市场单价）

主要材料名称、规格、型号	单位	数量	单价（市场价）	合价	暂估单价	暂估合价
门铰式回风百叶风口	个	1.000	224.00	224.00		
其他材料费（本项目）	元	—	—	11.50		
材料费合计	元	—	—	235.50		

（续）

序号 23

清单编码	项目名称	计量单位	合价/元
030703011004	铝及铝合金风口、散流器	个	147.44

消耗量标准编号	项目名称	单位	数量	单价（基价表）				单价（市场价）			管理费 29.34%	利润 31.59%	综合单价
				人工费	材料费	机械费	合计	人工费	材料费	机械费			
C9-118	铝合金散流器安装（圆形）散流器直径≤350mm	个	58	22.40	1.05	0.09	23.54	22.40	113.25	0.09	5.63	6.07	147.44

综合人工（建安工程）70.00元/工日　合计/元　8551.41

材料费明细（本栏单价为市场单价）：

主要材料名称、规格、型号	单位	数量	单价（市场价）	合价	暂估单价	暂估合价
散流器	个	1.000	112.20	112.20		
其他材料费（本项目）	元	—		1.05		
材料费合计	元	—		113.25		

序号 24

清单编码	项目名称	计量单位	合价/元
030703011005	铝及铝合金风口、散流器	个	131.34

消耗量标准编号	项目名称	单位	数量	单价（基价表）				单价（市场价）			管理费 29.34%	利润 31.59%	综合单价
				人工费	材料费	机械费	合计	人工费	材料费	机械费			
C9-118	铝合金散流器安装（圆形）散流器直径≤350mm	个	22	22.40	1.05	0.09	23.54	22.40	97.15	0.09	5.63	6.07	131.34

综合人工（建安工程）70.00元/工日　合计/元　2889.44

材料费明细（本栏单价为市场单价）：

主要材料名称、规格、型号	单位	数量	单价（市场价）	合价	暂估单价	暂估合价
散流器	个	1.000	96.10	96.10		
其他材料费（本项目）	元	—	—	1.05		
材料费合计	元	—	—	97.15		

（续）

序号 25

清单编码	项目名称	计量单位	综合单价/元	合价/元
030703011006	铝及铝合金风口、散流器	个	151.16	151.16

消耗量标准编号	项目名称	单位	数量	单价（基价表）				单价（市场价）				数量	管理费 29.34%	利润 31.59%	综合单价	合价/元
				人工费	材料费	机械费	合计	人工费	材料费	机械费			合价	合价		
C9-116	铝合金散流器安装（方形、矩形，散流器周长2000mm以内）	个	2	23.80	2.55	0.18	26.53	23.80	114.75	0.18	2	5.99 / 11.97	6.44 / 12.89	151.16	151.16
综合人工（建安工程）70.00元/工日							合计/元									302.33

材料费明细（本栏单价为市场单价）

主要材料名称、规格、型号	单位	数量	单价	合价
方形散流器	个	1.000	112.20	112.20
其他材料费（本项目）	元	—	—	2.55
材料费合计	元	—	—	114.75
暂估单价				暂估合价

序号 26

清单编码	项目名称	计量单位	综合单价/元	合价/元
030703011007	铝及铝合金风口、散流器	个	123.27	123.27

消耗量标准编号	项目名称	单位	数量	单价（基价表）				单价（市场价）				数量	管理费 29.34%	利润 31.59%	综合单价	合价/元
				人工费	材料费	机械费	合计	人工费	材料费	机械费			合价	合价		
C9-115	铝合金散流器安装（方形、矩形，散流器周长1000mm以内）	个	6	16.80	1.42	0.18	18.40	16.80	97.52	0.18	6	4.23 / 25.35	4.55 / 27.29	123.27	123.27
综合人工（建安工程）70.00元/工日							合计/元									739.62

材料费明细（本栏单价为市场单价）

主要材料名称、规格、型号	单位	数量	单价	合价
方形散流器	个	1.000	96.10	96.10
其他材料费（本项目）	元	—	—	1.42
材料费合计	元	—	—	97.52
暂估单价				暂估合价

（续）

序号 27

清单编码	项目名称	单位	工程数量	综合单价	合价/元
030703011008	铝合金散流器安装（方形、矩形散流器周长1000mm以内）	个	6	109.57	657.42

消耗量标准编号	项目名称	单位	数量	单价（基价表） 铝及铝合金风口、散流器				单价（市场价）				综合单价		合价/元
				合计	人工费	材料费	机械费	合计	人工费	材料费	机械费	管理费 29.34%	利润 31.59%	
C9-115	铝合金散流器安装（方形、矩形散流器周长1000mm以内）	个	6	18.40	16.80	1.42	0.18	18.40	16.80	83.82	0.18	4.23 / 25.35	4.55 / 27.29	109.57

综合人工（建安工程）70.00元/工日　　　　合计/元　657.42

材料费明细（本栏单价为市场单价）

主要材料名称、规格、型号	单位	数量	单价（市场价）	合价	暂估单价	暂估合价
方形散流器	个	1.000	82.40	82.40		
其他材料费（本项目）	元	—	—	1.42		
材料费合计				83.82		

序号 28

清单编码	项目名称	单位	工程数量	综合单价	合价/元
030703011009	铝合金散流器安装（方形、矩形散流器周长1000mm以内）	个	10	98.37	983.71

消耗量标准编号	项目名称	单位	数量	单价（基价表） 铝及铝合金风口、散流器				单价（市场价）				综合单价		合价/元
				合计	人工费	材料费	机械费	合计	人工费	材料费	机械费	管理费 29.34%	利润 31.59%	
C9-115	铝合金散流器安装（方形、矩形散流器周长1000mm以内）	个	10	18.40	16.80	1.42	0.18	18.40	16.80	72.62	0.18	4.23 / 42.25	4.55 / 45.49	98.37

综合人工（建安工程）70.00元/工日　　　　合计/元　983.71

材料费明细（本栏单价为市场单价）

主要材料名称、规格、型号	单位	数量	单价（市场价）	合价	暂估单价	暂估合价
方形散流器	个	1.000	71.20	71.20		
其他材料费（本项目）	元	—	—	1.42		
材料费合计				72.62		

（续）

序号 29

清单编码	项目名称	计量单位	数量	综合单价	合价/元
030703019001	柔性接口及伸缩节 有法兰	m²	30.00	1024.45	30733.44

消耗量标准编号	项目名称	单位	数量	单价（基价表）				单价（市场价）				综合单价			合价/元
				人工费	材料费	机械费	合计	人工费	材料费	机械费	合计	管理费 29.34%	利润 31.59%	综合单价	
C9-371	柔性接口		30.00	445.90	137.40	208.28	791.57	445.90	137.40	208.28	791.57	112.14	120.74	1024.45	1024.45
综合人工（建安工程）70.00 元/工日							合计/元					3364.13	3622.11		30733.44

材料费明细（本栏单价为市场单价）	主要材料名称、规格、型号	单位	数量	单价	合价	暂估单价	暂估合价
	其他材料费（本项目）	元	—		137.40		
	材料费合计	元	—		137.40		

序号 30

清单编码	项目名称	计量单位	数量	综合单价	合价/元
031001001001	室内管道 镀锌钢管安装（螺纹连接）（公称直径20mm）	m	624.70	34.88	21788.60

消耗量标准编号	项目名称	单位	数量	单价（基价表）				单价（市场价）				综合单价			合价/元
				人工费	材料费	机械费	合计	人工费	材料费	机械费	合计	管理费 29.34%	利润 31.59%	综合单价	
C8-205	室内管道 镀锌钢管安装（螺纹连接）（公称直径20mm）	10m	62.470	112.00	31.14		143.14	112.00	128.04		143.14	2.82	3.03	29.85	29.85
C8-689	管道压力试验（公称直径50mm以内）	100m	6.247	263.90	27.71		291.61	263.90	27.71		291.61	0.66	0.71		4.29
C8-683	管道消毒、冲洗（公称直径50mm以内）	100m	6.247	35.00	19.80		54.80	35.00	19.80		54.80	0.09	0.09		0.73
综合人工（建安工程）70.00 元/工日							合计/元					2229.12	2400.10		21788.60

材料费明细（本栏单价为市场单价）	主要材料名称、规格、型号	单位	数量	单价	合价	暂估单价	暂估合价
	镀锌钢管	m	1.020	9.50	9.69		
	其他材料费（本项目）	元	—		3.59		
	材料费合计	元	—		13.28		

（续）

序号 31

清单编码	消耗量标准编号	项目名称	单位	数量	单价（基价表）合计	人工费	材料费	机械费	单价（市场价）合计	人工费	材料费	机械费	数量	管理费 29.34%	利润 31.59%	综合单价 合价/元
031001001002		室内管道 镀锌钢管安装														41.19
	C8-206	室内管道 镀锌钢管安装（螺纹连接）（公称直径25mm）	10m	25.760	174.12	134.40	38.70	1.02	174.12	134.40	156.00	1.02	257.600	3.38	3.64	36.16
	C8-689	管道压力试验（公称直径50mm以内）	100m	2.576	291.61	263.90	27.71		291.61	263.90	27.71			0.66	0.71	4.29
	C8-683	管道消毒、冲洗（公称直径50mm以内）	100m	2.576	54.80	35.00	19.80		54.80	35.00	19.80			0.09	0.09	0.73

综合人工（建安工程）70.00元/工日

材料费明细（本栏单价为市场单价）

主要材料名称、规格、型号	单位	数量	单价	合价	暂估单价	暂估合价
镀锌钢管（本项目）	m	1.020	11.50	11.73		
其他材料费	元	—	—	4.35		
材料费合计	元	—		16.08	1064.33	1145.96	10609.64

序号 32

清单编码	消耗量标准编号	项目名称	单位	数量	单价（基价表）合计	人工费	材料费	机械费	单价（市场价）合计	人工费	材料费	机械费	数量	管理费 29.34%	利润 31.59%	综合单价 合价/元
031001002001		室内管道 钢管安装														42.12
	C8-226	室内管道 钢管安装（焊接）（公称直径32mm）	10m	17.630	113.94	101.50	7.13	5.31	113.94	101.50	195.83	5.31	176.300	2.55	2.75	35.56
	C11-1	手工除锈 管道轻锈	10m²	1.772	25.43	21.00	4.43		25.43	21.00	4.43			0.05	0.06	0.37
	C8-689	管道压力试验（公称直径50mm以内）	100m	1.763	291.61	263.90	27.71		291.61	263.90	27.71			0.66	0.71	4.29
	C8-683	管道消毒、冲洗（公称直径50mm以内）	100m	1.763	54.80	35.00	19.80		54.80	35.00	19.80			0.09	0.09	0.73
	C11-53	管道刷油 防锈漆 第一遍	10m²	1.772	20.38	16.80	3.58		20.38	16.80	35.02			0.04	0.05	0.61

（续）

序号 32　清单编码 031001002001　项目名称：管道刷油 防锈漆 第二遍

消耗量标准编号	项目名称	单位	数量	单价(基价表) 人工费	材料费	机械费	合计	计量单位	单价(市场价) 人工费	材料费	机械费	合计	综合单价 管理费 29.34%	利润 31.59%	合价/元
C11-54	管道刷油 防锈漆 第二遍	10m²	1.772	16.80	3.21		20.01	10m²	16.80	30.09		20.01	0.04	0.05	0.56

综合人工(建安工程)70.00 元/工日　　合计/元

材料费明细(本栏单价为市场单价)：

主要材料名称、规格、型号	单位	数量	单价	合价	暂估单价	暂估合价
无缝钢管	m	1.020	18.50	18.87	653.42	7426.57
酚醛防锈漆 各色	kg	0.024	24.00	0.59		
其他材料费(本项目)	元	—	—	1.30		
材料费合计	元	—	—	20.76		

清单汇总：单位 m　数量 176.300　合价 606.90　暂估合价 7426.57　合价/元 42.12

序号 33　清单编码 031001002002　项目名称：钢管 无缝钢管

消耗量标准编号	项目名称	单位	数量	单价(基价表) 人工费	材料费	机械费	合计	计量单位	单价(市场价) 人工费	材料费	机械费	合计	综合单价 管理费 29.34%	利润 31.59%	合价/元
C8-227	室内管道 钢管安装(焊接)(公称直径40mm)	10m	82.800	107.80	8.57	5.31	121.68	10m	107.80	235.01	5.31	121.68	2.71	2.92	40.44
C11-1	手工除锈 管道 轻锈	10m²	10.405	21.00	4.43		25.43	10m²	21.00	4.43		25.43	0.07	0.07	0.46
C8-689	管道压力试验(公称直径50mm 以内)	100m	8.280	263.90	27.71		291.61	100m	263.90	27.71		291.61	0.66	0.71	4.29
C8-683	管道消毒、冲洗(公称直径50mm 以内)	100m	8.280	35.00	19.80		54.80	100m	35.00	19.80		54.80	0.09	0.09	0.73
C11-53	管道刷油 防锈漆 第一遍	10m²	10.405	16.80	3.58		20.38	10m²	16.80	35.02		20.38	0.05	0.06	0.76
C11-54	管道刷油 防锈漆 第二遍	10m²	10.405	16.80	3.21		20.01	10m²	16.80	30.09		20.01	0.05	0.06	0.70

综合人工(建安工程)70.00 元/工日　　合计/元　综合单价 47.39

材料费明细(本栏单价为市场单价)：

主要材料名称、规格、型号	单位	数量	单价	合价	暂估单价	暂估合价
无缝钢管	m	1.020	22.20	22.64	3240.96	39234.95
酚醛防锈漆 各色	kg	0.031	24.00	0.73		
其他材料费(本项目)	元	—	—	1.47		
材料费合计	元	—	—	24.85		

清单汇总：单位 m　数量 828.000　合价 3010.03　暂估合价 39234.95

（续）

序号 34

清单编码 / 消耗量标准编号	项目名称	单位	数量	单价（基价表）				计量单位	单价（市场价）			数量	综合单价		合价/元
				人工费	材料费	机械费	合计		人工费	材料费	机械费		管理费 29.34%	利润 31.59%	
031001002003	室内管道 钢管安装（焊接）（公称直径50mm）							m				108.100			57.28
C8-228	室内管道 钢管安装（焊接）（公称直径50mm）	10m	10.810	121.80	16.11	5.31	143.22		121.80	307.83	5.31		3.06	3.30	49.85
C11-1	手工除锈 管道轻锈	10m²	1.698	21.00	4.43		25.43		21.00	4.43			0.08	0.09	0.57
C8-689	管道压力试验（公称直径50mm以内）	100m	1.081	263.90	27.71		291.61		263.90	27.71			0.66	0.71	4.29
C8-683	管道消毒、冲洗（公称直径50mm以内）	100m	1.081	35.00	19.80		54.80		35.00	19.80			0.09	0.09	0.73
C11-53	管道刷油 防锈漆第一遍	10m²	1.698	16.80	3.58		20.38		16.80	35.02			0.07	0.07	0.95
C11-54	管道刷油 防锈漆第二遍	10m²	1.698	16.80	3.21		20.01		16.80	30.09			0.07	0.07	0.87

综合人工（建安工程）70.00元/工日　　合计/元　　6191.75　暂估合价

材料费明细（本栏单价为市场单价）:

主要材料名称、规格、型号	单位	数量	单价	合计
无缝钢管	m	1.020	28.60	29.17
酚醛防锈漆 各色	kg	0.038	24.00	0.92
其他材料费（本项目）	元	—	—	2.26
材料费合计	元	—	—	32.35

综合单价　435.71　暂估单价　469.12

序号 35

清单编码 / 消耗量标准编号	项目名称	单位	数量	单价（基价表）				计量单位	单价（市场价）			数量	综合单价		合价/元
				人工费	材料费	机械费	合计		人工费	材料费	机械费		管理费 29.34%	利润 31.59%	
031001002004	室内管道 钢管安装（焊接）（公称直径65mm）							m				72.900			84.86
C8-229	室内管道 钢管安装（焊接）（公称直径65mm）	10m	7.290	136.50	33.44	60.53	230.47		136.50	482.24	60.53		3.43	3.70	75.06
C11-1	手工除锈 管道轻锈	10m²	1.489	21.00	4.43		25.43		21.00	4.43			0.11	0.12	0.74
C8-690	管道压力试验（公称直径100mm以内）	100m	0.729	314.30	60.86	27.51	402.67		314.30	60.86	27.51		0.79	0.85	5.67

（续）

序号 35

清单编码：031001002004　　计量单位：m　　数量：72.900　　综合单价合价/元：84.86

消耗量标准编号	项目名称	单位	数量	单价（基价表）合计	人工费	材料费	机械费	单价（市场价）合计	人工费	材料费	机械费	管理费 29.34%	利润 31.59%	合价/元
C8-684	管道消毒、冲洗（公称直径100mm以内）	100m	0.729	77.87	46.20	31.67		77.87	46.20	31.67		0.12	0.13	1.02
C11-53	管道刷油 防锈漆 第一遍	10m²	1.489	20.38	16.80	3.58		20.38	16.80	35.02		0.09	0.09	1.24
C11-54	管道刷油 防锈漆 第二遍	10m²	1.489	20.01	16.80	3.21		20.01	16.80	30.09		0.09	0.09	1.14

综合人工（建安工程）70.00 元工日　　合计/元：336.78　　暂估单价：362.60　　暂估合价：6186.43

材料费明细（本栏单价为市场单价）

主要材料名称、规格、型号	单位	数量	单价（市场价）	合价	暂估单价	暂估合价
无缝钢管	m	1.020	44.00	44.88		
酚醛防锈漆 各色	kg	0.050	24.00	1.19		
其他材料费（本项目）			—	4.50	—	
材料费合计			—	50.57	—	

序号 36

清单编码：031001002005　　计量单位：m　　数量：76.500　　综合单价：99.57

消耗量标准编号	项目名称	单位	数量	单价（基价表）合计	人工费	材料费	机械费	单价（市场价）合计	人工费	材料费	机械费	管理费 29.34%	利润 31.59%	合价/元
C8-230	室内管道 钢管安装（焊接）（公称直径80mm）	10m	7.650	279.29	154.70	40.38	84.21	279.29	154.70	570.78	84.21	3.89	4.19	89.05
C11-1	手工除锈 管道 轻锈	10m²	1.923	25.43	21.00	4.43		25.43	21.00	4.43		0.13	0.14	0.91
C8-690	管道压力试验（公称直径100mm以内）	100m	0.765	402.67	314.30	60.86	27.51	402.67	314.30	60.86	27.51	0.79	0.85	5.67
C8-684	管道消毒、冲洗（公称直径100mm以内）	100m	0.765	77.87	46.20	31.67		77.87	46.20	31.67		0.12	0.13	1.02
C11-53	管道刷油 防锈漆 第一遍	10m²	1.923	20.38	16.80	3.58		20.38	16.80	35.02		0.11	0.11	1.52
C11-54	管道刷油 防锈漆 第二遍	10m²	1.923	20.01	16.80	3.21		20.01	16.80	30.09		0.11	0.11	1.40

（续）

序号 36

清单编码	项目名称	计量单位	工程量	综合单价	合价/元
031001002005		m	76.500	99.57	7617.33

综合人工（建安工程）70.00元/工日

消耗量标准编号	项目名称	单位	数量	单价（基价表）人工费	材料费	机械费	合计	单价（市场价）人工费	材料费	机械费	管理费 29.34%	利润 31.59%	合价/元
											393.38	423.53	

材料费明细（本栏单价均为市场单价）

主要材料名称、规格、型号	单位	数量	单价	合价
无缝钢管	m	1.020	52.00	53.04
酚醛防锈漆 各色	kg	0.061	24.00	1.47
其他材料费（本项目）	元	—	—	5.24
材料费合计	元	—	—	59.75

序号 37

清单编码	项目名称	计量单位	工程量	综合单价	合价/元
031001002006		m	14.000	116.45	1630.25

综合人工（建安工程）70.00元/工日

消耗量标准编号	项目名称	单位	数量	单价（基价表）人工费	材料费	机械费	合计	单价（市场价）人工费	材料费	机械费	管理费 29.34%	利润 31.59%	合价/元
C8-231	室内管道 钢管安装（焊接）（公称直径100mm）	10m	1.400	192.50	76.04	27.74	296.28	192.50	728.84	27.74	4.84	5.21	104.96
C11-1	手工除锈 管道 轻锈	10m²	0.440	21.00	4.43		25.43	21.00	4.43		0.17	0.18	1.14
C8-690	管道压力试验（公称直径100mm以内）	100m	0.140	314.30	60.86	27.51	402.67	314.30	60.86	27.51	0.79	0.85	5.67
C8-684	管道消毒、冲洗（公称直径100mm以内）	100m	0.140	46.20	31.67		77.87	46.20	31.67		0.12	0.13	1.02
C11-53	管道刷油 防锈漆第一遍	10m²	0.440	16.80	3.58		20.38	16.80	35.02		0.13	0.14	1.90
C11-54	管道刷油 防锈漆第二遍	10m²	0.440	16.80	3.21		20.01	16.80	30.09		0.13	0.14	1.75
合计											86.51	93.14	

材料费明细（本栏单价均为市场单价）

主要材料名称、规格、型号	单位	数量	单价	合价
无缝钢管	m	1.020	64.00	65.28
酚醛防锈漆 各色	kg	0.076	24.00	1.83
其他材料费（本项目）	元	—	—	8.88
材料费合计	元	—	—	75.99

（续）

序号 38

清单编码	项目名称	计量单位	数量	综合单价	合价/元
031001002007	室外管道安装 钢管安装（焊接）（公称直径100mm）	m	9.400	91.82	

消耗量标准编号	项目名称	单位	数量	单价（基价表）钢管 合计	人工费	材料费	机械费	单价（市场价）人工费	材料费	机械费	综合单价 管理费29.34%	利润31.59%	合价/元
C8-28	室外管道安装 钢管安装（焊接）（公称直径100mm）	10m	0.940	115.45	50.40	31.98	33.06	50.40	681.58	33.06	1.27	1.36	79.14
C11-1	手工除锈 管道 轻锈	10m²	0.369	25.43	21.00	4.43		21.00	4.43		0.21	0.22	1.43
C8-690	管道压力试验（公称直径100mm以内）	100m	0.094	402.67	314.30	60.86	27.51	314.30	60.86	27.51	0.79	0.85	5.67
C8-684	管道消毒、冲洗（公称直径100mm以内）	100m	0.094	77.87	46.20	31.67		46.20	31.67		0.12	0.13	1.02
C11-53	管道刷油 防锈漆 第一遍	10m²	0.369	20.38	16.80	3.58		16.80	35.02		0.17	0.18	2.38
C11-54	管道刷油 防锈漆 第二遍	10m²	0.369	20.01	16.80	3.21		16.80	30.09		0.17	0.18	2.19
综合人工（建安工程）70.00元/工日							33.06				25.51	27.46	合计/元 863.09

材料费明细（本栏单价为市场单价）

主要材料名称、规格、型号	单位	数量	单价	合价	暂估单价	暂估合价
无缝钢管	m	1.015	64.00	64.96		
酚醛防锈漆 各色	kg	0.095	24.00	2.29		
其他材料费（本项目）	元	—	—	4.56		
材料费合计	元	—	—	71.81		

序号 39

清单编码	项目名称	计量单位	数量	综合单价	合价/元
031001002008	室外管道安装 钢管安装（焊接）（公称直径125mm）	m	9.400	126.67	

消耗量标准编号	项目名称	单位	数量	单价（基价表）钢管 合计	人工费	材料费	机械费	单价（市场价）人工费	材料费	机械费	综合单价 管理费29.34%	利润31.59%	合价/元
C8-29	室外管道安装 钢管安装（焊接）（公称直径125mm）	10m	0.940	140.80	63.00	43.84	33.96	63.00	977.64	33.96	1.58	1.71	110.75
C11-1	手工除锈 管道 轻锈	10m²	0.443	25.43	21.00	4.43		21.00	4.43		0.25	0.27	1.72

（续）

序号 39

清单编码	031001002008													
消耗量标准编号	项目名称	单位	数量	钢管 单价（基价表）				计量单位	单价（市场价）			综合单价		合价/元
				合计	人工费	材料费	机械费		人工费	材料费	机械费	管理费 29.34%	利润 31.59%	126.67
								m	9.400					
C8-691	管道压力试验（公称直径200mm以内）	100m	0.094	497.79	384.30	75.61	37.89	100m	384.30	75.61	37.89	0.97	1.04	6.98
C8-685	管道消毒、冲洗（公称直径200mm以内）	100m	0.094	144.49	57.40	87.09		100m	57.40	87.09		0.14	0.16	1.74
C11-53	管道刷油 防锈漆 第一遍	10m²	0.443	20.38	16.80	3.58		10m²	16.80	35.02		0.20	0.21	2.86
C11-54	管道刷油 防锈漆 第二遍	10m²	0.443	20.01	16.80	3.21		10m²	16.80	30.09		0.20	0.21	2.62

综合人工（建安工程）70.00元/工日

合计/元　31.42　33.83　1190.74 暂估合价

材料费明细（本栏单价为市场单价）：

主要材料名称、规格、型号	单位	数量	单价	合价
无缝钢管	m	1.015	92.00	93.38
酚醛防锈漆 各色	kg	0.115	24.00	2.75
其他材料费（本项目）	元	—	—	6.54
材料费合计	元	—	—	102.67

暂估单价　暂估合价　102.67

序号 40

清单编码	031001002009													
消耗量标准编号	项目名称	单位	数量	钢管 单价（基价表）				计量单位	单价（市场价）			综合单价		合价/元
				合计	人工费	材料费	机械费		人工费	材料费	机械费	管理费 29.34%	利润 31.59%	145.25
								m	30.000					
C8-30	室外管道安装 钢管安装（焊接）（公称直径150mm）	10m	3.000	179.38	72.80	59.74	46.84	10m	72.80	1135.64	46.84	1.83	1.97	129.33
C11-1	手工除锈 管道轻锈	10m²	1.414	25.43	21.00	4.43		10m²	21.00	4.43		0.25	0.27	1.72
C8-691	管道压力试验（公称直径200mm以内）	100m	0.300	497.79	384.30	75.61	37.89	100m	384.30	75.61	37.89	0.97	1.04	6.98
C8-685	管道消毒、冲洗（公称直径200mm以内）	100m	0.300	144.49	57.40	87.09		100m	57.40	87.09		0.14	0.16	1.74

（续）

序号 40

清单编码	项目名称	计量单位	综合单价	合价/元
031001002009		m	145.25	

消耗量标准编号	项目名称	单位	数量	单价(基价表) 人工费	材料费	机械费	合计	单价(市场价) 人工费	材料费	机械费	合计	管理费 29.34%	利润 31.59%	合价/元
			数量							机械费 30.000		107.66	115.92	145.25
C11-53	管道刷油 防锈漆 第一遍	10m²	1.414	16.80	3.58		20.38	16.80	35.02		20.38	0.20	0.21	2.86
C11-54	管道刷油 防锈漆 第二遍	10m²	1.414	16.80	3.21		20.01	16.80	30.09		20.01	0.20	0.21	2.62

综合人工(建安工程)70.00元/工日　　合计/元　4357.62

材料费明细（本栏单价为市场单价）

主要材料名称、规格、型号	单位	数量	单价	合价	暂估单价	暂估合价
无缝钢管	m	1.015	106.00	107.59		
酚醛防锈漆 各色	kg	0.115	24.00	2.75		
其他材料费(本项目)	元	—	—	8.13		
材料费合计	元	—	—	118.47		

序号 41

清单编码	项目名称	计量单位	综合单价	合价/元
031208002001		m³	2007.72	2007.72

消耗量标准编号	项目名称	单位	数量	单价(基价表) 人工费	材料费	机械费	合计	单价(市场价) 人工费	材料费	机械费	合计	管理费 29.34%	利润 31.59%	合价/元
			数量							机械费 23.38		3975.88	4280.78	46940.43
C11-1772	泡沫玻璃瓦块(管道)安装 管道 φ57以下(厚度40mm)	m³	23.38	676.20	322.97	11.40	1010.57	676.20	966.97	11.40	1010.57	170.05	183.10	2007.72

综合人工(建安工程)70.00元/工日　　合计/元　46940.43

材料费明细（本栏单价为市场单价）

主要材料名称、规格、型号	单位	数量	单价	合价	暂估单价	暂估合价
胶粘剂	kg	33.300	9.00	299.70		
泡沫玻璃瓦块	m³	1.150	560.00	644.00		
其他材料费(本项目)	元	—	—	23.27		
材料费合计	元	—	—	966.97		

（续）

序号 42

清单编码	项目名称	计量单位	数量	综合单价	合价/元
031208002002	泡沫玻璃瓦块（管道）安装 管道 φ133mm 以下（厚度 40mm）	m³	4.42	1599.88	7071.46

清单综合单价组成明细：

消耗量标准编号	项目名称	单位	数量	单价（基价表）				合价			
				人工费	材料费	机械费	合计	人工费	材料费	机械费	合计
C11-1780	管道绝热	m³	4.42	452.20	285.25	10.26	747.71	452.20	901.25	10.26	

综合人工（建安工程）70.00 元/工日	人工费	材料费	机械费	管理费 29.34%	利润 31.59%	综合单价
	452.20	901.25	10.26	113.72	122.44	1599.88
合价				502.65	541.20	7071.46

材料费明细（本栏单价为市场单价）：

主要材料名称、规格、型号	单位	数量	单价（市场价）	合价	暂估单价	暂估合价
胶粘剂	kg	30.000	9.00	270.00		
泡沫玻璃瓦块	m³	1.100	560.00	616.00		
其他材料费（本项目）	元	—	—	15.25		
材料费合计	元	—	—	901.25		

序号 43

清单编码	项目名称	计量单位	数量	综合单价	合价/元
031208002003	泡沫玻璃瓦块（管道）安装 管道 φ325mm 以下（厚度 40mm）	m³	1.11	1512.07	1678.40

清单综合单价组成明细：

消耗量标准编号	项目名称	单位	数量	单价（基价表）				合价			
				人工费	材料费	机械费	合计	人工费	材料费	机械费	合计
C11-1788	管道绝热	m³	1.11	399.00	278.43	10.26	687.69	399.00	894.43	10.26	

综合人工（建安工程）70.00 元/工日	人工费	材料费	机械费	管理费 29.34%	利润 31.59%	综合单价
	399.00	894.43	10.26	100.34	108.04	1512.07
合价				111.38	119.92	1678.40

材料费明细（本栏单价为市场单价）：

主要材料名称、规格、型号	单位	数量	单价（市场价）	合价	暂估单价	暂估合价
胶粘剂	kg	29.150	9.00	262.35		
泡沫玻璃瓦块	m³	1.100	560.00	616.00		
其他材料费（本项目）	元	—	—	16.08		
材料费合计	元	—	—	894.43		

（续）

序号 44

清单编码	031003001001	项目名称	螺纹阀门安装（公称直径20mm以内）	计量单位	个

综合人工（建安工程）70.00元/工日

消耗量标准编号	项目名称	单位	数量	单价（基价表）				单价（市场价）					合价/元
				人工费	材料费	机械费	合计	人工费	材料费	机械费	管理费 29.34%	利润 31.59%	
C8-717	螺纹阀门	个	86	7.00	4.96		11.96	7.00	37.28	32.00	1.76	1.90	47.93
											综合单价		合价/元
											合计	暂估单价	
											151.39	163.00	4122.28

材料费明细（本栏单价为市场单价）

主要材料名称、规格、型号	单位	数量	单价（市场价）	合价	暂估单价	暂估合价
螺纹阀门	个	1.010	—	—		
其他材料费（本项目）	元			4.96		
材料费合计	元			37.28		

序号 45

清单编码	031003003001	项目名称	法兰阀门安装（焊接法兰连接）（公称直径32mm以内）	计量单位	台

综合人工（建安工程）70.00元/工日

消耗量标准编号	项目名称	单位	数量	单价（基价表）				单价（市场价）					合价/元
				人工费	材料费	机械费	合计	人工费	材料费	机械费	管理费 29.34%	利润 31.59%	
C8-740	焊接法兰阀门	台	3	25.90	44.19	21.20	91.29	25.90	93.19	21.20	6.51	7.01	153.82
											综合单价		合价/元
											合计	暂估单价	
											19.54	21.04	461.46

材料费明细（本栏单价为市场单价）

主要材料名称、规格、型号	单位	数量	单价（市场价）	合价	暂估单价	暂估合价
法兰阀门	个	1.000	—	—		
其他材料费（本项目）	元			44.19		
材料费合计	元			93.19		

（续）

序号 46

清单编码	项目名称	计量单位	数量	综合单价	合价/元
031003003002	焊接法兰阀门	个	6	176.41	176.41

清单综合单价组成明细

消耗量标准编号	项目名称	单位	数量	单价（基价表）				单价（市场价）						合价/元
				人工费	材料费	机械费	合计	人工费	材料费	机械费	管理费 29.34%	利润 31.59%	综合单价	
C8-741	法兰阀门安装（连接）（公称直径40mm以内）	台	6	27.30	50.65	21.20	99.15	27.30	113.65	21.20	6.87	7.39		176.41
综合人工（建安工程）70.00元/工日							合计/元							

材料费明细（本栏单价为市场单价）

主要材料名称、规格、型号	单位	数量	单价（市场价）	合价
法兰阀门	个	1.000	63.00	63.00
其他材料费（本项目）	元	—	—	50.65
材料费合计	元	—	—	113.65

序号 47

清单编码	项目名称	计量单位	数量	综合单价	合价/元
031003003003	焊接法兰阀门	个	4	456.57	456.57

清单综合单价组成明细

消耗量标准编号	项目名称	单位	数量	单价（基价表）				单价（市场价）						合价/元
				人工费	材料费	机械费	合计	人工费	材料费	机械费	管理费 29.34%	利润 31.59%	综合单价	
C8-744	法兰阀门安装（连接）（公称直径80mm以内）	台	4	51.10	98.27	37.51	186.88	51.10	341.27	37.51	12.85	13.84		456.57
综合人工（建安工程）70.00元/工日							合计/元							

材料费明细（本栏单价为市场单价）

主要材料名称、规格、型号	单位	数量	单价（市场价）	合价
法兰阀门	个	1.000	243.00	243.00
其他材料费（本项目）	元	—	—	98.27
材料费合计	元	—	—	341.27

（续）

序号 48

清单编码	项目名称
031003003004	法兰阀门

消耗量标准编号	项目名称	单位	数量	单价（基价表）				单价（市场价）			管理费 29.34%	利润 31.59%	综合单价	合价/元
				人工费	材料费	机械费	合计	人工费	材料费	机械费				
C8-745	法兰阀门安装（焊接法兰连接）（公称直径100mm以内）	台	2	63.00	119.42	44.03	226.45	63.00	432.42	44.03	15.84	17.06	572.35	572.35
综合人工（建安工程）70.00元/工日				合计/元							31.69	34.12		1144.71

材料费明细（本栏单价为市场单价）

主要材料名称、规格、型号	单位	数量	单价（市场价）	合价	暂估单价	暂估合价
法兰阀门	个	1.000	313.00	313.00		
其他材料费（本项目）	元	—	—	119.42		
材料费合计	元	—	—	432.42		

序号 49

清单编码	项目名称
031003003005	法兰阀门

消耗量标准编号	项目名称	单位	数量	单价（基价表）				单价（市场价）			管理费 29.34%	利润 31.59%	综合单价	合价/元
				人工费	材料费	机械费	合计	人工费	材料费	机械费				
C8-747	法兰阀门安装（焊接法兰连接）（公称直径150mm以内）	台	6	95.90	203.55	48.93	348.38	95.90	766.55	48.93	24.12	25.97	961.47	961.47
综合人工（建安工程）70.00元/工日				合计/元							144.71	155.80		5768.79

材料费明细（本栏单价为市场单价）

主要材料名称、规格、型号	单位	数量	单价（市场价）	合价	暂估单价	暂估合价
法兰阀门	个	1.000	563.00	563.00		
其他材料费（本项目）	元	—	—	203.55		
材料费合计	元	—	—	766.55		

（续）

序号 50

清单编码	项目名称	计量单位	数量	综合单价/元	合价/元
031003001002	自动排气阀 DN20	个	16	150.63	2410.06

消耗量标准编号	项目名称	单位	数量	单价（基价表）				单价（市场价）					综合单价	合价/元
	螺纹阀门			人工费	材料费	机械费	合计	人工费	材料费	机械费	管理费 29.34%	利润 31.59%		
C8-871		个	16	14.70	8.25		22.95	14.70	128.25		3.70	3.98	150.63	150.63

综合人工（建安工程）70.00 元/工日

主要材料名称、规格、型号	单位	数量	单价（市场价）	合价	暂估单价	暂估合价
自动排气阀 DN20	个	1.000	120.00	120.00		
其他材料费（本项目）	元	—	—	8.25		
材料费合计				128.25		

材料费明细（本栏单价为市场单价）

序号 51

清单编码	项目名称	计量单位	数量	综合单价/元	合价/元
031003001003	螺纹浮球阀安装（公称直径50mm以内）	个	1	250.92	250.92

消耗量标准编号	项目名称	单位	数量	单价（基价表）				单价（市场价）					综合单价	合价/元
	螺纹阀门			人工费	材料费	机械费	合计	人工费	材料费	机械费	管理费 29.34%	利润 31.59%		
C8-778		个	1	16.80	5.34		22.14	16.80	225.34		4.23	4.55	250.92	250.92

综合人工（建安工程）70.00 元/工日

主要材料名称、规格、型号	单位	数量	单价（市场价）	合价	暂估单价	暂估合价
螺纹浮球阀	个	1.000	220.00	220.00		
其他材料费（本项目）	元	—	—	5.34		
材料费合计				225.34		

材料费明细（本栏单价为市场单价）

（续）

序号 52

清单编码	031003008001	项目名称	螺纹过滤器安装（公称直径20mm以内）	计量单位	个

综合人工（建安工程）70.00元/工日

消耗量标准编号	项目名称	单位	数量	单价（基价表）				单价（市场价）				综合单价			合价/元
	除污器（过滤器）			人工费	材料费	机械费	合计	人工费	材料费	机械费		管理费 29.34%	利润 31.59%	综合单价	合价
C8-799		个	43	7.00	4.98		11.98	7.00	37.30	32.00		1.76	1.90	47.95	47.95
											合计/元	75.70	81.50		2061.93

材料费明细（本栏单价为市场单价）

主要材料名称、规格、型号	单位	数量	单价（市场价）	合价	暂估单价	暂估合价
螺纹过滤器	个	1.010	32.00	32.32		
其他材料费（本项目）	元	—		4.98		
材料费合计	元	—		37.30		

序号 53

清单编码	031003008002	项目名称	螺纹过滤器安装（公称直径40mm以内）	计量单位	个

综合人工（建安工程）70.00元/工日

消耗量标准编号	项目名称	单位	数量	单价（基价表）				单价（市场价）				综合单价			合价/元
	除污器（过滤器）			人工费	材料费	机械费	合计	人工费	材料费	机械费		管理费 29.34%	利润 31.59%	综合单价	合价
C8-802		个	3	16.80	13.04		29.84	16.80	91.82	78.00		4.23	4.55	117.39	117.39
											合计/元	12.68	13.65		352.17

材料费明细（本栏单价为市场单价）

主要材料名称、规格、型号	单位	数量	单价（市场价）	合价	暂估单价	暂估合价
螺纹过滤器	个	1.010	78.00	78.78		
其他材料费（本项目）	元	—		13.04		
材料费合计	元	—		91.82		

（续）

序号 54

清单编码	031003008003	项目名称	法兰过滤器安装（公称直径150mm）	计量单位	个	组	数量	1		综合单价	1319.51

消耗量标准编号	项目名称	单位	数量	单价（基准表）				单价（市场价）						综合单价		
	除污器（过滤器）			合计	人工费	材料费	机械费	合计	人工费	材料费	机械费	数量	单价	管理费 29.34%	利润 31.59%	合价
C8-809	法兰过滤器安装（公称直径150mm）	个	1	359.58	107.10	203.55	48.93	359.58	107.10	1107.55	48.93	1.000	1	26.93	29.00	1319.51

综合人工（建安工程）70.00元/工日　合计/元　26.93　29.00　1319.51

材料费明细（本栏单价为市场单价）	主要材料名称、规格、型号	单位	数量	暂估单价	合价	暂估合价
	法兰过滤器	个	1.000	904.00	904.00	
	其他材料费（本项目）	元	—	—	203.55	
	材料费合计	元	—	—	1107.55	

序号 55

清单编码	031003003006	项目名称	法兰阀门安装（焊接法兰连接）公称直径（150mm以内）	计量单位	台	组	数量	1		综合单价	1018.47

消耗量标准编号	项目名称	单位	数量	单价（基准表）				单价（市场价）						综合单价		
	焊接法兰阀门			合计	人工费	材料费	机械费	合计	人工费	材料费	机械费	数量	单价	管理费 29.34%	利润 31.59%	合价
C8-747	法兰阀门安装（焊接法兰连接）公称直径（150mm以内）	台	1	348.38	95.90	203.55	48.93	348.38	95.90	823.55	48.93	1.000	1	24.12	25.97	1018.47

综合人工（建安工程）70.00元/工日　合计/元　24.12　25.97　1018.47

材料费明细（本栏单价为市场单价）	主要材料名称、规格、型号	单位	数量	暂估单价	合价	暂估合价
	法兰止回阀	个	1.000	620.00	620.00	
	其他材料费（本项目）	元	—	—	203.55	
	材料费合计	元	—	—	823.55	

（续）

序号 56

清单编码	项目名称	计量单位	数量	综合单价/元	合价/元
031003010001	螺纹橡胶软接头安装（公称直径20mm以内）	个	86	53.35	4588.13

消耗量标准编号	项目名称	单位	数量	单价（基价表）				单价（市场价）				管理费 29.34%	利润 31.59%	综合单价	合价
				人工费	材料费	机械费	合计	人工费	材料费	机械费	合计				
C8-815	软接头（软管）	个	86	6.30	4.98	—	11.28	6.30	43.76	—		1.58	1.71	53.35	53.35

综合人工（建安工程）70.00元/工日

材料费明细（本栏单价为市场单价）	主要材料名称、规格、型号	单位	数量	单价	合价	暂估单价	暂估合价
	金属软接头	个	1.010	38.40	38.78	146.71	136.26
	其他材料费（本项目）	元	—		4.98		
	材料费合计	元	—		43.76		

序号 57

清单编码	项目名称	计量单位	数量	综合单价/元	合价/元
031003010002	螺纹橡胶软接头安装（公称直径40mm以内）	个	6	126.37	758.22

消耗量标准编号	项目名称	单位	数量	单价（基价表）				单价（市场价）				管理费 29.34%	利润 31.59%	综合单价	合价
				人工费	材料费	机械费	合计	人工费	材料费	机械费	合计				
C8-818	软接头（软管）	个	6	15.40	13.04	—	28.44	15.40	102.93	—		3.87	4.17	126.37	126.37

综合人工（建安工程）70.00元/工日

材料费明细（本栏单价为市场单价）	主要材料名称、规格、型号	单位	数量	单价	合价	暂估单价	暂估合价
	橡胶软接头	个	1.010	89.00	89.89	25.02	23.24
	其他材料费（本项目）	元	—		13.04		
	材料费合计	元	—		102.93		

（续）

序号 58

清单编码	031003010003	项目名称	软接头（软管）	计量单位	个	数量	6	综合单价	合价/元 789.81

消耗量标准编号	项目名称	单位	数量	单价（基价表）				单价（市场价）				综合单价		合价/元
				人工费	材料费	机械费	合计	人工费	材料费	机械费	合计	管理费 29.34%	利润 31.59%	
C8-825	法兰橡胶软接头安装（公称直径150mm）	个	6	91.00	203.55	48.93	343.48	91.00	602.35	48.93	343.48	22.89	24.64	789.81
综合人工（建安工程）70.00元/工日							合计/元					137.31	147.84	4738.84

材料费明细（本栏单价为市场单价）	主要材料名称、规格、型号		单位	数量	单价	合价	暂估单价	暂估合价
	法兰橡胶软接头		个	1.000	398.80	398.80		
	其他材料费（本项目）		元	—		203.55		
	材料费合计		元	—		602.35		

序号 59

清单编码	031006015001	项目名称	水箱	计量单位	台	数量	1	综合单价	合价/元 2807.10

消耗量标准编号	项目名称	单位	数量	单价（基价表）				单价（市场价）				综合单价		合价/元
				人工费	材料费	机械费	合计	人工费	材料费	机械费	合计	管理费 29.34%	利润 31.59%	
C8-1221	矩形钢板水箱安装（总容量1.4m³）	台	1	191.10	16.20		207.30	191.10	2516.20		207.30	48.06	51.74	2807.10
综合人工（建安工程）70.00元/工日							合计/元					48.06	51.74	2807.10

材料费明细（本栏单价为市场单价）	主要材料名称、规格、型号		单位	数量	单价	合价	暂估单价	暂估合价
	矩形水箱 1.4m³		个	1.000	2500.0	2500.00		
	其他材料费（本项目）		元	—		16.20		
	材料费合计		元	—		2516.20		

（续）

序号 60

清单编码	030601001001	项目名称	温度仪表 压力式温度计/控制器/控制开关（毛细管长10m以下）										综合单价	合价/元 190.96
消耗量标准编号	项目名称	单位	数量	单价（基价表）				计量单位	单价（市场价）			管理费 29.34%	利润 31.59%	合价/元
				人工费	材料费	机械费	合计		人工费	材料费	机械费			
C10-3	温度仪表 压力式温度计/控制器/控制开关（毛细管长10m以下）	支	3	46.90	11.60	5.76	64.25		46.90	23.60	5.76	11.79	12.70	100.75
C10-596	温度计套管安装 碳钢	个	3	18.20	1.94	8.55	28.69		18.20	36.94	8.55	4.58	4.93	73.20
C10-595	取源部件配合安装	个	3	10.50	1.03		11.53		10.50	1.03		2.64	2.84	17.01
综合人工（建安工程）70.00元/工日							合计/元					57.04	61.41	572.88

材料费明细（本栏单价为市场单价）

主要材料名称、规格、型号	单位	数量	单价（市场价）	合价/元
插座 带丝堵	套	1.000	12.00	12.00
温度计套管	个	1.000	35.00	35.00
其他材料费（本项目）	元	—	—	14.57
材料费合计	元	—	—	61.57

序号 61

清单编码	030601002001	项目名称	压力仪表 压力表、真空表										综合单价	合价/元 17.01
消耗量标准编号	项目名称	单位	数量	单价（基价表）				计量单位	单价（市场价）			管理费 29.34%	利润 31.59%	合价/元
				人工费	材料费	机械费	合计		人工费	材料费	机械费			
C10-25	压力仪表 压力表、真空表 就地	台（块）	3	32.90	6.13	0.36	39.39		32.90	36.13	0.36	7.92	8.53	
C10-595	取源部件配合安装	个		10.50	1.03		11.53		10.50	1.03		2.64	2.84	17.01
综合人工（建安工程）70.00元/工日							合计/元							51.04

材料费明细（本栏单价为市场单价）

主要材料名称、规格、型号	单位	数量	单价（市场价）	合价/元
其他材料费（本项目）	元	—	—	1.03
材料费合计	元	—	—	1.03

7）结果整理，按照6.3.6节中介绍的整理形式和各种表格的先后次序将其装订成册，就形成了工程量清单标价表。

6.4.3 对比分析

对照4.6节的施工图预算可以看出，施工图预算所得到的工程项目投资预算价格和采用工程量清单计价得到的标价表从数字上来看是不一样的，不同投标人在进行清单计价时的综合单价也不同，工程量清单计价充分反映了投标单位的综合实力。从工程量清单综合单价分析表中可以看出，采用工程量清单计价，每个分项项目包含的内容更加具体、明确。

复习思考题

1. 什么是工程量清单？工程量清单有哪些类型？
2. 清单工程量计算规则的主要特点是什么？
3. 简述工程量清单计价的特点。
4. 简述工程量清单计价的基本原理。
5. 工程量清单编制依据有哪些？
6. 分部分项工程量清单计价的综合单价如何构成？

第 7 章

建筑安装工程施工组织管理

7.1 建筑安装工程施工组织设计概述

7.1.1 施工组织设计的任务

施工组织设计的任务就是根据施工图及建设单位对工期的要求选择经济合理的施工方案。其具体内容有：

1）在工程招投标过程中，施工组织设计作为投标文件的重要内容之一，根据标书的要求，通过选择科学、先进的施工技术，合理、适用的施工组织与管理方法，向发包方充分阐述对招标工程的理解、对承揽工程的设想、承揽工程后的总体施工安排及对发包方的承诺，从而体现企业的总体实力，赢得发包方对企业的初步信任，并结合其他方面的工作，达到承揽工程的目的。

2）承揽工程后，确定开工前必须完成的各项准备工作。

3）计算工程量，合理部署施工力量，确定劳动力、施工机具、各种材料和预制加工件的需要量和供应方案。

4）确定合理的施工方案，选择机械设备。

5）安排合理的工程施工程序和编制施工进度计划。

6）制定确保工程质量及安全生产的，技术上先进、经济上合理的各项技术组织措施。

7）绘制施工现场的设备、材料、仓库、办公室、作业棚、临时水电线路等的平面布置图。

把上述问题加以综合考虑，并做出合理的安排，就形成指导施工生产的技术经济文件——施工组织设计。它既是施工准备工作的重要组成部分，又是指导施工现场准备工作，全面部署施工生产活动，控制施工进度、劳动力、材料、机具调配的基本依据。对实现有组织、有计划、有秩序地施工，以达到多快好省地完成建筑安装工程的施工生产任务起着决定性的作用。

7.1.2 施工组织设计的作用

1）通过编制施工组织设计，可以根据施工的各种具体条件制定拟建工程的施工方案，确定施工顺序、施工方法、劳动组织和技术组织措施。

2）确定施工进度，保证拟建工程按照预定的工期完成。

3）在开工前了解所需材料、机具和人力的数量及使用的先后顺序。

4）合理安排临时建筑物和构筑物，并和材料、机具等一起在施工现场做合理的布置。

5）预计到施工中可能发生的各种情况，从而事先做好准备工作。

6）把工程的设计与施工、技术与经济、公司总部与现场、整个施工单位的施工安排和具体工程的施工组织更紧密地联系起来，把施工中的各单位、各部门、各阶段、各建筑物之间的关系更好地协调起来。

充分做好前期准备工作，是确保建筑安装工程项目完成的基础。一个高水平的施工组织设计，可以起到统筹全局、提高预见性、掌握主动权、调动各个方面积极性的作用，使建筑安装工程项目能高速、优质、更好地建成运营。

7.1.3　施工组织设计的内容

根据编制目的的不同，施工组织设计可分为两种：第一种是在工程项目招标投标阶段编制的施工组织设计；第二种是为工程项目施工而编制的施工组织设计，本章主要介绍该部分内容。

按其在不同阶段工程的规模、特点以及工程的技术复杂程度等因素，可相应地编制不同深度与各种类型的施工组织设计。一般可分为施工组织总设计、单位工程施工组织设计和分部分项工程施工组织设计三类。

1. 施工组织总设计

施工组织总设计是以一个建筑群或一个建设项目为编制对象，用以指导整个建筑群或建设项目施工全过程各项施工活动的综合性技术经济文件。施工组织总设计一般在初步设计或扩大初步设计被批准之后，在总承包企业的总工程师主持下进行编制。

施工组织总设计的内容主要由以下五个方面组成：工程概况、施工部署及主要建筑的施工方案、施工总进度计划、施工总平面图，以及技术经济指标。现分述如下：

（1）工程概况　在工程概况中应说明建设工程的名称、性质、规模、总期限，分期分批投入使用的项目、期限；总占地面积、建筑面积、主要工种工程量、设备安装及其吨数；总投资、建筑安装工作量（包括工厂区和生活区）；生产工艺流程；建筑结构类型、特征及复杂程度。另外，还应说明建设地区的地形、地质、水文、气象情况；施工力量及条件，即能为本工程服务的施工单位人力、机具、设备情况；材料的来源及供应情况，建筑构件及其他加工件的生产能力；交通情况及当地能提供给本工程施工用的水、电、建筑物等情况，以及业主对本建设工程的要求等。概括起来，就是对工程总的说明。

（2）施工部署及主要建筑的施工方案　施工部署是对工程总的规划和安排，因此带有全局性的战略意图，而施工方案则是针对某一重点工程而言的，是一项具体的战术。施工部署和施工方案分别为施工组织总设计和单个建筑物施工组织设计的核心。施工部署和施工方案的正确与否，直接影响到建设项目的进度、质量和成本三大指标能否顺利实现。

在施工部署中，要阐述国家、主管部门和业主对本建设工程的要求，建设项目的性质，并确定各建筑物总的开工顺序。另外要规划好有关全工地性的为施工服务的建设项目，如水、电、道路及临时房屋的建设，预制构件厂和其他工厂的数量及其规模，生活供应上需要采取的重大措施，确定是否需要设置中心仓库及其规模等。对重点工程的施工方案，只需原则性地提出方案性问题，详细的施工方案和措施在编制单位工程施工组织设计时再确定。

（3）施工总进度计划　施工总进度计划是根据施工部署中所决定的各建筑物的开工顺序、施工方案和施工过程中设置的人力、物力等，通过计算或参照类似建筑物的工期，定出各主要建筑物的施工期限和各建筑物之间的搭接时间，用进度表的形式表现出来的用以控制施工时间进度的指导文件。可用下列需要量计划表给出：

1）劳动力需要量计划表。

2）主要材料、成品及半成品需要量计划表。

3）主要施工机具需要量计划表。

4）大型临时设施需要量计划表。

（4）施工总平面图　施工总平面图是表示建设区域内原有的和拟建的地上或地下建筑物、构筑物、道路、管道及施工时的材料仓库、运输线路、附属生产企业、给水、排水、供电及临时建筑物等总的规划布置图。施工总平面图是一个具体指导现场施工的空间部署方案，对于指导现场进行有组织、有计划的文明施工，具有重大意义。

施工总平面图必须符合当地规划和城管部门的规定且紧凑合理，由于不同施工阶段对现场的要求不同，可以分别绘制地下工程、主体结构和装修工程的施工总平面图。

施工组织总设计中的施工总进度计划、施工总平面图以及各种供应计划等都是按照施工部署的设想，通过一定的计算，用图表的方式表达出来的。也就是说，施工总进度计划是施工部署在时间上的体现，而施工总平面图则是施工部署在空间方面的体现。

（5）技术经济指标　技术经济指标是用来衡量企业的生产能力、技术水平，找出与同行业的差距的具体经济数据。主要包括以下几个指标：

1）施工周期。即从主要项目开工到全部项目投产使用所需要的时间。

2）全员劳动生产率 [元/（人·年）]。

3）非生产人员比例。即管理、服务人员数与全部职工人数之比。

4）劳动力不均衡系数。即施工期高峰用工人数与平均用工人数之比。

5）单位面积用工数（工日/m² 竣工面积）。

6）临时工程费用比。即临时工程费与工程总值之比。

7）综合机械化程度。即机械化施工工作量与工程总工作量之比。

8）单位体积、面积工程造价。

2. 单位工程施工组织设计

单位工程施工组织设计是以单位或单项工程为编制对象，用以指导其施工全过程的各项施工活动的综合性技术经济文件。其内容与施工组织总设计类同，但更为具体详细。单位工程施工组织设计一般在施工图设计完成后，在拟建工程开工之前，由该工程项目部的技术负责人主持下进行编制。

3. 分部分项工程施工组织设计

分部分项工程施工组织设计是以分部分项工程为编制对象，由单位工程的技术人员负责编制，用以具体实施其分部分项工程施工全过程的各项施工活动的技术、经济和组织的综合性文件。对于工程规模大、技术复杂或施工难度大的建筑物或构筑物，在编制单位工程施工组织设计之后，常需对某些重要的又缺乏经验的分部分项工程再深入编制施工组织设计。

施工组织总设计是对整个施工项目的通盘规划，是全局性技术经济文件。因此，应首先制定施工组织总设计作为整个施工项目施工的全局性指导文件。然后在总的指导文件规划下再深入研究各个单位工程，对其中的主要建筑物分别编制单位工程施工组织设计。就单位工程而言，对其中技术复杂或结构特别重要的分部分项工程，还需要根据实际情况编制若干分部分项工程的施工组织设计。

7.1.4 施工组织设计的编制

1. 施工组织总设计的编制依据及程序

编制施工组织总设计一般需要依据下列资料。

（1）计划文件 计划文件是指根据国家批准的文件，如要求本工程交付使用的期限、单位工程一览表等。

（2）设计文件 设计文件包括初步设计或扩大初步设计文件。

（3）有关现行规范、规程（规定）、定额等 如概算指标、扩大结构定额、万元指标或各单位自己累积统计的类似建筑所需消耗的劳动力、材料以及工期等指标。

（4）建设地区的调查资料 包括施工中可能配备的人力、机具装备和施工准备工作中所取得的有关建设地区的自然条件及技术经济条件等资料，如有关地形、地质、水文、气象、资源供应、运输能力等。

施工组织总设计的编制程序如图7-1所示。

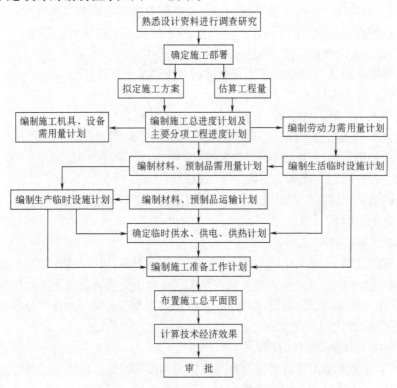

图7-1 施工组织总设计的编制程序

2. 单位工程施工组织设计的编制依据及程序

编制单位工程施工组织设计一般依据下列资料：

　　1）建设单位对本工程的要求：如开竣工日期、质量要求、某些特殊施工技术的要求、采用何种先进的技术、计划材料提供情况、施工图供应计划以及建设单位可提供的条件（如施工用临时建筑、水电气供应、食堂及生活设施等）。

　　2）施工组织总设计：当该单位工程是建筑群的一个组成部分时，要根据施工组织总设计的既定条件和要求来编制单位工程施工组织设计。

　　3）施工单位对本工程可提供的条件，如劳动力、主要施工机械设备、各专业工人数以及年度计划。

　　4）工程地质勘探资料、地形图、当地气象资料。

　　5）本工程施工用水、电、气等供应情况，如供应量、水压、电压以及供电的连续性等情况。

　　6）建筑材料、半成品、成品等的供应情况，如主要材料、成品、半成品的来源，运输条件，运距以及价格，货源是否充足，水运封冻时间，铁路运输的转运条件。

　　7）施工图中所需设备、附件的标准图集，国家及地区的规定、规范、定额、操作规程。

　　8）施工单位对类似工程的施工经验资料。

　　9）工程施工协作单位的情况，设备安装进场的时间。

　　10）当地政治、经济、文化、生活、商业以及市场供应情况。

　　11）对本工程的特殊施工技术要求和特殊施工条件。

　　12）本工程的施工图、施工图预算及施工预算书。

　　单位工程施工组织设计的编制程序如图 7-2 所示。

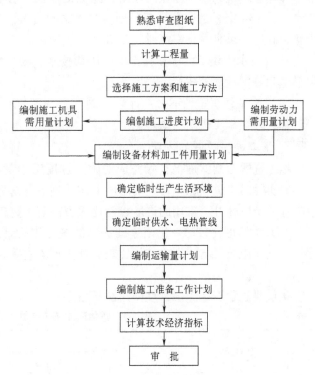

图 7-2　单位工程施工组织设计的编制程序

7.2　建筑安装工程施工的进度控制

7.2.1　施工进度的控制

1. 施工进度控制的含义和目标

　　施工进度控制是保证施工项目按期完成、合理安排资源供应、节约工程成本的重要措施。它是指在合同约定的工期内，编制出最优的施工进度计划，并在组织实施该项进度计划时，经常检查施工的实际进度情况，并将其与原进度计划相比较，若出现偏差，及时分析产生的原因和对工期的影响，制定出必要的调整措施，使其按计划运行，直至工程交工验收。

施工进度控制的目标是确保施工项目既定目标的实现，或在保证施工质量和不因此而增加施工实际成本的前提下，适当缩短工期。

2. 影响施工进度的因素

由于工程项目的特点不同，尤其是较大和较复杂的施工项目，工期较长、相关社会单位协作关系较多，在施工过程中，必然会受到人的因素、施工机具、材料、施工方法、作业环境和社会环境的干扰，而影响施工进度的有序进行。特别是以下几项原因影响工程进度更甚，尤当重视。

（1）相关单位的影响　如建设资金不到位，设备、材料供应不及时，水、电供应不正常等都能造成现场施工作业的停工，拖延工程施工进度计划的完成。

（2）施工条件的变化　工程地质与水文地质条件与勘察设计不符，气候恶劣，如暴雨、严寒、高温、洪水等，都能对施工进度产生影响。

（3）技术失误　由于在施工中采用新技术、新材料、新结构缺乏施工经验而造成事故，影响施工进度计划的执行。

（4）施工组织管理不力　计划不周、管理不善、资源配置与动态调配不合理、不及时等，都会影响施工进度计划。

3. 施工进度控制的方法

施工进度控制就是将实际完成的施工进度工程量与施工进度计划相比较，分析是否符合。如实际施工进度在相对应的时间上比计划进度落后，就要找出产生偏差的原因，采取相应措施，予以弥补。常用的进度控制比较方法有下述三种。

（1）横道图比较法　用横道图编制的施工进度计划，是按工程的实施进度情况，随时记录，把实施结果与计划要求相比较。此法形象直观、编制简单、使用方便，目前仍被广泛采用。

某供暖工程安装施工进度横道图见表7-1。

表7-1　某供暖工程安装施工进度横道图

编号	工作名称	工作时间/天	施 工 进 度
			1　2　3　4　5　6　7　8　9　10　11　12　13　14　15　16　17
1	散热器安装	10	▬▬▬▬▬▬▬▬▬▬
2	干管安装	5	▬▬▬▬▬
3	立支管安装	10	▬▬▬▬▬▬▬▬▬▬
4	刷油、保温	5	▬▬▬▬▬

（2）"S"曲线比较法　按照计划累计完成量与时间对应绘出的轨迹曲线称为进度曲线。由于其形状像字母"S"，故俗称"S"曲线，如图7-3所示。

将实际施工完成量累计值与时间对应点描绘在"S"曲线图上时，当实际完成点在"S"曲线下方，表示工程施工拖期、拖量；如实际完成点在"S"曲线上方，则表示工程施工提前、超量。此方法较横道图比较法更为直观而且量化。

（3）"香蕉"曲线比较法　按照一个工程施工进度的网络计划理论，每项工作总是分为最早（ES）和最迟（LS）两种开始与完成时间，按各项工作的最早开始时间与最迟开始时间绘制的、计划累计完成量和时间相对应的两条闭合的"S"形曲线（分别称为 ES 曲线和 LS 曲线），其形状很像香蕉，故俗称"香蕉"曲线，如图 7-4 所示。

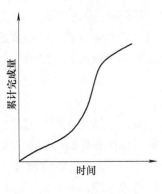

图 7-3　"S"曲线示意图

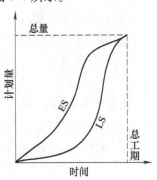

图 7-4　"香蕉"曲线示意图

在项目的实施过程中，进度控制的理想状态是任意时刻按实际进度绘制的点落在 ES 曲线和 LS 曲线形成的"香蕉"区域内，当实际完成累计值与时间对应点落在 ES 曲线之上或 LS 曲线以下时，说明资源投入过剩或资源投入不足，或者还有其他原因，要及时分析，找出原因，采取措施，使实际施工进度能按进度计划正常进行。

4. 施工进度控制的措施

工程施工过程中，不可避免地会遇到许多因素的干扰，所以随时都会出现不能按原定施工进度计划进行的情况，如拖期、拖量或工期大大超前等问题。出现这种偏差，要认真分析原因，采取相应的措施予以弥补，使之能按原进度计划正常运行。可采取的主要措施有以下几种。

（1）组织措施　改善劳动组织，增加资源投入，改变施工作业次数等。

（2）技术措施　改善施工方法，采用先进高效的施工手段等。

（3）经济措施　采用节点考核与控制，规定经济奖惩管理办法。

（4）合同措施　利用合同条款促进分包单位改善进度作业管理等。

5. 施工进度控制的程序

1）确定合理的施工顺序，作为编制施工进度计划的依据。

2）编制施工进度计划，作为现场开展施工生产活动、控制施工进度的依据。

3）编制设备、材料进场的顺序和供应计划，以保证施工进度计划的正常实施。

4）审核施工进度报告，进行工程进度的检查。

5）绘制施工进度曲线，用于施工进度比较与评估。

6）进行工程的动态管理，针对进度偏差提出调整的措施与方案，相应调整施工进度计划、设备材料供应计划、人力计划和资金计划，必要时调整工期目标。

7）编写施工进度报告，定期向业主、监理单位及上级单位报告施工进展情况。

8）项目竣工验收前抓紧收尾阶段进度控制，全部任务完成后进行进度控制总结，并编写进度控制报告。

7.2.2　施工进度计划的作用和任务

1. 施工进度计划的作用

施工进度计划是施工组织设计中不可缺少的重要组成部分，是施工进度控制的重要工具，是建设工程中施工部署、施工方案和施工活动在时间上的具体体现，是指挥施工生产的重要依据。它对于保证建设项目的按期交付使用、充分发挥其投资效果、降低工程成本有着重要的意义。

2. 施工进度计划的任务

施工进度计划的基本任务，是根据施工部署和施工方案，采用先进的计划理论和计算方法，合理地确定各单位工程的控制工期、施工顺序以及相互衔接和穿插的配合关系与时间安排，以期达到合理的运用人力、物力和财力，保证在规定的工期内完成质量合格的工程任务。同时，施工进度计划也是编制年、季、月施工作业计划的基础，是确定不同施工期内劳动力以及物质资料需要量的依据。

7.2.3　施工进度计划的分类和内容

1. 施工进度计划的分类

施工进度计划的分类见表7-2。

表7-2　施工进度计划的分类

分类	计划	备　注
按编制时间不同分类	年度项目施工进度计划 季度项目施工进度计划 月项目施工进度计划 旬日项目施工进度计划	根据项目的规模大小、复杂程度、施工顺序等确定
按编制对象不同分类	施工总进度计划 单位工程进度计划 分阶段工程进度计划 分部分项工程进度计划	施工总进度计划是对整个施工项目的进度全局性的战略部署，其内容和范围比较广泛和概括；单位工程进度计划是在施工总进度计划的控制下，以施工总进度计划和单位工程的特点为依据编制的；分阶段工程进度计划是以单位工程进度计划和分阶段的具体目标要求编制的，把单位工程内容具体化；分部分项工程进度计划是以前述三个进度计划为依据编制，针对具体的分部分项工程进一步使进度控制具体化、可操作化
按编制内容分类	完整的项目施工进度计划 简化的项目施工进度计划	对于工程规模大、内容复杂、技术要求高的施工项目须编制内容详尽的完整施工进度计划；反之，则可编制一个内容简单的施工项目进度计划

2. 施工进度计划的内容

1）施工总进度计划的内容见表7-3。

表7-3　施工总进度计划表

序号	工程名称	建筑指标		设备安装指标	造　价					进　度　计　划							
		单位	数量		合计	建筑工程	设备安装	管道安装	电气安装	第一年				第二年			
										一季度	二季度	三季度	四季度	一季度	二季度	三季度	四季度

2）单位工程进度计划的内容见表7-4。

表7-4　单位工程进度计划表

序号	分部分项工程名称	工程量		定额	劳动量		机械		工作班次	每班人数	工作日	进度计划								
		单位	数量		工种	数量	名称	台班				月			月			月		
												10	20	30	10	20	30	10	20	30

7.2.4　施工进度计划的编制依据和步骤

1. 施工进度计划的编制依据

施工进度计划按照不同的施工组织设计，一般可分为施工总进度计划、单位工程施工进度计划和分部分项工程进度计划。施工总进度计划属于控制性的，单位工程和分部工程施工进度计划多属于实施性的。按其表达形式又可分为横道图（日历指示图表）和网络计划图两种形式。无论采用哪种方式，其编制的依据基本上是相同的，主要有以下几种：

1）工程的全部施工图、变更等设计资料。

2）施工现场的有关水文、地质、气象资料及交通运输、施工场地条件等。

3）合同规定的开工、竣工日期。

4）主要施工过程的施工方案及措施、施工顺序、流水段划分等。

5）施工预算。

6）劳动定额及机械使用定额。

7）劳动力、材料、机械供应能力，土建单位配合安装施工的能力和施工进度情况。

8）施工用水、用电及与其他项目穿插施工的要求等。

2. 施工进度计划的编制步骤

（1）确定施工过程项目　任何一项工程的建造都是由许多施工过程所组成的。每一个施工过程只能完成工程的一部分，应把所有施工过程项目按工程施工顺序排列填写在施工进度计划表上。

为了保证施工进度表明晰、准确，符合工程实际情况的要求，真正达到控制工程进度、协调各项辅助工作的目的，在确定项目的施工过程时，首先应尽量减少施工过程的数目，能够合并的过程尽可能予以合并。如采暖工程中的散热器安装就可以作为一个施工过程，而不必分为搬运、裁钩、组对、试压、抬挂、安装等几个施工过程；其次，施工项目的划分应结合施工方法来考虑，以保证施工进度计划表能够完全符合施工进展的实际情况，例如，采暖工程的管道安装工程就可分为干管安装（焊接）和立支管安装（螺纹连接）两个施工过程。

（2）计算工程量　工程量计算应根据施工图和工程量计算规则进行，一般可采用施工图预算的数据，但应注意以下几个问题：

1）计量单位应与现行定额的单位一致。

2）要结合各分部分项工程的施工方法和安全技术的要求计算工程量。

3）要按施工流水段的划分，列出分层、分段的工程量，便于安排进度。

4）可与施工预算的编制同时进行，避免重复。

（3）确定劳动量和机械台班数量 根据施工过程的工程量、施工方法和地方颁发的施工定额，并参照施工单位的实际情况，确定计划采用的定额（时间定额和产量定额），以此计算劳动量和机械台班数：

$$P = \frac{Q}{S} \tag{7-1}$$

$$P = QH \tag{7-2}$$

式中　P——施工过程所需劳动量（工日）或机械台班数（台班）；

　　　Q——施工过程的工程量；

　　　S——计划采用的产量定额或机械产量定额；

　　　H——计划采用的时间定额或机械时间定额。

（4）确定工作班次、每班机械与工人数量以及施工天数 工作班次的选择，应根据具体情况而定。在正常情况下宜采用一班制，但遇到特殊情况时可采用两班制或三班制工作。如有些施工过程，由于施工工艺要求必须连续施工，此时就要采用三班制施工；有些工程则由于工期要求较紧，工作面有限或工人数量不能满足要求，需结合具体情况采用两班或三班制生产。

施工过程的施工天数一般有两种确定方法，一是根据施工单位所具有的人力、物力的实际能力和工作面大小安排施工过程的持续时间，可按下式计算：

$$T = \frac{P}{nb} \tag{7-3}$$

式中　T——完成某分项工程的施工天数；

　　　P——某分项工程所需的劳动量或机械台班量；

　　　n——每班安排在某分项工程上的施工机械台数或工人数；

　　　b——每天工作班次。

另一种是按照工期要求倒排进度，确定施工天数。当工程工期由上级决定或有每天所需要的劳动力和机械数时，如果人力和机械不能满足要求，则可考虑增加工作班次；如工作面有限，则应最大限度地组织立体交叉、平行流水施工，充分利用工作面。同时应采取一些必要的技术措施，确保按期完成施工生产任务。

7.2.5 流水施工、网络图及进度表

施工进度计划是施工组织设计中的关键环节，在编制施工进度计划时，应明确了解工程项目施工的方法及施工的组织形式。流水施工是一种比较优越的生产组织方法，是现代建筑安装施工生产活动中最有效、最科学的组织方法。

1. 流水施工

流水施工是将建筑物划分为几个安装施工段，组织若干个班组（或工序），按照一定的施工顺序，一定的时间间隔，依次从一个施工段转移到另一个施工段，使同一施工工程的施工班组保持连续、均衡地进行，不同的施工过程尽可能平行搭接施工。

（1）流水施工的组织方式 在一个施工项目分成若干个施工区段进行施工时，可以采取依次施工、平行施工和流水施工三种组织方式。

依次施工组织方式是将施工项目的整个施工过程分解成若干个施工过程，按照一定的施工顺序，完成了前一个施工过程后，再开始下一个施工过程的施工。它是最原始、最基本的施工组织方式。它的特点是施工组织管理比较简单、单位时间内投入的资源量较少，但由于没有充分利用工作面去争取时间，故占有工期长，劳动力的使用不能保证连续。

平行施工组织方式是在拟建工程任务进度要求紧迫、工作面允许和资源保证供应的条件下，组织几个相同的施工队伍，在同一时间内、不同的空间上进行施工。它的特点是缩短了施工工期，但是劳动力的使用仍然不能保证连续，同时使施工组织管理复杂化。

流水施工组织方式的特点有：

1）科学地利用了施工工作面，工期比较合理。

2）实现了专业化施工，能够保证工程质量、提高劳动生产率。

3）施工队做到了连续施工，使相邻施工队之间实现了最大限度的合理搭接。

4）单位时间投入的资源量较为均衡，有利于资源供应的组织工作。

5）为现场的文明施工和科学管理创造了有利的条件。

（2）流水施工的方法　由于建筑物的复杂程度不同，平立面多变，工程性质各异，所以组织流水施工的方法各不相同，具体方法有以下几种：

1）流水段法。流水段法就是把建筑物（群）划分为若干个劳动量大致相等的施工段，组织若干个在工艺上联系密切的专业施工队，使其依次从一个施工段转移到另外一个施工段，以同样的时间重复完成同样的工作。它包括全等节拍流水施工法和成倍节拍流水施工法两种。

2）流水线法。施工中经常遇到延伸很长的线路、管道工程等，其特点是结构比较一致，工程量分布均匀，称为线性工程。在组织线性工程流水施工时，将线性工程划分为若干个施工过程，并对各施工工程进行分析，找出一个起决定作用的主导施工过程，以主导施工过程的进度确定其他施工过程的进度。组织若干个在工艺上联系密切的专业施工队，按一定的工作顺序相继投入生产，各施工队以不变的速度沿着线性工程不断向前移动。

流水线法在组织上比较简单，用起来比较容易，仅适用于线性工程。流水线法与流水段法的区别是：流水线法没有明确施工段，只有每班移动速度，如果把一个班组向前进展的长度看作一个施工段，则流水线法与流水段法相同。

3）分别流水法。分别流水法又称无节奏流水施工，是指同一施工过程流水节拍不完全相等、不同施工过程流水节拍也不完全相等的流水施工方式。流水段法、流水线法是在流水参数不变的条件下才能使用的。由于建筑安装过程种类多、情况复杂，工艺结构及施工条件又是如此多变和不同，这给组织流水施工带来一定的困难。对整个建筑安装过程要采用适合各施工过程的同一流水参数，往往难以办到，在这种情况下就应采用分别流水法来组织施工。其特点是：各施工班组依次在各施工段上可以连续施工，但各施工段上并不经常都有施工班组工作，因为无节奏流水施工中，各工序之间不像组织节拍流水那样有一定的时间约束，所以在进度安排上比较灵活。

2. 网络图

工程施工进度计划通常是用图表的形式来表示的，如横道图和网络图等。

网络计划技术是通过网络图（以规定的网络符号及其图形）的形式，反映和表达计划工作之间的相互制约和依赖关系，选择最优方案，组织、协调和控制生产（施工）的进度和费用，使其达到预定目标的科学管理方法。

（1）网络图的编制原理

1）把一项工程的全部施工过程分解成若干项工作（项目结构分解），并按各项工作开展顺序和相互制约关系，绘制成网络图。

2）通过网络图各项时间参数计算，找出施工过程中的关键工作和关键路线。

3）利用最优化原理，不断改进网络计划初始方案，直至找出最优方案。

4）在网络计划执行过程中，对其进行有效的监督和控制，以最少的资源消耗，获得最大的经济效益。

（2）网络图的表示方法 网络图是由箭线和节点组成，用来表示工作流程的有向网状图形。网络图的表示方法有双代号网络图和单代号网络图，分别如图7-5和图7-6所示。双代号网络图是当前建筑施工网络图中最常用的一种网络图。

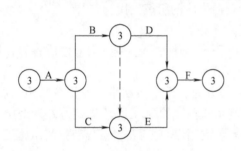

图7-5 双代号网络图

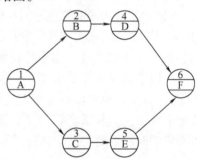

图7-6 单代号网络图

双代号网络图中，箭线表示一项工作所占用时间。箭线的箭尾表示该工作的开始，箭头表示该工作的结束；箭线两端的圆圈，称为节点，表示该工作开始和结束的时刻。工作名称写在箭线上（如A），该项工作的持续时间写在箭线下。

虚箭线仅在双代号网络图中使用。它表示一项虚拟的工作（简称虚工作），用来使网络图中工作之间相互依存和相互制约的逻辑关系得到正确的表达；虚箭线是表示在网络图中某项工作必须要在另一项工作结束之后才能开始。它不消耗资源，持续时间为零。

单代号网络中，由一个节点代表一项工作，箭线仅表示相邻工作之间的逻辑关系。单代号节点所表示的工作名称、持续时间和工作代号均应标注在节点内。

网络图必须按照一定的逻辑关系绘制。

（3）网络图的绘制规则

1）按工作本身的逻辑顺序连接箭线。绘制网络图之前，要正确制定整个过程的施工方案并确定施工顺序，列出工作项目、掌握整个工程的工艺流程和工作项目之间的搭接关系，在这个基础上，才能根据施工的先后次序逐步地把代表各工作的箭线连接起来，绘制成网络图。

2）网络图中禁止出现循环回路。

3）网络图中不允许出现编号相同的箭线。网络图中每一根箭线都各有一个开始节点编号和一个结束节点编号，编号不能重复，一项工作只能有唯一的编号。

4）工序的起始必须在节点处，不能在箭线中段。有时不等上一工序全部完成或上一工序完成一部分就要进行下一工序时,可把上一工序分解为两个工序。

5)在一个网络图中只允许出现一个起始节点和一个终点节点,而其他节点均为中间节点。

6)应正确表示网络图中各工作之间的逻辑关系。在网络图中,根据施工工艺和施工组织的要求,应正确反映各项工作之间的相互依赖和相互制约的逻辑关系。

(4)网络图的绘制步骤

1)由于在一般情况下,均先给出紧前工作,故第一步应根据已知的紧前工作确定紧后工作。

2)确定各个工作开始节点的位置号和完成节点的位置号。

3)根据节点位置号和逻辑关系绘制初始网络图。

4)检查初始网络图有无逻辑错误,如与已知条件不符,则可将竖向虚工作或横向虚工作进行改正,改正后的网络图中各个节点的位置号不一定与初始网络图中的节点位置号相同。

【例7-1】　已知网络图条件见表7-5,试绘制双代号网络图。

表7-5　网络图条件

工　作	A	B	C	D	E
紧前工作	—	—	A、B	—	B、D

【解】　按下列步骤和方法绘制网络图:

(1)列出各工作的相互关系表　工作位置关系见表7-6。

1)按紧前工作确定紧后工作。例如,C的紧前有A、B,则A、B的紧后一定含有C;E的紧前有B、D,则B、D的紧后一定含有E。

2)确定开始节点位置号。

①无紧前工作的开始节点位置号为零,如工作A、B、D。

②有紧前工作的开始节点位置号等于其紧前工作开始节点位置号的最大值加1。如E、C的紧前工作节点位置号为零,所以E、C的开始节点位置号等于1。

3)确定完成节点位置号。

①有紧后工作的节点位置号等于其紧后工作的开始点位置号的最小值。如工作A、B、D的紧后工作C、E的开始节点位置号等于1。所以A、B、D的完成节点位置号为1。

②无紧后工作的完成节点位置号等于有紧后工作完成节点最大位置号加1。如C、E工作完成节点位置号为2。

表7-6　工作位置关系

工作名称	A	B	C	D	E
紧前工作	—	—	A、B	—	B、D
工作名称	A	B	C	D	E
紧前工作	—	—	A、B	—	B、D
紧后工作	C	C、E	—	E	—
开始节点位置号	0	0	1	0	1
完成节点位置号	1	1	2	1	2

（2）绘制网络图 网络图如图7-7所示。

图中，1、2、3、4、5表示节点序号；A、B、C、D、E表示工作。带指向的直线表示工作的紧前或紧后关系，可注明资源负荷。带指向的虚线表示工作的紧前或紧后关系，不带资源，称为虚工作。

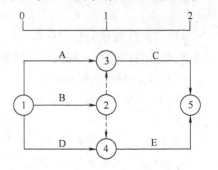

图7-7 【例7-1】的网络图

（3）网络计划时间参数的计算 网络计划时间参数的计算包括关键线路持续时间的计算，各个工作最早可能开始和结束时间的计算，各个工作最迟必须开始和结束时间计算，各节点最早可能、最迟必须时间的计算和非关键线路上时差（机动时间、富裕时间、时间储备）的计算。这些参数的计算，可以采用不同的方法，如图算法、表算法和电算法等。

1）关键线路的计算。网络图中从起点节点开始，沿箭线方向顺序通过一系列箭线和节点，最后到达终点节点的通路称为线路。在不影响计划工期的前提下，机动时间最小的工作称为关键工作。

网络计划中自始至终全由关键工作组成的线路，位于该线路上的各工作总持续时间最长的线路称为关键线路。一个网络计划中，至少有一条关键线路。在这条关键线路上，施工过程的总工期即为整个工程的工期，这条线路上的每项工作的提前和延期，都影响着整个工程的工期。因此，必须抓紧这条线路上的每项工作（工序）的生产进度，才能保证整个工程不延误工期。

2）最早时间参数的计算。最早时间参数的计算是根据网络图所确定的工作顺序，依次计算各节点的最早可能开始时间和各工作的最早可能开始时间与最早可能结束时间。从网络图起始节点到计算工作（工序）结束节点可能有几条线路，每条线路均有一个时间和，这些时间和中的最大值，就是该工作的最早开始时间。某工作最早可能开始的时间，意味着该工作前面的各工作已全部结束。

各工作的最早可能结束时间为最早可能开始时间加上该工作的持续时间。

3）最迟时间参数的计算。在确定了最早时间参数之后，根据确定的计划总工期，按照网络图的先后顺序，从终点向起始点依次算出在不影响总工期的条件下，各节点的最迟必须开始时间和各工作的最迟必须开始时间、最迟必须结束时间。从工序流线图终点，逆箭头方向将计划总工期依次减去各工作的施工时间，取其线路累减时间的最小值，为节点的最迟必须开始时间。

4）工作时差计算。在计划工期不变的情况下，有些工作的最早可能开始（或结束）时间与最迟必须开始（或结束）时间是不同的，两者之间有一定的差值，称为时差（或机动时间、富裕时间、时间储备）。

在关键线路上的工作没有时差，没有机动时间，线路上的每项工作都必须保证不耽误工期，才能保证总工期的实现。在非关键线路上则存在时差，并在时差范围内有机动时间。

时差的存在，意味着非关键线路上的各道工序有一定的潜力可挖，在组织施工时，可以在其时差范围内，比较灵活地安排工序的开始时间，或者机动地抽调各种资源去支援关键线路上的工序，以保证工期按期完成。

(4) 网络图的排列方法　为了使网络图表达的施工计划更加条理化和形象化，在具体应用中应根据不同的工程情况、不同的施工组织方法及使用要求，采用灵活多样的排列方法，以便简化层次，使各工作之间在工艺上、组织上的逻辑关系准确而清晰，便于施工组织者和施工人员掌握，也便于对施工计划进行计算和调整。

网络图的排列方法主要有以下四种：按工种排列、按施工段排列、按施工层排列及混合排列。

3. 进度表

网络计划在实际使用中往往用表格的形式表现进度计划，常用的有以下两种方式。

1）用工作日表示进度计划。其表格见表 7-7。

表 7-7　工作日表示的进度计划　（单位：天）

序号	工作代号	工作名称	持续时间	最早开始时间	最早完成时间	自由时差	总时差	最迟开始时间	最迟完成时间	是否关键工作
1	1-2	A	2	0	2	0	1	1	3	
2	1-3	B	5	0	5	0	0	0	5	是
3	2-3	C	2	2	4	1	1	3	5	
4	2-5	D	5	2	7	0	1	3	8	
5	3-4	E	1	5	6	1	2	7	8	
6	3-6	F	4	5	9	0	0	5	9	是
7	5-7	G	4	7	11	1	1	8	12	
8	6-7	H	3	9	12	0	0	9	12	是
9	7-8	I	3	12	15	0	0	12	15	是

2）用日历表示进度计划。其表格见表 7-8。

表 7-8　日历表示的进度计划　（单位：天）

序号	工作代号	工作名称	持续时间	最早开始日间	最早完成时间	自由时差	总时差	最迟开始时间	最迟完成时间	是否关键工作
1	1-2	A	2	6 月 23 日	6 月 24 日	0	1	6 月 24 日	6 月 25 日	
2	1-3	B	5	6 月 23 日	6 月 27 日	0	0	6 月 23 日	6 月 27 日	是
3	2-3	C	2	6 月 25 日	6 月 26 日	1	1	6 月 26 日	6 月 27 日	
4	2-5	D	5	6 月 25 日	7 月 2 日	0	1	6 月 26 日	7 月 3 日	
5	3-4	E	1	6 月 30 日	6 月 30 日	1	2	7 月 3 日	7 月 3 日	
6	3-6	F	4	6 月 30 日	7 月 4 日	0	0	6 月 30 日	7 月 4 日	是
7	5-7	G	4	7 月 3 日	7 月 8 日	1	1	7 月 4 日	7 月 9 日	
8	6-7	H	3	7 月 7 日	7 月 9 日	0	0	7 月 7 日	7 月 9 日	是
9	7-8	I	3	7 月 10 日	7 月 14 日	0	0	7 月 10 日	7 月 14 日	是

7.3 建筑安装工程施工的技术管理

7.3.1 施工技术管理概述

1. 施工技术管理的基本任务

施工技术管理的基本任务是：在所承包工程项目施工的过程中，运用管理的计划、组织、领导、协调及控制职能，去促进技术工作的开展，正确贯彻国家的技术政策和上级部门有关技术工作的指示与决定，科学地组织各项技术工作的开展，建立良好的技术工作秩序，保证工程的施工过程符合现行的技术规范、规程，使技术与经济、质量和进度达到统一，确保实现施工承包合同规定的工期、质量和造价目标。

2. 施工技术管理的作用

施工技术管理的作用是：为实现企业施工目标提供强有力的技术支持和可靠的技术保障。其主要表现在以下几个方面：

1）保证施工过程符合技术规定的要求，保证施工按正常的秩序进行。

2）通过技术管理，不断提高职工的技术水平和技术素质，能够预见性地发现问题及解决问题，最终达到高质量完成施工任务的目的。

3）充分发挥施工中人员和材料、设备的潜力，针对工程特点和施工难点，开展合理化建议和技术改进、技术攻关活动，在保证工程质量、施工工期和安全文明生产的前提下，降低工程成本、提高经营成果。

4）通过技术管理，积极研究和推广新技术、新材料、新工艺、新机具，推动企业技术进步，提高竞争能力。

3. 施工技术管理的内容

施工技术管理主要包括以下内容。

（1）技术管理基础工作　包括技术责任制及技术管理制度；技术标准和工作方法；试验、检验、计量及技术装备；技术文件、资料及档案。

（2）施工过程的技术管理工作

1）技术准备阶段：中标文件的熟悉和审查，施工图的熟悉、审查及会审，设计交底，编制施工组织设计及技术交底。

2）工程实施阶段：工程变更及洽商，技术措施，技术检验，材料及半成品的试验及检验，技术问题的处理，规范、标准的贯彻，工程技术资料的签证、收集、整理和归档等。

3）技术开发管理工作。此项工作贯穿于技术准备阶段和工程实施阶段，包括对技术开发与推广计划的制订、组织实施、总结和鉴定验收等管理工作。

4）技术经济分析与评价。在编制施工组织设计和新技术开发与推广项目计划时，要进行技术经济分析与评价，其目的是论证在技术上是否可行，在经济上是否合理。任务完成后，更要对实施后的实际效果进行全面系统的技术评价和经济分析，以总结经验、吸取教训，不断提高施工水平和管理水平。

7.3.2　图样会审

图样会审一般由建设单位组织，设计和施工单位参加，先进行各专业图样分别审查，然后在此基础上进行会审。

1. 图样会审的目的

图样会审的目的是领会设计意图、明确技术要求，发现设计图中的差错与问题，提出修改与洽商意见，使之解决在施工开始之前。

2. 图样会审的依据

1）建设单位和设计单位提供的施工图及有关设计文件。

2）调查、收集的当地原始资料。

3）设计、施工验收规范。

3. 图样会审的内容

1）审查设计图是否完整、齐全，以及设计图是否符合国家有关工程建设的设计施工方面的方针政策。

2）审查设计图与说明书在内容上是否一致，以及设计图与其各组成部分之间有无矛盾和错误。

3）审查建筑安装图与土建图在几何尺寸、坐标、标高、说明等方面是否一致，技术要求是否正确。

4）审查专业子项的工艺流程和技术要求，掌握配套投产的先后次序和相互关系。

5）明确拟建工程的建筑结构形式和特点，审查施工图中的工程复杂、施工难度大和技术要求高的分部分项工程或新材料、新工艺，看节点详图和细部做法是否交代清楚，检查现有施工技术水平能否满足工期和质量要求，并确定相应可行的技术措施。

6）审查施工工程所需的主要材料、设备的数量、规格型号是否已经明确，其中特殊材料、设备及紧缺物资的来源和供货日期是否有保障，以及是否可以代用。

7）审查管道、电气线路等各专业之间关系是否合理，标高是否有矛盾，平面布置是否重合。

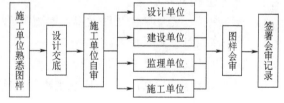

图 7-8　图样会审的程序

4. 图样会审的程序

图样会审的程序如图 7-8 所示。

7.3.3　技术交底

1. 技术交底的目的

技术交底的目的是使参与施工的人员熟悉和了解拟建工程项目的特点、设计意图、施工工艺、材料要求，以及质量检验的标准和要求和其他施工应注意的事项，以便科学地组织施工和合理地安排工序，避免发生技术指导错误和操作错误。

2. 技术交底的分类

（1）设计交底　由设计单位设计人员向参与工程建设的建设单位、施工单位、监理单位进行有关工程项目设计意图和设计文件的交底。

（2）施工组织设计交底 由施工单位技术负责人或项目技术负责人向工程项目施工管理人员、技术人员、专业工长进行有关施工组织安排、施工方案、技术措施及质量目标等的交底。

（3）分部分项工程施工技术交底 分为工程前期交底和施工过程中交底，由项目技术负责人或专业工长向班组长和操作人员进行有关分项工程操作方法、技术要求、质量标准等的交底。

3. 技术交底的要求

1）技术交底必须满足设计和施工规范、标准、规程、质量验收或评定标准的规定，认真贯彻设计意图、建设单位的合理要求及有关部门的技术指导意见。

2）技术交底必须有书面的文字记录，并经过检查和审核及有交底人和被交底人的签字。

3）技术交底可以分级分阶段进行。工程施工的总体安排、各阶段的施工方案、季节性施工措施及各分部、分项工程均应有相应的技术交底。

4）技术交底应强调易发生质量事故和安全事故的部位，防止各类事故的发生。

5）所有技术交底资料，均应按有关要求列入工程技术档案。

4. 技术交底的内容

技术交底通常以会议的形式进行，文字记录由会议纪要和洽商纪录两部分组成，其主要内容如下：

1）施工图设计依据。包括初步设计文件内容，初步设计审批意见，市政、规划、消防、环保等有关部门的要求，主要设计规范、标准、规程、质量验收或评定标准等。

2）设计意图。包括设计思想、设计方案及主要系统介绍等。

3）施工时应注意事项。包括设备和材料使用情况、隐蔽工程和基础施工要求，以及新工艺、新技术应用的要求等。

4）施工单位、监理单位及建设单位审图中提出需要设计说明的问题。

5）第一次设计变更及洽商。

5. 施工组织设计交底的内容

施工组织设计经批准后，一般应在工程开工前进行交底，并形成会议纪要，其主要内容如下：

1）施工组织设计文件交底。明确工程特点、整体施工部署、任务划分、施工进度要求；阐明主要施工方法、明确主要工种交叉关系；确定质量目标和技术要求；对劳动力、机具、材料、现场环境等提出明确要求；明确安全文明施工的措施及各项管理制度。

2）季节性施工交底。明确施工部位，根据部位特点理解季节性施工方法；掌握质量、安全保证措施。

3）成品保护措施交底。明确各部位成品保护项目，以及成品保护重点部位；明确成品保护制度及措施。

6. 分部分项工程施工技术交底的内容

1）工程前期交底的内容。明确施工部位、使用材料品种、质量标准及技术安全措施；明确施工工序、施工作业条件及施工机具；明确施工质量预控措施；明确本工种及相关工种间的成品保护措施；明确施工工艺的具体操作要求，使操作人员依据交底可以完成本分项工程。

2）施工过程中交底的内容。依据前期技术交底完成评定用的样板后，经验收若在质量标准、材料品种等方面有变更，可通过二次交底指导下一步的施工，并为费用结算提供依据；在专项质量分析会后，针对分析项目进行交底，将施工方法、施工机具或劳动力等影响质量的问题，依据分析会会议决定进行详细交底；评审会后，针对不合格工序进行纠正措施及预防措施的交底。

7.3.4　工程变更

1. 变更的定义

工程中发生变更的情况通常有以下两种。

（1）用户变更　由于建设单位要求或同意，修改工程任务范围或内容而导致批准的项目费用和（或）进度计划发生了变化，称为用户变更。

（2）项目变更　项目变更不是由用户提出的变更，而是项目中的重要变更或项目中的次要变更积累到一定程度时而形成的重大变更。这种变更将造成项目预计费用的变动，从而导致有关部门的预算和（或）项目进度发生变化。

2. 用户变更的审批及实施

（1）用户变更单的审批

1）常规审批。常规审批程序如下：

①用户提出变更要求。

②项目经理为评估此项变更对费用和进度产生的影响而提出用户变更单。

③项目进度计划管理人员评估其对进度的影响。

④费用控制部门估算变更所需的费用。

⑤评估的进度及费用影响情况经项目经理同意后送用户审查和认可。

⑥项目经理在收到用户的书面认可后发表用户变更单。

2）非常规审批。下列情况可以通过各自对应的非常规审批程序实施变更：

①用户提出紧急或特殊变更要求，并以书面形式授权承包方在进行估算和认可变更所需费用之前，即可着手进行变更工作。

②承包方项目经理预计不久即可得到用户的书面认可（一般应得到用户口头认可），可提前预批准和发表用户变更单。

③对于偿付合同项目，在其项目范围尚未完全确定的初级阶段，如果实际情况需要变更，承包方也可提出变更要求，经用户书面同意后，将此变更以用户变更形式发表并执行。

（2）用户变更的实施

1）进度计划部门。进度计划管理人员在接到项目经理发表的用户变更单之后要进行以下工作：

①与有关专业研究确定同用户变更对计划进度所产生的综合的、具体的影响。

②将进度受到影响的评估报告送交费用控制部门，以评估有关费用，同时送交项目经理。

2）费用控制部门。费用控制人员在接到项目经理发表的用户变更单之后要进行以下工作：

①根据需要，在其他专业人员的协助配合下，考虑变更（包括进度的变化）对总费用的影响，用分析估算法编制变更所需费用的估算，并提出建议的未可预见费金额。

②编制用户变更费用估算，并与建议的未可预见费一起送交项目经理进行审查。

3）项目经理。项目经理根据收到的变更估算汇总表和进度影响评估报告，进行以下工作：

①在变更估算汇总表中列入未可预见费。

②列入按合同条款计算的管理费和利润。

③按合同要求的格式向用户送交变更估算，并取得书面认可。

4）完成用户变更。在收到用户认可的用户变更通知单后，承包方应及时更新进度、费用控制及人工时分配系统，将工作任务下达到专业小组，并检查、记录变更的实施进程。

3. 项目变更的提出及实施

（1）项目变更的提出　各有关部门的负责人一旦发现预计的重要内容与实际情况有偏差，就应着手进行项目变更的工作。

施工管理部门的施工管理人员根据对项目原始重要文件的经常性追踪或其他来源的信息进行分析，当考虑到某些变更会对项目费用和（或）进度产生影响时，应向费用控制部门建议着手进行项目变更的工作；费用控制部门通过项目变更单提出和进行项目变更工作。施工管理部门负责将项目变更单送交项目经理和项目费用控制部门，以便采取相应的措施。

（2）项目变更的实施

1）项目经理。项目经理应根据提交的建议项目变更单，确认项目变更是否成立及是否需要编制变更估算。

若项目变更成立，且变更在控制估算的范围内，则可指示原编制人根据变更要求直接进行变更工作，不需成立项目变更；反之，则根据其对进度和（或）费用的影响程度，决定其直接成为正式项目变更，或先进行变更工作，并将以后类似性质的项目变更的费用予以累计，当累计的变更费用达到重要变更的规定范围时，再成为正式项目变更。

如项目变更被否定，将项目变更单退回原编制人，说明否定的理由。

当项目变更转变为用户变更时，应同时取消该项目变更，以免重复纪录。

2）费用控制部门。项目变更单经项目经理批准并发表后，费用控制部门要按下述不同情况进行工作：

①根据需要，在项目部有关人员的协助配合下，考虑变更（包括进度的变化）对总费用的影响，用分析估算法编制变更所需费用的估算，并提出建议的未可预见费金额。

②编制项目变更费用估算，并与建议的未可预见费一起送交项目经理进行审查。

3）完成项目变更。项目变更批准后，应及时更新进度、费用控制及人工时分配系统，将工作任务下达到专业小组，并检查、记录变更的实施进程。

7.4　建筑安装工程施工的质量管理

7.4.1　质量管理概述

工程质量是指工程竣工以后本身的使用价值，使用价值又表现在质量的许多特性上。这些特性应具备适用美观、坚固耐用、经济等属性。它是施工企业各项工作的综合反映，也是衡量施工企业技术水平和管理水平的重要标志。加强质量管理，提高工程质量，是施工企业管理的一项重要内容。

质量管理是指确定质量方针、目标和职责，并在质量体系中通过诸如质量策划、质量控制、质量保证和质量改进使其实施的全部管理职能的所有活动。

1. 质量管理的目的

质量管理的目的是以最低的成本、最短的工期、按照计划的数量完成用户满意的建筑产品。要使全体职工树立"好中求多""好中求快""好中求省"的思想。保证工程质量是全体职工的首要职责，同时也必须注意经济效益，坚决杜绝浪费材料、浪费时间、拖延工期等不良现象，使企业所承担的建设任务在达到优良的质量标准的同时，能获得良好的经济效益。

2. 质量管理的任务

质量管理的任务是组织全体职工认真学习并执行国家颁布的各项质量标准和技术规范，教育全体职工树立"百年大计、质量第一"的思想，贯彻"预防为主"的方针，从各方面采取措施，预防和控制影响施工质量的各种因素，多快好省地建成用户要求的优良工程。

3. 质量管理的基本要求

1）正确处理质量和成本的关系，始终把工程质量放在首位。

2）把质量管理贯彻于施工企业管理的全过程，以质量管理为中心环节，实行全面管理，把企业各方面的管理工作转到质量第一的轨道上来。

3）加强各项管理的基础工作，如标准化工作、计量工作、质量情报工作、质量教育工作等，使质量管理工作有据可查，有法可循。

4）建立和健全质量管理机构，并充分发挥其指导和监督作用。

目前国家已颁布的建筑安装工程施工质量验收标准详见附录 F。

7.4.2　ISO 9000 质量体系简介

随着市场经济的发展，产品质量已成为市场竞争的焦点。为了更好地推动企业建立更加完善的质量管理体系，实施充分的质量保证，建立国家贸易所需要的关于质量的共同语言和规则，国际标准化组织（ISO）于 1976 年成立了 TC 176（质量管理和质量保证技术委员会），着手研究制定国际上遵循的质量管理和质量保证标准。1987 年 ISO/TC 176 发布了举世瞩目的 ISO 9000 系列标准，我国于 1988 年发布了与之相适应的 GB/T 10300 系列标准，并"等效采用"。为了更好地与国际接轨，又于 1992 年 10 月发布了 GB/T 19000 系列标准，并"等同采用 ISO 9000 族系列标准"。1994 年 ISO 发布了修订后的 ISO 9000 族系列标准后，我国及时将其等同转化为国家标准。

ISO 9000 族国际标准主要由以下标准组成。

1）《质量管理和质量保证术语》（GB/T 6583-ISO 8402-XXXX）。

2）《质量管理和质量保证标准第 1 部分：选择和使用指南》（GB/T 19000. 1-ISO 9000-1-XXXX）。

3）《质量管理和质量保证标准第 2 部分：ISO 9001、ISO 9002 和 ISO 9003 实施通用指南》（GB/T 19000. 2-ISO 9000-2-XXXX）。

4）《质量体系　设计、开发、生产、安装和服务的质量保证模式》（GB/T 19001-ISO 9001—1994）。

5）《质量体系　生产、安装和服务的质量保证模式》（GB/T 19002-ISO 9002—1994）。

6）《质量体系　最终检验和试验的质量保证模式》（GB/T 19003-ISO 9003—1994）。

7）《质量管理和质量体系要素第1部分：指南》（GB/T 19004.1-ISO 9004-1—1994）。

8）《质量管理和质量体系要素第2部分：服务指南》（GB/T 19004.2-ISO 9004-2—1994）。

9）《质量管理和质量体系要素第3部分：流程性材料指南》（GB/T 19004.3-ISO 9004-3—1994）。

10）《质量管理和质量体系要素第4部分：质量改进指南》（GB/T 19004.4-ISO 9004-4—1994）。

11）《项目管理质量指南》（ISO 10006）。

7.4.3　质量控制与检查

1. 保证工程质量的措施

1）开展质量教育。使企业全体员工树立质量意识和质量观念，掌握质量管理方法，学会使用质量管理工具，特别要重视对领导层、质量管理干部及管理人员、基层质量管理小组成员的教育，要进行启蒙教育、普及教育和提高教育，使质量管理逐步深化。

2）推行质量管理工作标准化。标准化是质量管理的尺度，质量管理是执行标准化的保证。在工程施工中，施工与验收规范、工程质量评定标准、施工操作规程及质量管理制度等是质量管理的标准等。

3）做好计量工作。测试、检验、分析等计量工作，是质量管理中的重要工作。没有计量工作，就谈不上执行质量标准。要明确责任制，加强技术培训，严格执行质量管理的有关规程和标准。对各种计量器具以及测试、检验仪器必须实行科学管理，做到检测方法正确，计量器具、仪表及设备性能良好，示值精确，误差在允许范围内，以充分发挥计量工作在质量管理中的作用。

4）建立质量管理责任制。建立质量管理责任制就是把质量管理方面的责任和具体要求落实到每个部门和每个工作岗位，组成一个严格的质量管理工作体系。做到组织合理，规章制度健全，责任制度明确严密，责、权、利统一。

2. 质量控制的阶段与内容

施工过程的质量控制一般包括以下内容。

（1）施工准备阶段的质量控制

1）严格执行图样会审制度。各级施工管理人员应认真学习图样，领会设计意图，明确关键部位的质量要求，联系工程实际，若发现设计图上的问题和差错，会同设计人员提出合理的修改意见，确保工程质量。质量管理人员根据会审图样的意见及时提出质量管理的意见，下达各施工部门。

2）编制切实可行的施工组织设计和施工方案。对于大中型工程应编制全面施工组织设计，小型工程可做简化施工组织设计或仅做施工方案，这是全面组织施工、协调各施工工序、保证工程质量的重要文件。施工组织设计和施工方案的技术要求应符合技术规范和质量要求的规定，并应注意联系实际、切实可行。

（2）原材料供应阶段的质量控制　原材料是工程实体的组成部分，原材料的质量直接影响工程质量。因此对原材料的供应必须严格按照质量标准订货、采购、运输、保管和供应。原材料进场和入库要按质量标准检查验收，保管中要防止损坏、变形、变质，不同型号规格不得混存混装，做到不合格的不采购、不验收、不发放。

（3）施工阶段的质量控制　施工过程是安装工程最终产品的形成过程，是质量管理的主要环节，应明确谁施工谁负责的原则，认真贯彻以预防为主的方针，做好以下质量控制工作：

1）坚持按图施工。经过会审的图样是施工的主要依据，在施工过程中必须坚持按图施工，不准任意修改而危害工程质量。

2）严格执行技术规范和操作规程。在施工过程中，每道工序都必须按照规范、规程进行施工和检验，把事故消灭在萌芽状态，发现质量问题要立即补救，不留隐患。要加强工序质量检验，严格控制不合格的材料不使用，不合格的设备不安装，上道工序不合格不进行下道工序施工。

3）提高检验工作的质量、选择合理的检验方法。认真做好交工阶段的质量把关工作，发现不合质量要求的部分，抓紧返工修补，保证工程质量。

（4）使用阶段的质量控制　质量管理的最终目的就是为了满足业主对安装工程的使用要求，工程质量的好坏只有通过使用的检验才能表现出来。在工程交付使用后，要做好以下工作：

1）通过回访了解交工工程使用效果，征求使用单位意见，发现使用过程中的质量缺陷要分析原因，总结教训。

2）对实行保修期的工程，由于施工造成的质量问题，应负责保修。

3．工程质量的检查评定与事故处理

（1）质量检查　质量检查应贯穿于施工过程的始终，即包括施工准备、施工过程和交工验收的全过程。要求做到边施工、边检查，及时发现问题及时纠正，防止质量事故的发生。

1）质量检查的依据及检验程序。检查依据有设计图、设计说明及设计变更（补充）文件，现行建筑安装工程施工验收规范、操作规程和质量检验评定标准。检查程序原则上是先自检，后专检，班组填写自检记录，经工长审查，再交质检人员检查或联合检查。

2）质量检查的内容。一般包括外观检查和物理、化学性能检查。对于已安装就位的工程着重于外观检查，看它的尺寸、标高、位置、坡度等是否合适；对于原材料、成品、半成品的检查着重于物理和化学性能方面。

（2）质量评定

1）质量评定的意义。工程质量检验评定是根据国家技术标准的统一规定，正确评价工程质量登记的重要手段，也是衡量和检查施工企业是否完成国家下达的质量指标的主要标志。正确进行质量评定，对于促进企业保证和提高工程质量，有着重要的作用。

2）质量评定的程序。质量检验评定的程序是先分项工程，再分部工程，最后单位工程。分项工程应根据保证项目、检验项目和实测项目的检验情况，分别计算优良率和合格率。分部工程质量评定由各分项工程的检测项目数量和其中的优良项数经汇总后计算出分部工程的优良率。单位工程质量评定应根据分部工程评定汇总、质量保证资料和观感评定资料三方面综合评定。

分项、分部工程质量评定由工长会同班组长实施，提出评定记录和有关资料，报工程负责人。单位工程质量评定由工程负责人会同专职质检人员，邀请建设单位、设计单位共同进行评定。

施工企业在进行质量评定工作中，应做到实事求是，严格执行质量标准，使评出的质量等级与完成的质量指标准确、可靠，具有可比性。

（3）质量事故的处理　凡在施工中，由于施工、设计错误或原材料、半成品、设备安装质量低劣及损坏造成不符合设计和验收规范要求的，需要进行加固补强或影响工程寿命者，均属质量事故，但在施工中可以及时得到纠正，不影响工程寿命而损失费用不大者，可不列入质量事故。

根据质量事故的严重情况，可划分为"一般"和"重大"两类。凡属下列情况之一者，均为重大质量事故：

1）经技术鉴定，影响主要设备和结构强度及使用年限，又造成不可挽回的缺陷的。

2）影响下一道工序不能施工的。

3）造成重要设备的主要部件损坏，须彻底更换或修补的。

4）返工损失金额一次达到一定数额以上的。

凡影响程度小于上述情况的，均为一般质量事故。

当发生质量事故时必须及时上报。凡属重大质量事故，施工队必须在24小时内报告公司质量检查科，并进行事故分析，写出书面报告，待事故处理后，写出重大质量事故处理报告，报各级检察部门。

质量事故的处理可分为以下两种情况：

1）一般质量事故由工程处技术主管部门提出处理方案，书面通知进行处理，事故处理后，由质检部门进行检查验收。

2）重大质量事故由公司技术部门会同有关设计、施工部门研究，提出处理方案，并发出书面通知。事故处理后由质检科检查验收并上报总公司备案。

7.5 建筑安装工程施工的安全管理

7.5.1 概述

1. 施工安全管理的含义

施工安全管理包括安全、健康（卫生）和环境三个方面的管理。施工安全管理是指在组织施工生产过程中，对能够造成人身伤亡、机具损坏、环境干扰等因素进行管理与控制的活动。

2. 安全控制的依据

安全施工生产对保护劳动者和国家财产有着重要的意义。早在1956年，国务院就颁布了安全生产三大规程，即《工厂安全卫生规程》《建筑安装工程安全技术规程》和《工人职员伤亡事故报告规程》。近年来，随着生产力的发展，技术的进步，施工手段的创新，国家对安全生产又以立法的形式，形成了一系列安全生产法规，需要参与施工活动的人们去遵循，施工安全管理人员更应认真学习，作为进行施工安全管理与控制工作的依据。

（1）安全法规　安全法规又称劳动保护法规，是用立法的形式规定，保护职工进行安全生产的政策、规定与制度的总称。它起到改善劳动环境、保护职工身体健康与安全、维护财产安全的法律保护作用。

（2）安全技术　安全技术是指在生产过程中，为了防止伤亡事故所采取的安全技术措施。

（3）工业卫生　工业卫生又称生产卫生，是指在生产活动中，防止高温、严寒、粉尘、噪声、振动、毒气与废气污染等对职工的危害而采取的一系列防护、医疗措施。

以上所述三项工作是落实安全生产的主要条件。其中，安全法规是约束、控制职工不安全的行为，强调"职工"的管理；安全技术是消除不安全因素，强调"劳动手段、劳动对象"的管理；生产卫生是改善劳动条件，强调"生产环境"的管理，将三者有机地联系起来，形成安全生产管理体系。

3. 工伤事故的概念

工伤事故是因工而造成的伤亡事故。国务院 1956 年颁发的《工人职员伤亡事故报告规程》中指出："企业对于工人职员在生产区域中所发生的和生产有关的伤亡事故（包括急性中毒事故）必须按规定进行调查，登记统计和报告"。这里限定了工伤事故的三个条件：一是企业工人职员，二是生产区域，三是和生产有关。满足这三个条件而造成的伤亡事故，才能称为工伤事故。当前劳动部门规定，除职工以外还包括民工、临时工及参加生产劳动的学生、教师、干部。上述人员虽不在生产区域或生产岗位上，但由于施工企业的设备或劳动条件不良而造成的伤亡事故，如塔式起重机、脚手架、大型模板倒塌而造成的伤亡事故，也应统计在企业伤亡事故之列。

7.5.2　安全管理工作的主要内容

1. 安全施工的目标管理

安全施工的目标包括量化目标和管理水平目标。

（1）安全施工量化目标　安全施工量化目标包括安全事故指标、安全教育指标、安全检查与整改指标、工业卫生与环境保护指标等。

（2）安全管理水平目标　安全管理水平目标是为了完成安全生产量化指标所进行的安全管理活动。包括安全教育的手段、方法，安全检查标的次数，安全措施计划的实施，现代安全管理手段的应用等。

2. 安全检查

安全检查是根据施工特点，对施工过程中的安全状况进行经常性的、突击性的或专业性的检查活动。其任务主要是揭示和消除事故隐患、整改不安全因素、防患于未然，达到安全施工的目的。

安全检查主要分为以下几类。

（1）一般性安全检查　主要是对项目施工现场的安全管理状况，进行动态控制检查，要坚持经常化、制度化。

（2）专业性安全检查　为了掌握专业安全生产状况，进行电气、焊接、锅炉压力容器、起重、施工机械、防火、防爆、防毒、车辆交通等专业的检查。

（3）季节性安全检查　根据季节性特点进行防暑降温、防冻、防滑、防雷击、冬期施工与取暖防火灾的检查。

（4）节日前后的安全检查　根据节日前后的施工安全特点，对节日期间的安全措施，进行防范性检查。

安全检查的内容有：

1）查思想。按照安全生产的方针、政策法令检查施工人员的安全意识。

2）查管理、查制度。重点检查施工现场的安全管理状况，包括：

①安全施工的规章制度的建立情况。

②安全生产责任制执行情况。

③安全生产保证体系功能发挥情况。

④安全教育、安全检查、安全技术措施管理、事故调查处理等规章制度执行情况。

⑤安全管理各种基础资料台账、报表准确、及时程度。

3）查现场、查隐患。检查施工现场各种不安全因素、隐患存在的情况和施工操作者的作业状况等。

4）查事故的分析处理与上报。检查各类安全事故是否经过调查、分析、上报准确。

3. 安全事故的调查与处理

施工现场发生伤亡事故后，负伤人员或最先发现事故的人，应立即报告有关领导，成立事故处理小组，采取措施抢救伤员，排除险情，尽量制止事故扩大，同时注意保护事故现场，准确做出记录或拍出不同角度的照片，为事故调查提供可靠的原始事故现场状况。

安全事故的调查与处理程序如下：

1）组织调查组。

①发生轻伤、重伤事故，由企业负责人或指定的人员组织施工、技术、安全、劳资、工会等有关人员组成安全事故调查组，进行事故调查。

②发生死亡事故，由企业主管部门会同所在地的劳动部门、公安部门、人民检察院、工会组成安全事故调查组。

③发生重大死亡事故，按企业隶属关系，由省、直辖市，国务院有关部委会同公安、监督、检察部门和工会组成安全事故调查组，进行事故调查。

2）现场勘察。现场勘察是项技术性很强的工作，它涉及广泛的科学知识和实践经验，因此勘察时，必须及时、全面、准确、客观地反映原始面貌，勘察的主要内容有以下几种：

①事故发生的时间、地点、气象条件等做出笔录。

②实物拍照。

③现场状况绘图。

④见证人访谈记录。

3）分析事故原因，确定事故性质。安全事故调查分析的目的，是为了搞清事故原因，从中吸取教训，防止类似事故重复发生。安全事故分析时，按照国家《企业职工伤亡事故分类》的规定，对受伤部位、受伤性质、起因物、致害物、伤害方法、不安全行为和不安全状态七项内容进行分析，以及事故发生的各种产生因素，如人、物、生产与技术管理、生产与社会环境、机械设备状态等方面的问题，经过认真、客观、准确的分析后，确定事故的性质与责任。

事故的性质包括责任事故、非责任事故和破坏事故。事故的性质确定后，就可以采取不同的处理方法和手段加以结案。

4）调查组写出事故调查报告。

5）事故的处理与结案。有关安全事故调查处理形成的文件、资料、图片均应归档。事故处理的程序如下：

1）确定事故性质与责任。

2）严肃处理安全事故责任者。对造成安全事故的责任者，要进行教育。凡违反规章制度、不服从管理或强令工人违章冒险作业、从而发生重大伤亡事故者，构成了触犯"劳动法""刑法"者，要受到法律的制裁。情节较轻者，也要受到党纪或行政处罚。

7.6 施工现场协调配合及竣工验收

7.6.1 施工现场的协调配合

一个比较大的工程项目，在施工现场往往会有不同工种、不同部门、不同性质的单位同时开展工作，只有协调好涉及和参加项目建设的各单位、各部门及各方人员的工作，才能保证项目顺畅进行，提高组织管理效率，确保项目目标的实现。尤其应做好监理单位、设计单位及业主等几方的协调配合。

（1）与监理单位的协调配合

1）认真接受监理单位提出的监理意见，并在其意见指导下组织施工。

2）参加监理组织的各项监理活动，诸如工程质量、进度检查、分析、施工技术交底、施工协调等，及时准确提交所需工程资料、完成工作量报表、统计资料及进度计划报表、施工组织方案等。

3）按照工作程序履行工程施工过程中必须报批的手续，对施工存在的进度、技术、质量及费用等方面的问题做到事先有报告、事中有检查、事后有汇报，而不是先斩后奏，盲目施工。

4）积极配合监理单位进行工程验收，并确保各分部工程均通过监理的检查验收。

（2）与设计单位的协调配合

1）认真熟悉图样，深刻理会设计意图，在此基础上认真做好设计交底及图样会审工作。

2）严格执行按图施工的工作方法，不随意改动图样，不盲目施工。

3）施工中遇到设计存在的问题，及时通知设计单位及设计人员，并以书面的形式报告设计院，办理施工技术核定单。

（3）与业主的协调配合

1）对工程所用的主要材料，会同业主进行看样定货，共同把好材料质量关。

2）认真领会业主意图，并积极协助落实到工程实际中去。

3）在施工组织设计中，制定文明施工、安全施工、回访维修服务等措施。

（4）与其他施工单位的配合

1）主动配合土建、装修处理好施工时所需的预留孔洞、设备基础。

2）明确与其他施工队的任务界限，协调好在同一工作面、施工层的施工顺序。

3）互相配合保证施工质量和进度。

7.6.2 竣工验收

工程项目的竣工验收是指在工程项目竣工后，按照承包合同商定的质量条款及承包内容进行质量验收，以便对工程项目做出质量评价，确定是否达到合同商定的质量要求和承包内容。工程质量竣工验收是工程的一个主要阶段、工程建设的最后一个程序，是全面检验工程建设是否符合设计要求和施工质量的重要环节；检查承包合同的执行情况，促进建设项目及时交付使用，发挥投资效果；同时，通过竣工验收，总结建设经验，全面考核建设成果，为今后的建设工作积累经验。它是建设投资转为生产和使用的标志。

1. 竣工验收条件

施工单位提出竣工验收时应具备以下基本条件：

1）完成工程设计和合同约定的各项内容。

2）施工单位在工程完工后对工程质量进行了检查评定，确认工程质量符合有关法律、法规和工程建设强制性标准规定，符合设计文件和合同要求，并提出工程竣工报告。

3）对于委托监理的工程项目，监理单位对工程进行了质量评估，具有完整的监理资料，并提出工程质量评估报告。

4）勘查、设计单位对勘察、设计文件及施工过程中由设计单位签署的设计变更通知书进行了检查，并提出质量检查报告。

5）有完整的技术档案和施工管理资料。

6）有工程使用的主要材料和设备的合格资料（如产品合格证及检验报告等）。

7）建设单位已按合同约定支付工程款。

8）有施工单位签署的《工程质量保修书》，住宅工程有《住宅使用说明书》和《工程质量保证书》。

9）城乡规划行政主管部门对工程是否符合规划设计要求进行检查，并出具认可文件。

10）有消防、环保等部门出具的认可文件或准许使用文件。

11）工程建设主管部门及其授权的工程质量监督机构等有关部门责令整改的问题全部整改完毕。

2. 竣工验收程序

进行竣工验收时严格按照以下程序进行：

1）工程完工后，施工单位向建设单位提交工程竣工报告，申请竣工验收。实行监理的工程，工程竣工报告须先经总监理工程师签署意见。

2）建设单位收到施工单位的工程竣工报告后，对符合竣工验收要求的工程，组织勘察、设计、施工、监理等单位和其他有关方面的专家组成验收组，制定验收方案。

3）建设单位应当在工程竣工验收7个工作日前将验收的时间、地点及验收组名单书面通知负责监督该工程的质量监督机构，届时质量监督机构派员参加。

4）建设单位组织工程竣工验收。

5）质量监督机构参加验收，并对竣工验收的组织形式、验收程序、执行标准规范情况、工程质量、工程质量验收评价、形成的竣工验收文件和有关档案资料进行监督。

7.6.3　工程文件归档整理

施工单位应将工程文件的形成和积累，纳入工程建设管理的各个环节和有关人员的职责范围。各施工单位负责将各自承包项目的工程文件收集、整理和立卷，及时向建设单位移交。工程项目实行总承包的，总承包单位负责收集、汇总各分包单位形成的工程档案，并应及时向建设单位移交；各分包单位应将本单位形成的工程文件整理、立卷后及时移交总包单位。

（1）工程文件归档范围　与工程建设有关的重要活动、记载工程建设主要过程和现状、具有保存价值的各种载体的文件，均应收集齐全，整理立卷后归档。

建设工程文件的具体归档范围应符合《建设工程文件归档整理规范》的要求，详见附录 E。

（2）工程档案验收内容　建设单位未取得当地的城建档案管理机构对工程档案验收的认可文件，不得组织工程竣工验收。工程档案验收内容如下所述：

1）工程档案齐全、系统、完整。

2）工程档案的内容真实、准确地反映工程建设活动和工程实际情况。

3）工程档案已整理、立卷，立卷符合规范规定。

4）竣工图绘制方法、图式及规格等符合专业技术要求、图面整洁、盖有竣工图章。

5）文件的形成、来源符合实际；要求单位或个人签章的文件，其签章手续完备。

6）文件材质、幅面、书写、绘图、用墨、托裱等均符合要求。

7.6.4　竣工图

竣工图是工程竣工验收后绘制的真实反映建设工程项目施工结果的图样。竣工图是建设工程竣工档案的重要组成部分，是工程建设完成的主要凭证材料，是建筑物的真实写照，是工程竣工验收的必备条件，是工程维修、管理、改建和扩建的依据。各项新建、改建、扩建项目均必须绘制竣工图。

1. 竣工图的绘制要求

1）凡按施工图施工没有变动的，可在施工图图签附近空白处加盖并签署竣工图章。

2）凡一般性图样变更，可根据设计变更依据，在施工图上直接改绘，并加盖及签署竣工图章。

3）凡有结构形式、工艺、平面布置、项目等重大改变及图面变更超过 40% 的，应重新绘制竣工图；重新绘制的图样必须有图名和图号（图号可按原图编号）。

4）编制竣工图时必须编制各专业竣工图的图样目录，绘制的竣工图必须准确、清楚、完整、规范，修改必须到位，真实地反映项目验收时的实际情况。

5）用于改绘竣工图的图样必须是新蓝图或绘图仪绘制的白图，不得使用复印图。

6）竣工图编制单位应按照国家建筑制图规范要求绘制竣工图。

7）竣工图应按单位工程并根据专业、系统进行分类和整理。

2. 竣工图的类型及编制要求

（1）利用施工蓝图改绘的竣工图　在施工图上须用杠（画）法、叉改法，局部修改可以圈出更改部位，在原图空白处绘出更改内容，所有变更处都必须画索引线并注明更改依据。

在施工图上改绘，不得使用涂改液涂抹、刀刮等方法修改。

（2）在二底图上修改的竣工图

1）用设计底图或施工图制成二底（硫酸纸）图，在二底图上依据设计变更、工程洽商内容用刮改法进行绘制，即用刀片将需更改部位刮掉，再用绘图笔绘制更改内容，并在图中空白处做一更改备考表，注明变更、洽商编号（或时间）和更改内容。

2）更改的部位用语言描述不清楚时，也可用细实线在图上画出更改范围。

3）以更改后的二底图或蓝图作为竣工图，并在图上加盖竣工图章。没有改动的二底图转作竣工图也要加盖竣工图章。

4）如果二底图更改次数较多，个别图面可能出现模糊不清等技术问题，必须进行技术处理或重新绘制，以期达到图面整洁、字迹清楚等质量要求。

（3）重新绘制的竣工图　根据工程竣工现状洽商记录绘制竣工图，重新绘制竣工图要求与原图比例相同，符合制图规范，有标准的图框和内容齐全的图签，图签中应有明确的"竣工图"字样或加盖竣工图章。

（4）用 CAD 绘制的竣工图　在电子版施工图上依据设计变更、工程洽商的内容进行更改，更改后用云图圈出更改部位，并在图中空白处做一更改备考表，注明变更、洽商编号（或时间）和更改内容。同时，图签上必须有原设计人员签字。

7.6.5　施工技术总结

所谓总结，是对已经做过的事情进行认真回顾、全面检查、系统分析，并给予正确的评价，从而肯定成绩和经验、找出缺点和教训，揭示事物的本质和规律，作为今后工作的借鉴。总结是一个提高的过程，搞好施工技术总结，有助于施工技术水平的提高。一个好的总结不仅可以为单位积累基础资源，同时个人也能从中受益。

（1）施工技术总结的题材　编写施工技术总结要选好总结的题材。凡是有经验、有创新和有教训的事情，均值得总结。例如完成技术复杂、施工难度大的工作，采用新技术、新材料、新工艺的施工方法，对容易出质量、技术问题部位的处理，提高工程质量、加快施工进度或节省材料、降低成本的措施等。

（2）施工技术总结的主要内容

1）工程概况、工程特点。说明工程有哪些难点，当前通常的做法。

2）本工程具体做法的主要内容，新做法有哪些改进，施工过程中遇到哪些问题，出了什么质量事故，如何克服和处理的。

3）主要优缺点和技术经济效果。

4）体会、经验、存在问题及今后改进方向和意见，也可以根据施工的体会，做出推荐性结论。

5）必要时，拟定出包括准备工作、作业条件、操作要点、质量安全、卫生环保、注意事项等全过程的工艺规程或工法草案。

复习思考题

1. 简述施工组织设计在施工组织管理中的作用。
2. 简述影响施工进度的主要因素、控制方法及其特点。
3. 单位工程进度计划的编制内容有哪些？
4. 简述施工技术管理的主要内容及作用。
5. 图样会审和技术交底的目的是什么？
6. 简述变更的分类和定义。
7. 简述质量管理的目的和任务。
8. 安全管理包括哪些方面？施工安全管理的具体含义是什么？
9. 竣工验收的条件是什么？
10. 竣工图有什么作用？
11. 简述施工技术总结的作用和主要内容。

附　录

附录 A　营改增后最新增值税税率表

	简易计税	税率
小规模纳税人以及允许适用简易计税方式计税的一般纳税人	小规模纳税人销售货物或者加工、修理修配劳务，销售应税服务、无形资产；一般纳税人发生按规定适用或者可以选择适用简易计税方法计税的特定应税行为，但适用5%征收率的除外	3%
	销售不动产；符合条件的经营租赁不动产（土地使用权）；转让营改增前取得的土地使用权；房地产开发企业销售、出租自行开发的房地产老项目；符合条件的不动产融资租赁；选择差额纳税的劳务派遣、安全保护服务；一般纳税人提供人力资源外包服务	5%
	个人出租住房，按照5%的征收率减按1.5%计算应纳税额	5%减按1.5%
	纳税人销售旧货；小规模纳税人（不含其他个人）以及符合规定情形的一般纳税人销售自己使用过的固定资产，可依3%征收率减按2%征收增值税	3%减按2%
一般纳税人	增值税项目	税率
	销售或者进口货物（另有列举的货物除外）；销售劳务	13%
	销售或者进口： 1. 粮食等农产品、食用植物油、食用盐； 2. 自来水、暖气、冷气、热水、煤气、石油液化气、天然气、二甲醚、沼气、居民用煤炭制品； 3. 图书、报纸、杂志、音像制品、电子出版物； 4. 饲料、化肥、农药、农机、农膜； 5. 国务院规定的其他货物	9%
	购进农产品进项税额扣除率	扣除率
	对增值税一般纳税人购进农产品，原适用10%扣除率的，扣除率调整为9%	9%
	对增值税一般纳税人购进用于生产或者委托加工13%税率货物的农产品，按照10%扣除率计算进项税额	10%
	营改增项目	税率
	交通运输服务　陆路运输服务、水路运输服务、航空运输服务（含航天运输服务）和管道服务、无运输工具承运业务	9%
	邮政服务　邮政普遍服务、邮政特殊服务、其他邮政服务	9%
	电信服务　基础电信服务	9%
	电信服务　增值电信服务	6%
	建筑服务　工程服务、安装服务、修缮服务、装饰服务和其他建筑服务	9%
	销售不动产　转让建筑物、构筑物等不动产所有权	9%
	金融服务　贷款服务、直接收费金融服务、保险服务和金融商品转让	6%

（续）

	营改增项目		税率
一般纳税人	现代服务	研发和技术服务	6%
		信息技术服务	
		文化创意服务	
		物流辅助服务	
		鉴证咨询服务	
		广播影视服务	
		商务辅助服务	
		其他现代服务	
		有形动产租赁服务	13%
		不动产租赁服务	9%
	生活服务	文化体育服务	6%
		教育医疗服务	
		旅游娱乐服务	
		餐饮住宿服务	
		居民日常服务	
		其他生活服务	
	销售无形资产	转让技术、商标、著作权、商誉、自然资源和其他权益性无形资产使用权或所有权	6%
		转让土地使用权	9%
纳税人	出口货物、服务、无形资产		税率
	纳税人出口货物（国务院另有规定的除外）		零税率
	境内单位和个人跨境销售国务院定范围内的务、无形资产		零税率
	销售货物、劳务，提供的跨境应税行为，符合免税条件的		免税
	境内的单位和个人销售适用增值税零税率的服务或无形资产的，可以放弃适用增值税零税率，选择免税或按规定缴纳增值税放弃适用增值税零税率后，36个月内不得再申请适用增值税零税率		

注：5%减按1.5%是指征收率按5%执行，但可以优惠到1.5%。后续内容含义与此同。

附录 B　投标邀请书通用格式

B.1　采用资格预审方式投标邀请书

招标工程项目编号：＿＿＿＿＿＿＿＿＿

致：（投标人名称）

1. （招标人名称）的（招标工程项目），已由（项目批准机关）批准建设。现决定对该项目的工程施工进行邀请招标，选定承包人。

2. 本次招标工程项目的概况如下：

2.1　（说明招标工程项目的性质、规模、结构类型、招标范围、标段及资金来源和落实情况等）。

2.2　工程建设地点为＿＿＿＿＿＿＿＿＿＿＿＿＿＿＿＿＿＿＿＿＿＿。

2.3　计划开工日期为＿＿＿＿年＿＿＿＿月＿＿＿＿日，计划竣工日期为＿＿＿＿年＿＿＿＿月＿＿＿＿日，工期＿＿＿＿＿＿日历天。

2.4　工程质量要求符合（《工程施工质量验收规范》）标准。

3. 如你方对本工程上述（一个或多个）招标工程项目（标段）感兴趣，可向招标人提出资格预审申请，只有资格预审合格的投标申请人才有可能被邀请参加投标。

4. 请你方从(地点和单位名称)处获取资格预审文件，时间为____年____月____日至年____月____日，每天上午____时____分至____时____分，下午____时____分至____时____分(公休日、节假日除外)。

5. 资格预审文件每套售价为(币种，金额，单位)，售后不退。如需邮购，可以书面形式通知招标人，并另加邮费每套(币种，金额，单位)。招标人在收到邮购款后日内，以快递方式向投标申请人寄送资格预审文件。

6. 资格预审申请书封面上应清楚地注明"(招标工程项目名称和标段名称)投标申请人资格预审申请书"字样。

7. 资格预审申请书须密封后，于____年____月____日____时____分以前送至(地点和单位名称)，逾期送达的或不符合规定的资格预审申请书将被拒绝。

8. 资格预审结果将及时告知投标申请人，并预计于____年____月____日发出资格预审合格通知书。

9. 凡资格预审合格并被邀请参加投标的投标申请人，请按照资格预审合格通知书中确定的时间、地点和方式获取招标文件及有关资料。

招标人：_____

办公地址：_____

邮政编码：_____联系电话：_____

传真：_____联系人：_____

招标代理机构：_____

办公地址：_____

邮政编码：_____联系电话：_____

传真：_____联系人：_____

日期_____年_____月_____日

B.2　采用资格后审方式投标邀请书

招标工程项目编号：_____

致：(投标人名称)

1. (招标人名称)的(招标工程项目)，已由(项目批准机关)批准建设。现决定对该项目的工程施工进行邀请招标，选定承包人。

2. 本次招标工程项目的概况如下：

2.1　(说明招标工程项目的性质、规模、结构类型、招标范围、标段及资金来源和落实情况等)。

2.2　工程建设地点为_____。

2.3　计划开工日期为____年____月____日，计划竣工日期为____年____月____日，工期____日历天。

2.4　工程质量要求符合(《工程施工质量验收规范》)标准。

3. 本工程对投标申请人的资格审查采用资格后审方式，主要资格审查标准和内容详见招标文件中的资格审查文件，只有资格审查合格的投标申请人才有可能被授予合同。

4. 如你方对本工程上述(一个或多个) 招标工程项目（标段）感兴趣，请从(地点和单位名称) 处购买招标文件、资格审查文件和相关资料。时间为＿＿年＿＿月＿＿日至＿＿年＿＿月＿＿日，每天上午＿＿时＿＿分至＿＿时＿＿分，下午＿＿时＿＿分至＿＿时＿＿分（公休日、节假日除外）。

5. 招标文件每套售价为(币种，金额，单位)，售后不退。投标人还需交纳图样押金(币种，金额，单位)，当投标人退还图样时，该押金将同时退还给投标人（不计利息）。第4条所述的资料如需邮购，可以书面形式通知招标人，并另加邮费每套(币种，金额，单位)。招标人在收到邮购款后＿＿日内，以快递方式向投标申请人寄送上述资料。

6. 投标申请人在提交投标文件时，应按照有关规定提交不少于投标总价的＿＿＿＿＿%或(币种，金额，单位) 元的投标保证金。

7. 投标文件提交的截止时间为＿＿年＿＿月＿＿日＿＿时＿＿分，提交到(地点和单位名称)。逾期送达的或不符合规定的投标文件将被拒绝。

8. 本招标工程项目的开标会将于上述投标截止时间的同一时间在(开标地点) 公开进行，投标人的法定代表人或其委托代理人应准时参加开标会议。

招标人：＿＿＿＿＿＿＿＿＿＿＿＿＿＿＿＿＿＿＿＿

办公地址：＿＿＿＿＿＿＿＿＿＿＿＿＿＿＿＿＿＿＿＿

邮政编码：＿＿＿＿＿＿＿＿＿联系电话：＿＿＿＿＿＿＿＿

传真：＿＿＿＿＿＿＿＿＿＿联系人：＿＿＿＿＿＿＿＿＿

招标代理机构：＿＿＿＿＿＿＿＿＿＿＿＿＿＿＿＿＿＿

办公地址：＿＿＿＿＿＿＿＿＿＿＿＿＿＿＿＿＿＿＿＿

邮政编码：＿＿＿＿＿＿＿＿＿联系电话：＿＿＿＿＿＿＿＿

传真：＿＿＿＿＿＿＿＿＿＿联系人：＿＿＿＿＿＿＿＿＿

日期＿＿＿＿＿＿年＿＿＿＿＿月＿＿＿＿＿日

附录 C　建筑安装工程投标书通用格式

目　录

一、商务部分

1. 法定代表人资格证明书

2. 投标文件签署授权委托书

3. 投标书

4. 投标报价书

5. 投标报价预算书

6. 投标综合业绩资料

7. 招标文件要求的其他投标资料

8. 售后服务保障承诺

9. 用户意见及特殊说明

10. 企业概况

11. 银行提供的信誉证明

12. 资产负债表

13. 优势条件

14. 质量承诺

15. 工期承诺

16. 保修及维护承诺

17. 企业营业执照及代码证

18. 资质证书

二、技术部分

19. 公司简介

20. 企业概况

21. 企业主要施工任务

22. 企业投入的主要机械设备一览表

23. 劳动力计划表

24. 施工平面图

25. 项目班子配备情况

26. 项目经理简历表

27. 项目技术负责人简历表

28. 企业近两年主要工程一览表

29. 企业现有主要任务一览表

30. 技术文件

1）投入到本工程的主要劳动力情况一览表。

2）施工组织及设计。

3）施工方案。

4）确保质量的技术组织措施。

5）确保工期的技术组织措施。

6）确保生产安全的技术组织措施。

7）文明施工保证措施。

8）计划开、竣工施工进度网络图。

9）工程量清单。

10）图样。

11）其他。

一、商务部分

1. 法定代表人资格证明书

单位名称：××××安装工程有限公司

地　　址：××市××区××路××号

姓　　名：××

性　　别：男

年　　龄：38 岁

职　　务：总经理

××系××安装工程有限公司的法定代表人。为施工、竣工和保修××商业小区空调安装工程，签署上述工程的投标文件、进行合同谈判、签署合同和处理与之有关的一切事务。

特此证明

投标单位：××安装工程有限公司

日期：2015 年 4 月 10 日

2. 投标文件签署授权委托书

××联合招标代理有限公司

本授权委托书声明：我××系××安装工程有限公司的法定代表人，现授权委托××安装工程有限公司中的×××为我公司代理人，以我公司的名义参加××商业小区空调安装工程投标活动。代理人在开标、评标、合同谈判过程中所签署的一切文件和处理与之有关的一切事务，我均予以承认。

代理人无转委权，特此委托。

代理人：×××　　　性别：女　　　年龄：35 岁

单位：××安装工程有限公司　　　部门：业务部

职务：经理

投标单位：××安装工程有限公司

法定代表人：××

授权委托日期：2003 年 4 月 10 日

3. 投标书

致：××联合招标代理有限公司

（1）根据已收到的招标编号为××地区××工程的招标文件，我公司经考查现场和研究上述招标文件的投标须知、合同条款、技术规范、图样及其他有关文件后，我方愿以人民币（大写）×××××圆整（RMB：×××××0.00 元）的投标报价，按上述合同条款、技术规范、图样的条件要求承包上述全部工程的施工、竣工和保修。

（2）一旦我方中标，我方保证在 2015 年 8 月 10 日开工，2015 年 12 月 10 日竣工，即 122 天（日历日包括雨季等自然天气情况）内竣工并移交全部工程，且达到质量标准。

（3）如果我方中标，我方将按照招标文件的规定提交上述总价 10% 的银行保函，作为履约保证金，共同地和分别地承担责任。并按照招标文件要求提交 10% 的风险保证金（现金）。

（4）我方同意所递交的投标文件在"投标须知"第 11 条规定的投标有效期内有效，在此期间内我方的投标有可能中标，我方将受此约束。

（5）除非另外达成协议并生效，贵方的中标通知书和本投标文件将构成约束我们双方的合同。

（6）我方金额为人民币壹万元整（RMB：10000 元）的投标保证金与本投标书同时递交。

（7）我方已详细审查全部招标文件，包括修改文件以及全部其他资料和附件。我方完全清楚应放弃一切存有含糊不清或说明的权利。

（8）我方同意提供招标单位可能要求的与投标有关的一切数据和资料，完全理解招标单位不一定接受最低价的投标的决定。

（9）我方愿遵守招标文件中关于中标服务费的规定。

投标单位：××安装工程有限公司

单位地址：××市××区××路××号

法定代表人：××

邮政编码：××××××

电话：

传真：

开户银行名称：

开户银行账号：

开户银行电话：

开户行地址：××市××区××路

日期：2015 年 7 月 1 日

4. 投标报价书（略）

5. 投标报价预算书（略）

6. 招标文件要求的其他投标资料（略）

7. 售后服务保障承诺

（1）保修及长期服务　全系统工程保修 2 年，终身维护。

（2）服务时间　实行 24 小时全年无假日服务。接到市区维护要求，我方技术人员在 2 小时内到达现场并及时处理；接到省内用户维护要求，我方技术人员在 6 ~ 8 小时内到达并及时排除故障。

（3）培训　免费为业主培训操作维修人员。

（4）保养　根据我们所提供设备特点，我公司定期对设备进行保养，以有效延长设备使用寿命。

（5）制度　帮助用户根据设备及系统特点和要求，建立设备、系统操作和维护安全规程。

（6）特殊服务　在设备及系统正常运行期间，我公司技术人员定期到用户处巡检，并针对不同的设备和系统特点进行不定期的跟踪服务。在接到业主紧急维修要求后，我方技术人员在 3 小时内赶到施工现场。先解决问题，再分析故障负责问题。

（7）档案　建立用户及设备的技术档案，在××常年配备常用件和易损部件，当发生故障时，能及时处理。

（8）收费标准　在保修期内用户设备发生故障，我公司免费为用户进行维修，产品维护期间只收取零件、配件的成本费用。免费一年运行、维护工作。

（9）责任制　售后服务工作实行分区管理，专人服务，对于无故拖延售后服务时间和因维修不当给用户造成经济损失的，公司对相关人员给予相应的经济及行政处罚。

（10）考察　欢迎用户到我公司及施工用户的相关工程进行考察，我公司免费为用户提供相关技术咨询和技术资料。

××安装工程有限公司

日期：2015 年 7 月 1 日

8. 用户意见及特殊说明（略）

9. 企业概况（略）

10. 银行提供的信誉证明

（1）基本资料

1）资产总额。

2）负债总额。

3）年平均完成投资。

4）最高年施工能力。

（2）最近三年每年完成投资额和本年预计完成投资额（略）

（3）最近两年经审计的财务报表（略）

（4）本年度的财务预测报告（略）

（5）可以查到财务信息的开户银行的银行名称、地址。投标人向其开户银行出具的招标人可查证的授权书（略）

11. 资产负债表（略）

12. 优势条件（略）

13. 质量承诺

1）选派具有多年施工经验的优秀管理人员组成强有力的项目经理部，严格按质量保证体系指导施工。

2）配备具有多年施工经验的专业人员组成强有力的施工集体。

3）选用新工艺、新材料、新技术，实现业主提出的质量目标。

4）保证所提供的设备质量具有国内先进水平。

5）工程一次交验合格率100%。

6）优良工程兑现率100%。

确保本工程的施工质量达到优良标准。

确保工程质量承诺书

××商业小区建设指挥部

我公司在××商业小区空调安装工程招标中有幸中标，非常感谢评委及建设单位的信任，在该项目实施过程中，我们除响应招标文件中所有的条款及履约合同内容外，并对工程质量创优有如下承诺：

1）在此工程施工中，一定要精心组织、精心策划，编排好相应施工组织设计，确保工程目标的实现。

2）在此项工程施工中，同监理单位密如配合，严把材料质量关，决不偷工减料，以一流的施工，创一流的质量。

3）调动我方积极因素，做到小毛病不放过，大事故不出现，确保优良工程目标的实现。

4）工程竣工后，我方将负责2年的工程质量无偿保修，以优质的服务，实现我们忠实的承诺。

以上是我单位对该工程的质量承诺，若在施工中我方达不到甲方要求及我方承诺标准，在施工中出现质量问题与我方有直接责任时，我方愿受罚工程造价的3%。严重时，甘愿受法律法规处罚，并自动撤出现场。

　　承诺单位：××安装工程有限公司

　　法定代表人：××

　　14. 工期承诺

　　1）根据本工程的工期要求并结合我公司的施工能力，保证在业主规定的时间内完成全部施工任务。

　　2）本工程全部工期为 122 天。

　　15. 保修及维护承诺（略）

　　16. 企业营业执照及代码证（略）

　　17. 资质证书（略）

二、技术部分

　　1. 公司简介（略）

　　2. 企业概况（略）

　　3. 企业近两年竣工主要工程一览表（略）

　　4. 企业现有主要施工任务一览表（略）

　　5. 企业现有主要施工机械设备一览表及企业计划投入的主要机械设备一览表（略）

　　6. 劳动力计划表（略）

　　7. 施工平面图（略）

　　8. 项目班子配备情况（略）

　　9. 项目经理简历表（略）

　　10. 项目技术负责人简历表（略）

　　11. 企业近两年主要工程一览表（略）

　　12. 企业现有主要任务一览表（略）

　　13. 技术文件

　　A. 工期保证措施

工期保证措施

　　为保证××空调安装工程的工期，我公司提出如下工期保障措施：

　　1）组织技术过硬、强有力的项目经理班子（项目班子配备表附后），保障施工顺利进行。

　　2）选用优秀的施工队长，组织过硬的施工人员。

　　3）由项目经理主抓材料处，做好优质材料及时供应。

　　4）甲方工程款不能及时到位的情况下，我方可以垫付资金或材料，保证工程顺利进行。

　　5）我公司机械化加工设备齐全，并将主要施工设备运至施工现场，减少运输环节。

　　6）鉴于本工程工期短，工程量大，我公司决定由项目经理带队，技术、质量、安全人员常驻现场，并配有六台施工用车随时为施工服务。

　　7）派专职安全人员保障现场施工顺利进行。

8）与其他专业协调施工，保障小区工程总体竣工。

××安装工程有限公司

2015 年 7 月 1 日

B. 工程保修措施

保 修 措 施

根据××空调工程实际情况，我公司提出如下质量保修措施：

1）选用国内外优质材料施工，确保施工质量，为保修打下坚实基础。

2）在施工过程中，实行四级质量管理制度，即班组自检、质量专检员专检、质量处经理督检、项目经理及监理员总检，确保施工质量，为保修打下基础。

3）我公司承诺：对所施工工程保修×年，×年内随叫随到。

4）验收合格后，我单位派专门技术人员到施工区，对甲方人员进行免费培训，直到甲方人员全面掌握操作规程。如遇到其他情况，我公司专业维修人员将在接到甲方电话后 2 小时内到达现场。

××安装工程有限公司

2015 年 7 月 1 日

C. 施工组织设计（略）

附录 D　施工合同示范文本

第一部分　协　议　书

发包人（全称）：＿＿＿＿＿＿＿＿＿＿＿

承包人（全称）：＿＿＿＿＿＿＿＿＿＿＿

依照《中华人民共和国合同法》《中华人民共和国建筑法》及其他有关法律、行政法规、遵循平等、自愿、公平和诚实信用的原则，双方就本建设工程施工项目协商一致，订立本合同。

一、工程概况

工程名称：＿＿＿＿＿＿＿＿＿＿＿

工程地点：＿＿＿＿＿＿＿＿＿＿＿

工程内容：＿＿＿＿＿＿＿＿＿＿＿

群体工程应附承包人承揽工程项目一览表（附件1）

工程立项批准文号：＿＿＿＿＿＿＿＿＿＿＿＿＿＿＿

资金来源：＿＿＿＿＿＿＿＿＿＿＿＿＿＿＿＿＿

二、工程承包范围

承包范围：＿＿＿＿＿＿＿＿＿＿＿＿＿＿＿

三、合同工期：

开工日期：＿＿＿＿＿＿＿＿＿＿＿＿＿

竣工日期：＿＿＿＿＿＿＿＿＿＿＿＿＿

合同工期总日历天数＿＿＿＿＿＿＿＿＿＿天

四、质量标准

工程质量标准：＿＿＿＿＿＿＿＿＿＿

五、合同价款

金额（大写）：＿＿＿＿＿＿＿＿＿＿＿＿元（人民币）

　　　　　¥：＿＿＿＿＿＿＿＿＿＿＿＿元

六、组成合同的文件

组成本合同的文件包括：

1. 本合同协议书

2. 中标通知书

3. 投标书及其附件

4. 本合同专用条款

5. 本合同通用条款

6. 标准、规范及有关技术文件

7. 图样

8. 工程量清单

9. 工程报价单或预算书

10. 双方有关工程的洽商、变更等书面协议或文件视为本合同的组成部分。

七、本协议书中有关词语含义与本合同第二部分《通用条款》中分别赋予它们的定义相同。

八、承包人向发包人承诺按照合同约定进行施工、竣工并在质量保修期内承担工程质量保修责任。

九、发包人向承包人承诺按照合同约定的期限和方式支付合同价款及其他应当支付的款项。

十、合同生效

合同订立时间：＿＿＿＿年＿＿＿月＿＿日

合同订立地点：＿＿＿＿＿＿＿＿＿

本合同双方约定＿＿＿＿＿＿＿＿＿后生效。

发包人：（公章）＿＿＿＿＿　　承包人：（公章）＿＿＿＿＿

住所：＿＿＿＿＿＿　　住所：＿＿＿＿＿＿

法定代表人：＿＿＿＿＿　　法定代表人：＿＿＿＿＿

委托代表人：＿＿＿＿＿　　委托代表人：＿＿＿＿＿

电话：＿＿＿＿＿＿　　电话：＿＿＿＿＿＿

传真：＿＿＿＿＿＿　　传真：＿＿＿＿＿＿

开户银行：＿＿＿＿＿＿　　开户银行：＿＿＿＿＿＿

账号：＿＿＿＿＿＿　　账号：＿＿＿＿＿＿

邮政编码：＿＿＿＿＿＿　　邮政编码：＿＿＿＿＿＿

第二部分　通　用　条　款

一、词语定义及合同文件

1. 词语定义

下列词语除专用条款另有约定外，应具有本条所赋予的定义：

1.1　通用条款：是根据法律、行政法规规定及建设工程施工的需要订立，通用于建设工程施工的条款。

1.2　专用条款：是发包人与承包人根据法律、行政法规规定，结合具体工程实际，经协商达成一致意见的条款，是对通用条款的具体化、补充或修改。

1.3　发包人：指在协议书中约定，具有工程发包主体资格和支付工程价款能力的当事人以及取得该当事人资格的合法继承人。

1.4　承包人：指在协议书中约定，被发包人接受的具有工程施工承包主体资格的当事人以及取得该当事人资格的合法继承人。

1.5　项目经理：指承包人在专用条款中指定的负责施工管理和合同履行的代表。

1.6　设计单位：指发包人委托的负责本工程设计并取得相应工程设计资质等级证书的单位。

1.7　监理单位：指发包人委托的负责本工程监理并取得相应工程监理资质等级证书的单位。

1.8　工程师：指本工程监理单位委派的总监理工程师或发包人指定的履行本合同的代表，其具体身份和职权由发包人承包人在专用条款中约定。

1.9　工程造价管理部门：指国务院有关部门、县级以上人民政府建设行政主管部门或其委托的工程造价管理机构。

1.10　工程：指发包人承包人在协议书中约定的承包范围内的工程。

1.11　合同价款：指发包人承包人在协议书中约定，发包人用以支付承包人按照合同约定完成承包范围内全部工程并承担质量保修责任的款项。

1.12　追加合同价款：指在合同履行中发生需要增加合同价款的情况，经发包人确认后按计算合同价款的方法增加的合同价款。

1.13　费用：指不包含在合同价款之内的应当由发包人或承包人承担的经济支出。

1.14　工期：指发包人承包人在协议书中约定，按总日历天数（包括法定节假日）计算的承包天数。

1.15　开工日期：指发包人承包人在协议书中约定，承包人开始施工的绝对或相对的日期。

1.16　竣工日期：指发包人承包人在协议书约定，承包人完成承包范围内工程的绝对或相对的日期。

1.17　图样：指由发包人提供或由承包人提供并经发包人批准，满足承包人施工需要的所有图样（包括配套说明和有关资料）。

1.18　施工场地：指由发包人提供的用于工程施工的场所以及发包人在图样中具体指定的供施工使用的任何其他场所。

1.19　书面形式：指合同书、信件和数据电文（包括电报、电传、传真、电子数据交换和电子邮件）等可以有形地表现所载内容的形式。

1.20　违约责任：指合同一方不履行合同义务或履行合同义务不符合约定所应承担的责任。

1.21　索赔：指在合同履行过程中，对于并非自己的过错，而是应由对方承担责任的情况造成的实际损失，向对方提出经济补偿和（或）工期顺延的要求。

1.22　不可抗力：指不能预见、不能避免并不能克服的客观情况。

1.23　小时或天：本合同中规定按小时计算时间的，从事件有效开始时计算（不扣除休息时间）；规定按天计算时间的，开始当天不计入，从次日开始计算。时限的最后一天是休息日或者其他法定节假日的，以节假日次日为时限的最后一天，但竣工日期除外。时限的最后一天的截止时间为当日 24 时。

2. 合同文件及解释顺序

2.1　合同文件应能相互解释，互为说明。除专用条款另有约定外，组成本合同的文件及优先解释顺序如下：

1）本合同协议书。

2）中标通知书。

3）投标书及其附件。

4）本合同专用条款。

5）本合同通用条款。

6）标准、规范及有关技术文件。

7）图样。

8）工程量清单。

9）工程报价单或预算书。

合同履行中，发包人承包人有关工程的洽商、变更等书面协议或文件视为本合同的组成部分。

2.2　当合同文件内容含糊不清或不相一致时，在不影响工程正常进行的情况下，由发包人承包人协商解决。双方也可以提请负责监理的工程师做出解释。双方协商不成或不同意负责监理的工程师做出解释。双方协商不成或不同意负责监理的工程师的解释时，按本通用条款第 37 条关于争议的约定处理。

3. 语言文字和适用法律、标准及规范

3.1　语言文字。本合同文件使用汉语语言文字书写、解释和说明。如专用条款约定使用两种以上（含两种）语言文字时，汉语应为解释和说明本合同的标准语言文字。

在少数民族地区，双方可以约定使用少数民族语言文字书写和解释、说明本合同。

3.2　适用法律和法规。本合同文件适用国家的法律和行政法规。需要明示的法律、行政法规，由双方在专用条款中约定。

3.3　适用标准、规范。双方在专用条款内约定适用国家标准、规范的名称；没有国家标准、规范但有行业标准、规范的，约定适用行业标准、规范的名称；没有国家和行业标准、规范的，约定适用工程所在地地方标准、规范的名称。发包人应按专用条款约定的时间向承包人提供一式两份约定的标准、规范。

国内没有相应标准、规范的，由发包人按专用条款约定的时间向承包人提出施工技术要求，承包人按约定的时间和要求提出施工工艺，经发包人认可后执行。发包人要求使用国外标准、规范的，应负责提供中文译本。

本条所发生的购买、翻译标准、规范或制定施工工艺的费用，由发包人承担。

4. 图样

4.1　发包人应按专用条款约定的日期和套数，向承包人提供图样。承包人需要增加图样套数的，发包人应代为复制，复制费用由承包人承担。发包人对工程有保密要求的，应在专用条款中提出保密要求，保密措施费用由发包人承担，承包人在约定保密期限内履行保密义务。

4.2　承包人未经发包人同意，不得将本工程图样转给第三人。工程质量保修期满后，除承包人存档需要的图样外，应将全部图样退还给发包人。

4.3　承包人应在施工现场保留一套完整图样，供工程师及有关人员进行工程检查时使用。

二、双方一般权利和义务

5. 工程师

5.1　实行工程监理的，发包人应在实施监理前将委托的监理单位名称、监理内容及监理权限以书面形式通知承包人。

5.2　监理单位委派的总监理工程师在本合同中称工程师，其姓名、职务、职权由发包人承包人在专用条款内写明。工程师按合同约定行使职权，发包人在专用条款内要求工程师在行使某些职权前需要征得发包人批准的，工程师应征得发包人批准。

5.3　发包人派驻施工场地履行合同的代表在本合同中也称工程师，其姓名、职务、职权由发包人在专用条款内写明，但职权不得与监理单位委派的总监理工程师职权相互交叉。双方职权发生交叉或不明确时，由发包人予以明确，并以书面形式通知承包人。

5.4　合同履行中，发生影响发包人承包人双方权利或义务的事件时，负责监理的工程师应依据合同在其职权范围内客观公正地进行处理。一方对工程师的处理有异议时，按本通用条款第 37 条关于争议的约定处理。

5.5　除合同内有明确约定或经发包人同意外，负责监理的工程师无权解除本合同约定的承包人的任何权利与义务。

5.6　不实行工程监理的，本合同中工程师专指发包人派驻施工场地履行合同的代表，其具体职权由发包人在专用条款内写明。

6. 工程师的委派和指令

6.1　工程师可委派工程师代表，行使合同约定的自己的职权，并可在认为必要时撤回委派。委派和撤回均应提前 7 天以书面形式通知承包人，负责监理的工程师还应将委派和撤回通知发包人。委派书和撤回通知作为本合同附件。

工程师代表在工程师授权范围内向承包人发出的任何书面形式的函件，与工程师发出的函件具有同等效力。承包人对工程师代表向其发出的任何书面形式的函件有疑问时，可将此函件提交工程师，工程师应进行确认。工程师代表发出指令有失误时，工程师应进行纠正。

除工程师或工程师代表外，发包人派驻工地的其他人员均无权向承包人发出任何指令。

6.2　工程师的指令、通知由其本人签字后，以书面形式交给项目经理，项目经理在回执上签署姓名和收到时间后生效。确有必要时，工程师可发出口头指令，并在 48 小时内给予书面确认,承包人对工程师的指令应予执行。工程师不能及时给予书面确认的,承包人应于工程师发出口头指令后 7 天内提出书面确认要求。工程师在承包人提出确认要求后 48 小时内不予答复的,视为口头指令已被确认。

承包人认为工程师指令不合理,应在收到指令后 24 小时内向工程师提出修改指令的书面报告,工程师在收到承包人报告后 24 小时内做出修改指令或继续执行原指令的决定,并以书面形式通知承包人。紧急情况下,工程师要求承包人立即执行的指令或承包人虽有异议,但工程师决定仍继续执行的指令,承包人应予执行。因指令错误发生的追加合同价款和给承包人造成的损失由发包人承担,延误的工期相应顺延。

本款规定同样适用于由工程师代表发出的指令、通知。

6.3 工程师应按合同约定,及时向承包人提供所需指令、批准并履行约定的其他义务。由于工程师未能按合同约定履行义务造成工期延误,发包人应承担延误造成的追加合同价款,并赔偿承包人有关损失,顺延延误的工期。

6.4 如需更换工程师,发包人应至少提前 7 天以书面形式通知承包人,后任继续行使合同文件约定的前任的职权,履行前任的义务。

7. 项目经理

7.1 项目经理的姓名、职务在专用条款内写明。

7.2 承包人依据合同发出的通知,以书面形式由项目经理签字后送交工程师,工程师在回执上签署姓名和收到时间后生效。

7.3 项目经理按发包人认可的施工组织设计(施工方案)和工程师依据合同发出的指令组织施工。在情况紧急且无法与工程师联系时,项目经理应当采取保证人员生命和工程、财产安全的紧急措施,并在采取措施后 48 小时内向工程师上交报告。责任在发包人或第三人,由发包人承担由此发生的追加合同价款,相应顺延工期;责任在承包人,由承包人承担费用,不顺延工期。

7.4 承包人如需要更换项目经理,应至少提前 7 天以书面形式通知发包人,关征得发包人同意。后任继续行使合同文件约定的前任的职权,履行前任的义务。

7.5 发包人可以与承包人协商,建议更换其认为不称职的项目经理。

8. 发包人工作

8.1 发包人按专用条款约定的内容和时间完成以下工作:

1)办理土地征用、拆迁补偿、平整施工场地等工作,使施工场地具备施工条件,在开工后继续负责解决以上事项遗留问题。

2)将施工所需水、电、电讯线路从施工场地外部接至专用条款约定地点,保证施工期间的需要。

3)开通施工场地与城乡公共道路的通道,以及专用条款约定的施工场地内的主要道路,满足施工运输的需要,保证施工期间的畅通。

4)向承包人提供施工场地的工程地质和地下管线资料,对资料的真实准确性负责。

5)办理施工许可证及其他施工所需证件、批件和临时用地、停水、停电、中断道路交通、爆破作业等的申请批准手续(证明承包人自身资质的证件除外)。

6)确定水准点与坐标控制点,以书面形式交给承包人,进行现场交验。

7)组织承包人和设计单位进行图样会审和设计交底。

8）协调处理施工场地周围地下管线和邻近建筑物、构筑物（包括文物保护建筑）、古树名木的保护工作、承担有关费用。

9）发包人应做的其他工作，双方在专用条款内约定。

8.2　发包人可以将8.1款部分工作委托承包人办理，双方在专用条款内约定，其费用由发包人承担。

8.3　发包人未能履行8.1款各项义务，导致工期延误或给承包人造成损失的，发包人赔偿承包人有关损失，顺延延误的工期。

9. 承包人工作

9.1　承包人按专用条款约定的内容和时间完成以下工作：

1）根据发包人委托，在其设计资质等级和业务允许的范围内，完成施工图设计或与工程配套的设计，经工程师确认后使用，发包人承担由此发生的费用。

2）向工程师提供年、季、月度工程进度计划及相应进度统计报表。

3）根据工程需要，提供和维修非夜间施工使用的照明、围栏设施，并负责安全保卫。

4）按专用条款约定的数量和要求，向发包人提供施工场地办公和生活的房屋及设施，发包人承担由此发生的费用。

5）遵守政府有关主管部门对施工场地交通、施工噪音以及环境保护和安全生产等的管理规定，按规定办理有关手续，并以书面形式通知发包人，发包人承担由此发生的费用，因承包人责任造成的罚款除外。

6）已竣工工程未交付发包人之前，承包人按专用条款约定负责已完工程的保护工作，保护期间发生损坏，承包人自费予以修复；发包人要求承包人采取特殊措施保护的工程部位和相应的追加合同价款，双方在专用条款内约定。

7）按专用条款约定做好施工场地地下管线和邻近建筑物、构筑物（包括文物保护建筑）、古树名木的保护工作。

8）保证施工场地清洁符合环境卫生管理的有关规定，交工前清理现场达到专用条款约定的要求，承担因自身原因违反有关规定造成的损失和罚款。

9）承包人应做的其他工作，双方在专用条款内约定。

9.2　承包人未能履行9.1款各项义务，造成发包人损失的，承包人赔偿发包人有关损失。

三、施工组织设计和工期

10. 进度计划

10.1　承包人应按专用条款约定的日期，将施工组织设计和工程进度计划提交修改意见，逾期不确认也不提出书面意见的，视为同意。

10.2　群体工程中单位工程分期进行施工的，承包人应按照发包人提供图样及有关资料的时间，按单位工程编制进度计划，其具体内容双方在专用条款中约定。

10.3　承包人必须按工程师确认的进度计划组织施工，接受工程师对进度的检查、监督。工程实际进度与经确认的进度计划不符时，承包人应按工程师的要求提出改进措施，经工程师确认后执行。因承包人的原因导致实际进度与进度计划不符，承包人无权就改进措施提出追加合同价款。

11. 开工及延期开工

11.1　承包人应当按照协议书约定的开工日期开工。承包人不能按时开工，应当不迟于协议书约定的开工日期前7天，以书面形式向工程师提出延期开工的理由和要求。工程师应当在接到延期开工申请后的48小时内以书面形式答复承包人。工程师在接到延期开工申请后48小时内不答复，视为同意承包人要求，工期相应顺延。工程师不同意延期要求或承包人未在规定时间内提出延期开工要求，工期不予顺延。

11.2　因发包人原因不能按照协议书约定的开工日期开工，工程师应以书面形式通知承包人，推迟开工日期。发包人赔偿承包人因延期开工造成的损失，并相应顺延工期。

12. 暂停施工

工程师认为确有必要暂停施工时，应当以书面形式要求承包人暂停施工，并在提出要求后48小时内提出书面处理意见。承包人应当按工程师要求停止施工，并妥善保护已完工程。承包人实施工程师做出的处理意见后，可以书面形式提出复工要求，工程师做出的处理意见后，可以书面形式提出复工要求，工程师应当在48小时内给予答复。工程师未能在规定时间内提出处理意见，或收到承包人复工要求后48小时内未予答复，承包人可自行复工。因发包人原因造成停工的，由发包人承担所发生的追加合同价款，赔偿承包人由此造成的损失，相应顺延工期；因承包人原因造成停工的，由承包人承担发生的费用，工期不予顺延。

13. 工期延误

13.1　因以下原因造成工期延误，经工程师确认，工期相应顺延：

1）发包人未能按专用条款的约定提供图样及开工条件。

2）发包人未能按约定日期支付工程预付款、进度款，致使施工不能正常进行。

3）工程师未按合同约定提供所需指令、批准等，致使施工不能正常进行。

4）设计变更和工程量增加。

5）一周内非承包人原因停水、停电、停气造成停工累计超过8小时。

6）不可抗力。

7）专用条款中约定或工程师同意工期顺延的其他情况。

13.2　承包人在13.1款情况发生后14天内，就延误的工期以书面形式向工程师提出报告。工程师在收到报告后14天内予以确认，逾期不予确认也不提出修改意见，视为同意顺延工期。

14. 工程竣工

14.1　承包人必须按照协议书约定的竣工日期或工程师同意顺延的工期竣工。

14.2　因承包人原因不能按照协议书约定的竣工日期或工程师同意顺延的工期竣工的，承包人承担违约责任。

14.3　施工中发包人如需提前竣工，双方协商一致后应签订提前竣工协议，作为合同文件组成部分。提前竣工协议应包括承包人为保证工程质量和安全采取的措施、发包人为提前竣工提供的条件以及提前竣工所需的追加合同价款等内容。

四、质量与检验

15. 工程质量

15.1　工程质量应当达到协议书约定的质量标准，质量标准的评定以国家或行业的质量检验评定标准为依据。因承包人原因工程质量达不到约定的质量标准，承包人承担违约责任。

15.2　双方对工程质量有争议，由双方同意的工程质量检测机构鉴定，所需费用及因此造成的损失，由责任方承担。双方均有责任，由双方根据其责任分别承担。

16. 检查和返工

16.1　承包人应认真按照标准、规范和设计图要求以及工程师依据合同发出的指令施工，随时接受工程师的检查检验，为检查检验提供便利条件。

16.2　工程质量达不到约定标准的部分，工程师的要求拆除和重新施工，直到符合约定标准。因承包人原因达不到约定标准，由承包人承担拆除和重新施工的费用，工期不予顺延。

16.3　工程师的检查检验不应影响施工正常进行。如影响施工正常进行，检查检验不合格时，影响正常施工的费用由承包人承担。除此之外影响正常施工的追加合同价款由发包人承担，相应顺延工期。

16.4　因工程师指令失误或其他非承包人原因发生的追加合同价款，由发包人承担。

17. 隐蔽工程和中间验收

17.1　工程具备隐蔽条件或达到专用条款约定的中间验收部位，承包人进行自检，并在隐蔽或中间验收前48小时以书面形式通知工程师验收。通知包括隐蔽和中间验收的内容、验收时间和地点。承包人准备验收记录，验收合格，工程师在验收记录上签字后，承包人可进行隐蔽和继续施工。验收不合格，承包人在工程师限定的时间内修改后重新验收。

17.2　工程师不能按时进行验收，应在验收前24小时以书面形式向承包人提出延期要求，延期不能超过48小时。工程师未能按以上时间提出延期要求，不进行验收，承包人可自行组织验收，工程师应承认验收记录。

17.3　经工程师验收，工程质量符合标准、规范和设计图等要求，验收24小时后，工程师不在验收记录上签字，视为工程师已经认可验收记录，承包人可进行隐蔽或继续施工。

18. 重新检验

无论工程师是否进行验收，当其要求对已经隐蔽的工程重新检验时，承包人应按要求进行剥离或开孔，并在检验后重新覆盖或修复。检验合格，发包人承担由此发生的全部追加合同价款，赔偿承包人损失，并相应顺延工期。检验不合格，承包人承担发生的全部费用，工期不予顺延。

19. 工程试车

19.1　双方约定需要试车的，试车内容应与承包人承包的安装范围相一致。

19.2　设备安装工程具备单机无负荷试车条件，承包人组织试车，并在试车前48小时以书面形式通知工程师。通知包括试车内容、时间、地点。承包人准备试车记录，发包人根据承包人要求为试车提供必要条件。试车合格，工程师在试车记录上签字。

19.3　工程师不能按时参加试车，须在开始试车前24小时以书面形式向承包人提出延期要求，不参加试车，应承认试车记录。

19.4　设备安装工程具备无负荷联动试车条件，发包人组织试车，并在试车内容、时间、地点和对承包人的要求，承包人按要求做好准备工作。试车合格，双方在试车记录上签字。

19.5　双方责任

1）由于设计原因试车达不到验收要求，发包人应要求设计单位修改设计，承包人按修改后的设计重新安装。发包人承担修改设计、拆除及重新安装的全部费用和追加合同价款，工期相应顺延。

2）由于设备制造原因试车达不到验收要求，由该设备采购一方负责重新购置或修理，承包人负责拆除和重新安装。设备由承包人采购的，由承包人承担修理或重新购置、拆除及重新安装的费用，工期不予顺延；设备由发包人采购的，发包人承担上述各项追加合同价款，工期相应顺延。

3）由于承包人施工原因试车不到验收要求，承包人按工程师要求重新安装和试车，并承担重新安装和试车的费用，工期不予顺延。

4）试车费用除已包括在合同价款之内或专用条款另有约定外，均由发包人承担。

5）工程师在试车合格后不在试车记录上签字，试车结束 24 小时后，视为工程师已经认可试车记录，承包人可继续施工或办理竣工手续。

19.6　投料试车应在工程竣工验收后由发包人负责，如发包人要求在工程竣工验收前进行或需要承包人配合时，应征得承包人同意，另行签订补充协议。

五、安全施工

20. 安全施工与检查

20.1　承包人应遵守工程建设安全生产有关管理规定，严格按安全标准组织施工，并随时接受行业安全检查人员依法实施的监督检查，采取必要的安全防护措施，消除事故隐患。由于承包人安全措施不力造成事故的责任和因此发生的费用，由承包人承担。

20.2　发包人应对其在施工场地的工作人员进行安全教育，并对他们的安全负责。发包人不得要求承包人违反安全管理的规定进行施工。因发包人原因导致的安全事故，由发包人承担相应责任及发生的费用。

21. 安全防护

21.1　承包人在动力设备、输电线路、地下管道、密封防震车间、易燃易爆地段以及临街交通要道附近施工时，施工开始前应向工程师提出安全防护措施，经工程师认可后实施，防护措施费用由发包人承担。

21.2　实施爆破作业，在放射、毒害性环境中施工（含储存、运输、使用）及使用毒害性、腐蚀性物品施工时，承包人应在施工前 14 天以书面通知工程师，并提出相应的安全防护措施，经工程师认可后实施，由发包人承担安全防护措施费用。

22. 事故处理

22.1　发生重大伤亡及其他安全事故，承包人应按有关规定立即上报有关部门并通知工程师，同时按政府有关部门要求处理，由事故责任方承担发生的费用。

22.2　发包人承包人对事故责任有争议时，应按政府有关部门的认定处理。

六、合同价款与支付

23. 合同价款及调整

23.1　招标工程的合同价款由发包人承包人依据中标通知书中的中标价格在协议书内约定。非招标工程的合同价款由发包人承包人依据工程预算书在协议书内约定。

23.2　合同价款在协议书内约定后，任何一方不得擅自改变。下列三种确定合同价款的方式，双方可在专用条款内约定采用其中一种：

1）固定价格合同。双方在专用条款内约定合同价款包含的风险范围和风险费用的计算方法，在约定的风险范围内合同价款不再调整。风险范围以外的合同价款调整方法。应当在专用条款内约定。

2）可调价格合同。合同价款可根据双方的约定而调整，双方在专用条款内约定合同价款调整方法。

3）成本加酬金合同。合同价款包括成本和酬金两部分，双方在专用条款内约定成本构成和酬金的计算方法。

23.3　可调价格合同中合同价款的调整因素包括：

1）法律、行政法规和国家有关政策变化影响合同价款。

2）工程造价管理部门公布的价格调整。

3）一周内非承包人原因停水、停电、停气造成停工累计超过 8 小时。

4）双方约定的其他因素。

23.4　承包人应当在 23.3 款情况发生后 14 天内，将调整原因、金额以书面形式通知工程师，工程师确认调整金额后作为追加合同价款，与工程款同期支付。工程师收到承包人通知后 14 天内不予确认也不提出修改意见，视为已经同意该项调整。

24. 工程预付款

实行工程预付款的，双方应当在专用条款内约定发包人向承包人预付工程款的时间和数额，开工后按约定的时间和比例逐次扣回。预付时间应不迟于约定的开工日期前 7 天。发包人不按约定预付，承包人在约定预付时间 7 天后向发包人发出要求预付的通知，发包人收到通知后仍不能按要求预付，承包人可在发出通知后 7 天停止施工，发包人应从约定应付之日起向承包人支付应付款的贷款利息，并承担违约责任。

25. 工程量的确认

25.1　承包人应按专用条款约定的时间，向工程师提交已完工程量的报告。工程师接到报告后 7 天内按设计图核实已完工程量（以下称计量）并在计量前 24 小时通知承包人，承包人为计量提供便利条件并派人参加。承包人收到通知后不参加计量，计量结果有效，作为工程价款支付的依据。

25.2　工程师收到承包人报告后 7 天内未进行计量，从第 8 天起，承包人报告中开列的工程量即视为被确认，作为工程价款支付的依据。工程师不按约定时间通知承包人，致使承包人未能参加计量，计量结果无效。

25.3　对承包人超出设计图范围和因承包人原因造成返工的工程量，工程师不予计量。

26. 工程款（进度款）支付

26.1　在确认计量结果后 14 天内，发包人应向承包人支付工程款（进度款）。按约定时间发包人应扣回的预付款，与工程款（进度款）同期结算。

26.2　本通用条款第 23 条确定调整的合同价款，第 31 条工程变更调整的合同价款及其他条款中约定的追加合同价款，应与工程款（进度款）同期调整支付。

26.3　发包人超过约定的支付时间不支付工程款（进度款），承包人可向发包人发出要求付款的通知，发包人收到承包人通知后仍不能按要求付款，可与承包人协商签订延期付款协议，经承包人同意后可延期支付。协议应明确延期支付的时间和从计量结果确认后第 15 天起应付款的贷款利息。

26.4　发包人不按合同约定支付工程款（进度款），双方又未达成延期付款协议，导致施工无法进行，承包人可停止施工，由发包人承担违约责任。

七、材料设备供应

27. 发包人供应材料设备

27.1　实行发包人供应材料设备的，双方应当约定发包人供应材料设备的一览表，作为本合同附件（附件2）。一览表包括发包人供应材料设备的品种、规格、型号、数量、单价、质量等级、提供时间和地点。

27.2　发包人按一览表约定的内容提供材料设备，并向承包人提供产品合格证明，对其质量负责。发包人在所供材料设备到货前24小时，以书面形式通知承包人，由承包人派人与发包人共同清点。

27.3　发包人供应的材料设备，承包人派人参加清点后由承包人妥善保管，发包人支付相应保管费用。因承包人原因发生丢失损坏，由承包人负责赔偿。发包人未通知承包人清点，承包人不负责材料设备的保管，丢失损坏由发包人负责。

27.4　发包人供应的材料设备与一览表不符时，发包人承担有关责任。发包人应承担责任的具体内容，双方根据下列情况在专用条款内约定：

1）材料设备单价与一览表不符，由发包人承担所有价差。

2）材料设备的品种、规格、型号、质量等级与一览表不符，承包人可拒绝接收保管，由发包人运出施工场地并重新采购。

3）发包人供应的材料规格、型号与一览表不符，经发包人同意，承包人可代为调剂串换，由发包人承担相应费用。

4）到货地点与一览表不符，由发包人负责运至一览表指定地点。

5）供应数量少于一览表约定的数量时，由发包人补齐，多于一览表约定数量时，发包人负责将多出部分运出施工场地。

6）到货时间早于一览表约定时间，由发包人承担因此发生的保管费用；到货时间迟于一览表约定的供应时间，发包人赔偿由此造成的承包人损失，造成工期延误的，相应顺延工期。

27.5　发包人供应的材料设备使用前，由承包人负责检验或试验，不合格的不得使用，检验或试验费用由发包人承担。

27.6　发包人供应材料设备的结算方法，双方在专用条款内约定。

28. 承包人采购材料设备

28.1　承包人负责采购材料设备的，应按照专用条款约定及设计和有关标准要求采购，并提供产品合格证明，对材料设备质量负责。承包人在材料设备到货前24小时通知工程师清点。

28.2　承包人采购的材料设备与设计标准要求不符时，承包人应按工程师要求的时间运出施工场地，重新采购符合要求的产品，承担由此发生的费用，由此延误的工期不予顺延。

28.3　承包人采购的材料设备在使用前，承包人应按工程师的要求进行检验或试验，不合格的不得使用，检验或试验费用由承包人承担。

28.4　工程师发现承包人采购并使用不符合设计和标准要求的材料设备时，应要求承包人负责修复、拆除或重新采购，由承包人承担发生的费用，由此延误的工期不予顺延。

28.5　承包人需要使用代用材料时，应经工程师认可后才能使用，由此增减的合同价款双方以书面形式议定。

28.6　由承包人采购的材料设备，发包人不得指定生产厂或供应商。

八、工程变更

29. 工程设计变更

29.1　施工中发包人需对原工程设计变更，应提前 14 天以书面形式向承包人发出变更通知。变更超过原设计标准或批准的建设规模时，发包人应报规划管理部门和其他有关部门重新审查批准，并由原设计单位提供变更的相应图样和说明。承包人按照工程师发出的变更通知及有关要求，进行下列需要的变更：

1）更改工程有关部分的标高、基线、位置和尺寸。

2）增减合同中约定的工程量。

3）改变有关工程的施工时间和顺序。

4）其他有关工程变更需要的附加工作。

因变更导致合同价款的增减及造成的承包人损失，由发包人承担，延误的工期相应顺延。

29.2　施工中承包人不得对原工程设计进行变更。因承包人擅自变更设计发生的费用和由此导致发包人的直接损失，由承包人承担，延误的工期不予顺延。

29.3　承包人在施工中提出的合理化建议涉及对设计图或施工组织设计的更改及对材料、设备的换用，须经工程师同意。未经同意擅自更改或换用时，承包人承担由此发生的费用，并赔偿发包人的有关损失，延误的工期不予顺延。

工程师同意采用承包人合理化建议，所发生的费用和获得的收益，发包人承包人另行约定分担或分享。

30. 其他变更

合同履行中发包人要求变更工程质量标准及发生其他实质性变更，由双方协商解决。

31. 确定变更价款

31.1　承包人在工程变更确定后 14 天内，提出变更工程价款的报告，经工程师确认后调整合同价款。变更合同价款按下列方法进行：

1）合同中已有适用于变更工程的价格，按合同已有的价格变更合同价款。

2）合同中只有类似于变更工程的价格，可以参照类似价格变更合同价款。

3）合同中没有适用或类似于变更工程的价格，由承包人提出适当的变更价格，经工程师确认后执行。

31.2　承包人在双方确定变更后 14 天内不向工程师提出变更工程价款报告时，视为该项变更不涉及合同价款的变更。

31.3　工程师应在收到变更工程价款报告之日起 14 天内予以确认，工程师无正当理由不确认时，自变更工程价款报告送达之日起 14 天后视为变更工程价款报告已被确认。

31.4　工程师不同意承包人提出的变更价款，按本通用条款第 37 条关于争议的约定处理。

31.5　工程师确认增加的工程变更价款作为追加合同价款，与工程款同期支付。

31.6　因承包人自身原因导致的工程变更，承包人无权要求追加合同价款。

九、竣工验收与结算

32. 竣工验收

32.1　工程具备竣工验收条件，承包人按国家工程竣工验收有关规定，向发包人提供完整竣工资料及竣工验收报告。双方约定由承包人提供竣工图的，应当在专用条款内约定提供的日期和份数。

32.2　发包人收到竣工验收报告后28天内组织有关单位验收，并在验收后14天内给予认可或提出修改意见。承包人按要求修改，并承担由自身原因造成修改的费用。

32.3　发包人收到承包人送交的竣工验收报告后28天内不组织验收，或验收后14天内不提出修改意见，视为竣工验收报告已被认可。

32.4　工程竣工验收通过，承包人送交竣工验收报告的日期为实际竣工日期。工程按发包人要求修改后通过竣工验收的，实际竣工日期为承包人修改后提请发包人验收的日期。

32.5　发包人收到承包人竣工验收报告后28天内不组织验收，从第29天起承担工程保管及一切意外责任。

32.6　中间交工工程的范围和竣工时间，双方在专用条款内约定，其验收程序按本通用条款32.1款至32.4款办理。

32.7　因特殊原因，发包人要求部分单位工程或工程部位甩项竣工的，双方另行签订甩项竣工协议，明确双方责任和工程价款的支付方法。

32.8　工程未经竣工验收或竣工验收未通过的，发包人不得使用。发包人强行使用时，由此发生的质量问题及其他问题，由发包人承担责任。

33. 竣工结算

33.1　工程竣工验收报告经发包人认可后28天内，承包人向发包人递交竣工结算报告及完整的结算资料，双方按照协议书约定的合同价款及专用条款约定的合同价款调整内容，进行工程竣工结算。

33.2　发包人收到承包人递交的竣工结算报告及结算资料后28天内进行核实，给予确认或者提出修改意见。发包人确认竣工结算报告通知经办银行向承包人支付工程竣工结算价款。承包人收到竣工结算价款后14天内将竣工工程交付发包人。

33.3　发包人收到竣工结算报告及结算资料后28天内无正当理由不支付工程竣工结算价款，从第29天起按承包人同期向银行贷款利率支付拖欠工程价款的利息，并承担违约责任。

33.4　发包人收到竣工结算报告及结算资料后28天内不支付工程竣工结算价款，承包人可以催告发包人支付结算价款。发包人在收到竣工结算报告及结算资料后56天内仍不支付的，承包人可以与发包人协议将该工程折价，也可以由承包人申请人民法院将该工程依法拍卖，承包人就该工程折价或者拍卖的价款优先受偿。

33.5　工程竣工验收报告经发包人认可后28天内，承包人未能向发包人递交竣工结算报告及完整的结算资料，造成工程竣工结算不能正常进行或工程竣工结算价款不能及时支付，发包人要求交付工程的，承包人应当交付；发包人不要求交付工程的，承包人承担保管责任。

33.6　发包人承包人对工程竣工结算价款发生争议时，按本通用条款第37条关于争议的约定处理。

34. 质量保修

34.1　承包人应按法律、行政法规或国家关于工程质量保修的有关规定，对交付发包人使用的工程在质量保修期内承担质量保修责任。

34.2　质量保修工作的实施。承包人应在工程竣工验收之前，与发包人签订质量保修书，作为本合同附件。

34.3　质量保修书的主要内容包括：

1）质量保修项目内容及范围。

2）质量保修期。

3）质量保修责任。

4）质量保修金的支付方法。

十、违约、索赔和争议

35. 违约

35.1　发包人违约。当发生下列情况时：

1）本通用条款第24条提到的发包人不按时支付工程预付款。

2）本通用条款第26.4款提到的发包人不按合同约定支付工程款，导致施工无法进行。

3）本通用条款第33.3款提到的发包人无正当理由不支付工程竣工结算价款。

4）发包人不履行合同义务或不按合同约定履行义务的其他情况。

发包人承担违约责任，赔偿因其违约给承包人造成的经济损失，顺延延误的工期。双方在专用条款内约定发包人赔偿承包人损失的计算方法或者发包人应当支付违约金的数额或计算方法。

35.2　承包人违约。当发生下列情况时：

1）本通用条款第14.2款提到的因承包人原因不能按照协议书约定的竣工日期或工程师同意顺延的工期竣工。

2）本通用条款第15.1款提到的因承包人原因工程质量达不到协议书约定的质量标准。

3）承包人不履行合同义务或不按合同约定履行义务的其他情况。

承包人承担违约责任，赔偿因其违约给发包人造成的损失。双方在专用条款内约定承包人赔偿发包人损失的计算方法或者承包人应当支付违约金的数额可计算方法。

35.3　一方违约后，另一方要求违约方继续履行合同时，违约方承担上述违约责任后仍应继续履行合同。

36. 索赔

36.1　当一方向另一方提出索赔时，要有正当索赔理由，且有索赔事件发生时的有效证据。

36.2　发包人未能按合同约定履行自己的各项义务或发生错误以及应由发包人承担责任的其他情况，造成工期延误和（或）承包人不能及时得到合同价款及承包人的其他经济损失，承包人可按下列程序以书面形式向发包人索赔：

1）索赔事件发生后28天内，向工程师发出索赔意向通知。

2）发出索赔意向通知后28天内，向工程师提出延长工期和（或）补偿经济损失的索赔报告及有关资料。

3）工程师在收到承包人送交的索赔报告和有关资料后，于28天内给予答复，或要求承包人进一步补充索赔理由和证据。

4）工程师在收到承包人送交的索赔报告和有关资料后28天内未予答复或未对承包人作进一步要求，视为该项索赔已经认可。

5）当该索赔事件持续进行时，承包人应当阶段性向工程师发出索赔意向，在索赔事件终了后28天内，向工程师送交索赔的有关资料和最终索赔报告。索赔答复程序与3）、4）规定相同。

36.3　承包人未能按合同约定履行自己的各项义务或发生错误，给发包人造成经济损失，发包人可按36.2款确定的时限向承包人提出索赔。

37.　争议

37.1　发包人承包人在履行合同时发生争议，可以和解或者要求有关主管部门调解。当事人不愿和解、调解或者和解、调解不成的，双方可以在专用条款内约定以下一种方式解决争议：

第一种解决方式：双方达成仲裁协议，向约定的仲裁委员会申请仲裁。

第二种解决方式：向有管辖权的人民法院起诉。

37.2　发生争议后，除非出现下列情况的，双方都应继续履行合同，保持施工连续，保护好已完工程：

1）单方违约导致合同确已无法履行，双方协议停止施工。

2）调解要求停止施工，且为双方接受。

3）仲裁机构要求停止施工。

4）法院要求停止施工。

十一、其他

38.　工程分包

38.1　承包人按专用条款的约定分包所承包的部分工程，并与分包单位签订分包合同。非经发包人同意，承包人不得将承包工程的任何部分分包。

38.2　承包人不得将其承包的全部工程转包给他人，也不得将其承包的全部工程肢解以后以分包的名义分别转包给他人。

38.3　工程分包不能解除承包人任何责任与义务。承包人应在分包场地派驻相应管理人员，保证本合同的履行。分包单位的任何违约行为或疏忽导致工程损害或给发包人造成其他损失，承包人承担连带责任。

38.4　分包工程价款由承包人与分包单位结算。发包人未经承包人同意不得以任何形式向分包单位支付各种工程款项。

39.　不可抗力

39.1　不可抗力包括因战争、动乱、空中飞行物体坠落或其他非发包人承包人责任造成的爆炸、火灾，以及专用条款约定的风雨、雪、洪、震等自然灾害。

39.2　不可抗力事件发生后，承包人应立即通知工程师，在力所能及的条件下迅速采取措施，尽力减少损失，发包人应协助承包人采取措施。不可抗力事件结束后48小时内承包人向工程师通报受害情况和损失情况，及预计清理和修复的费用。不可抗事件持续发生，承包人应每隔7天向工程师报告一次受害情况。不可抗力事件结束后14天内，承包人向工程师提交清理和修复费用的正式报告及有关资料。

39.3　因不可抗力事件导致的费用及延误的工期由双方按以下方法分别承担：

　　1）工程本身的损害、因工程损害导致第三人人员伤亡和财产损失以及运至施工场地用于施工的材料和待安装的设备的损害，由发包人承担。

　　2）发包人承包人人员伤亡由其所在单位负责，并承担相应费用。

　　3）承包人机械设备损坏及停工损失，由承包人承担。

　　4）停工期间，承包人应工程师要求留在施工场地的必要的管理人员及保卫人员的费用由发包人承担。

　　5）工程所需清理、修复费用，由发包人承担。

　　6）延误的工期相应顺延。

　　39.4　因合同一方迟延履行合同后发生不可抗力的，不能免除迟延履行方的相应责任。

　　40. 保险

　　40.1　工程开工前，发包人为建设工程和施工场内的自有人员及第三人人员生命财产办理保险，支付保险费用。

　　40.2　运至施工场地内用于工程的材料和待安装设备，由发包人办理保险，并支付保险费用。

　　40.3　发包人可以将有关保险事项委托承包人办理，费用由发包人承担。

　　40.4　承包人必须为人事危险作业的职工办理意外伤害保险，并为施工场地内自有人员生命财产和施工机械设备办理保险，支付保险费用。

　　40.5　保险事故发生时，发包人承包人有责任尽力采取必要的措施，防止或者减少损失。

　　40.6　具体投保内容和相关责任，发包人承包人在专用条款中约定。

　　41. 担保

　　41.1　发包人承包人为了全面履行合同，应互相提供以下担保：

　　1）发包人向承包人提供履约担保，按合同约定支付工程价款及履行合同约定的其他义务。

　　2）承包人向发包人提供履约担保，按合同约定履行自己的各项义务。

　　41.2　一方违约后，另一方可要求提供担保的第三人承担相应责任。

　　41.3　提供担保的内容、方式和相关责任，发包人承包人除在专用条款中约定外，被担保方与担保方还应签订担保合同，作为本合同附件。

　　42. 专利技术及特殊工艺

　　42.1　发包人要求使用专利技术或特殊工艺，就负责办理相应的申报手续，承担申报、试验、使用等费用；承包人提出使用专利技术或特殊工艺，应取得工程师认可，承包人负责办理申报手续并承担有关费用。

　　42.2　擅自使用专利技术侵犯他人专利权的，责任者依法承担相应责任。

　　43. 文物和地下障碍物

　　43.1　在施工中发现古墓、古建筑遗址等文物及化石或其他有考古、地质研究等价值的物品时，承包人应立即保护好现场并于4小时内以书面形式通知工程师，工程师应于收到书面通知后24小时内报告当地文物管理部门，发包人承包人按文物管理部门的要求采取妥善保护措施。发包人承担由此发生的费用，顺延延误的工期。

　　如发现后隐瞒不报，致使文物遭受破坏，责任者依法承担相应责任。

43.2　施工中发现影响施工的地下障碍物时，承包人应于8小时内以书面形式通知工程师，同时提出处置方案，工程师收到处置方案后24小时内予以认可或提出修正方案。发包人承担由此发生的费用，顺延延误的工期。

所发现的地下障碍物有归属单位时，发包人应报请有关部门协同处置。

44.　合同解除

44.1　发包人承包人协商一致，可以解除合同。

44.2　发生本通用条款第26.4款情况，停止施工超过56天，发包人仍不支付工程款（进度款），承包人有权解除合同。

44.3　发生本通用条款第38.2款禁止的情况，承包人将其承包的全部工程转包给他人或者肢解以后以分包的名义分别转包给他人，发包人有权解除合同。

44.4　有下列情形之一的，发包人承包人可以解除合同：

1）因不可抗力致使合同无法履行。

2）因一方违约（包括因发包人原因造成工程停建或缓建）致使合同无法履行。

44.5　一方依据44.2、44.3、44.4款约定要求解除合同的，应以书面形式向对方发出解除合同的通知，并在发出通知前7天告知对方，通知到达对方时合同解除。对解除合同有争议的，按本通用条款第37条关于争议的约定处理。

44.6　合同解除后，承包人应妥善做好已完工程和已购材料、设备的保护和移交工作，按发包人要求将自有机械设备和人员撤出施工场地。发包人应为承包人撤出提供必要条件，支付以上所发生的费用，并按合同约定支付已完工程价款。已经订货的材料、设备由订货方负责退货或解除订货合同，不能退还的货款和因退货、解除订货合同发生的费用，由发包人承担，因未及时退货造成的损失由责任方承担。除此之外，有过错的一方应当赔偿因合同解除给对方造成的损失。

44.7　合同解除后，不影响双方在合同中约定的结算和清理条款的效力。

45.　合同生效与终止

45.1　双方在协议书中约定合同生效方式。

45.2　除本通用条款第34条外，发包人承包人履行合同全部义务，竣工结算价款支付完毕，承包人向发包人交付竣工工程后，本合同即告终止。

45.3　合同的权利义务终止后，发包人承包人应当遵循诚实信用原则，履行通知、协助、保密等义务。

46.　合同份数

46.1　本合同正本两份，具有同等效力，由发包人承包人分别保存一份。

46.2　本合同副本份数，由双方根据需要在专用条款内约定。

47.　补充条款

双方根据有关法律、行政法规规定，结合工程实际经协商一致后，可对本通用条款内容具体化、补充或修改，在专用条款内约定。

第三部分　专用条款

注：因摘录了部分条款，所以序号有不连续的。

一、词语定义及合同文件

2. 合同文件及解释顺序

合同文件组成及解释顺序：_____

3. 语言文字和适用法律、标准及规范

3.1　本合同除使用汉语外，还使用_____语言文字。

3.2　适用法律和法规需要明示的法律、行政法规：_____

3.3　适用标准、规范

适用标准、规范的名称：_____

发包人提供标准、规范的时间：_____

国内没有相应标准、规范时的约定：_____

4. 图样

4.1　发包人向承包人提供图样日期和套数：_____

发包人对图样的保密要求：_____

使用国外图样的要求及费用承担：_____

二、双方一般权利和义务

5. 工程师

5.2　监理单位委派的工程师

姓名：_____职务：_____发包人委托的职权：_____

需要取得发包人批准才能行使的职权：_____

5.3　发包人派驻的工程师

姓名：_____职务：_____

职权：_____

5.6　不实行监理的，工程师的职权：_____

7. 项目经理

姓名：_____职务：_____

8. 发包人工作

8.1　发包人应按约定的时间和要求完成以下工作：

（1）施工场地具备施工条件的要求及完成的时间：_____

（2）将施工所需的水、电、电讯线路接至施工场地的时间、地点和供应要求：_____

（3）施工场地与公共道路的通道开通时间和要求：_____

（4）工程地质和地下管线资料的提供时间：_____

（5）由发包人办理的施工所需证件、批件的名称和完成时间：_____

（6）水准点与坐标控制点交验要求：_____

（7）图样会审和设计交底时间：_____

（8）协调处理施工场地周围地下管线和邻近建筑物、构筑物（含文物保护建筑）、古树名木的保护工作：_____

（9）双方约定发包人应做的其他工作：_____

8.2　发包人委托承包人办理的工作：_____

9. 承包人工作

9.1　承包人应按约定时间和要求，完成以下工作：

（1）需由设计资质等级和业务范围允许的承包人完成的设计文件提交时间：_____

（2）应提供计划、报表的名称及完成时间：_____

（3）承担施工安全保卫工作及非夜间施工照明的责任和要求：_____

（4）向发包人提供的办公和生活房屋及设施的要求：_____

（5）需承包人办理的有关施工场地交通、环卫和施工噪音管理等手续：_____

（6）已完工程成品保护的特殊要求及费用承担：_____

（7）施工场地周围地下管线和邻近建筑物、构筑物（含文物保护建筑）、古树名木的保护要求及费用承担：_____

（8）施工场清洁卫生的要求：_____

（9）双方约定承包人应做的其他工作：_____

三、施工组织设计和工期

10. 进度计划

10.1　承包人提供施工组织设计（施工方案）和进度计划的时间：_____

工程师确认的时间：_____

10.2　群体工程中有关进度计划的要求：_____

13. 工期延误

13.1　双方约定工期顺延的其他情况：_____

四、质量与验收

17. 隐蔽工程和中间验收

17.1　双方约定中间验收部位：_____

19. 工程试车

19.5　试车费用的承担：_____

五、安全施工

六、合同价款与支付

23. 合同价款及调整

23.2　本合同价款采用_____方式确定。

（1）采用固定价格合同，合同价款中包括的风险范围：_____

风险费用的计算方法：_____

风险范围以外合同价款调整方法：_____

（2）采用可调价格合同，合同价款调整方法：_____

（3）采用成本加酬金合同，有关成本和酬金的约定：_____

23.3　双方约定合同价款的其他调整因素：_____

24. 工程预付款

发包人向承包人预付工程款的时间和金额或占合同价款总额的比例：_____

扣回工程款的时间、比例：＿＿＿＿＿＿＿＿＿＿＿

25. 工程量确认

25.1　承包人向工程师提交已完工程量报告的时间：＿＿＿＿＿＿＿＿＿

26. 工程款（进度款）支付

双方约定的工程款（进度款）支付的方式和时间：＿＿＿＿＿＿＿＿＿＿

七、材料设备供应

27. 发包人供应

27.4　发包人供应的材料设备与一览表不符时，双方约定发包人承担责任如下：

（1）材料设备单价与一览表不符：＿＿＿＿＿＿＿＿＿＿＿＿

（2）材料设备的品种、规格、型号、质量等级与一览表不符：＿＿＿＿＿＿＿＿＿

（3）承包人可代为调剂串换的材料：＿＿＿＿＿＿＿＿＿＿＿

（4）到货地点与一览表不符：＿＿＿＿＿＿＿＿＿＿

（5）供应数量与一览表不符：＿＿＿＿＿＿＿＿＿＿

（6）到货时间与一览表不符：＿＿＿＿＿＿＿＿＿＿

27.6　发包人供应材料设备的结算方法：＿＿＿＿＿＿＿＿＿＿

28. 承包人采购材料设备

28.1　承包人采购材料设备的约定：＿＿＿＿＿＿＿＿＿＿

八、工程变更

九、竣工验收与结算

32. 竣工验收

32.1　承包人提供竣工图的约定：＿＿＿＿＿＿＿＿＿＿

32.6　中间交工工程的范围和竣工时间：＿＿＿＿＿＿＿＿＿

十、违约、索赔和争议

35. 违约

35.1　本合同中关于发包人违约的具体责任如下：

本合同通用条款第24条约定发包人违约应承担的违约责任：＿＿＿＿＿＿＿＿＿

本合同通用条款第26.4款约定发包人违约应承担的违约责任：＿＿＿＿＿＿＿＿

本合同通用条款第33.3款约定发包人违约应承担的违约责任：＿＿＿＿＿＿＿＿

双方约定的发包人其他违约责任：＿＿＿＿＿＿＿＿＿

35.2　本合同中关于承包人违约的具体责任如下：

本合同通用条款第14.2款约定承包人违约承担的违约责任：＿＿＿＿＿＿＿＿

本合同通用条款第15.1款约定承包人违约应承担的违约责任：＿＿＿＿＿＿＿＿

双方约定的承包人其他违约责任：＿＿＿＿＿＿＿＿＿

37. 争议

37.1　双方约定，在履行合同过程中产生争议时：

（1）请＿＿＿＿＿＿＿＿＿调解；

（2）采取第＿＿＿＿种方式解决，并约定向＿＿＿＿仲裁委员会提请仲裁或向＿＿＿＿人民法院提起诉讼。

十一、其他

38. 工程分包

38.1 本工程发包人同意承包人分包的工程：_____

分包施工单位为：_____

39. 不可抗力

39.1 双方关于不可抗力的约定：_____

40. 保险

40.6 本工程双方约定投保内容如下：

（1）发包人投保内容：_____

发包人委托承包人办理的保险事项：_____

（2）承包人投保内容：_____

41. 担保

41.3 本工程双方约定担保事项如下：_____

（1）发包人向承包人提供履约担保，担保方式为：担保合同作为本合同附件。

（2）承包人向发包人提供履约担保，担保方式为：担保合同作为本合同附件。

（3）双方约定的其他担保事项：_____

46. 合同份数

46.1 双方约定合同副本份数：_____

47. 补充条款

附件1 承包人承揽工程项目一览表

单位工程名称	建设规模	建筑面积/m²	结构	层数	跨度/m	设备安装内容	工程造价/元	开工日期	竣工日期

附件2　发包人供应材料设备一览表

序号	材料设备品种	规格型号	单位	数量	单价	质量等级	供应时间	送达地点	备注

附录E　建设工程文件归档范围
［摘自《建设工程文件归档整理规范》（GB/T 50328—2014）］

类别	归档文件	保存单位				
		建设单位	设计单位	施工单位	监理单位	城建档案馆
工程准备阶段文件(A类)						
A1	立项文件					
1	项目建议书批复文件及项目建议书	▲				▲
2	可行性研究报告批复文件及可行性研究报告	▲				▲
3	专家论证意见、项目评估文件	▲				▲
4	有关立项的会议纪要、领导批示	▲				▲
A2	建设用地、拆迁文件					
1	选址申请及选址规划意见通知书	▲				▲
2	建设用地批准书	▲				▲
3	拆迁安置意见、协议、方案等	▲				△
4	建设用地规划许可证及其附件	▲				▲
5	土地使用证明文件及其附件	▲				▲
6	建设用地钉桩通知单	▲				▲
A3	勘察、设计文件					
1	工程地质勘察报告	▲	▲			▲
2	水文地质勘察报告	▲	▲			▲
3	初步设计文件(说明书)	▲	▲			
4	设计方案审查意见	▲	▲			▲

（续）

类别	归档文件	保存单位				
		建设单位	设计单位	施工单位	监理单位	城建档案馆
5	人防、环保、消防等有关主管部门（对设计方案）审查意见	▲	▲			▲
6	设计计算书	▲	▲			△
7	施工图设计文件审查意见	▲	▲			
8	节能设计备案文件	▲				
A4	招投标文件					
1	勘察、设计招投标文件	▲	▲			
2	勘察、设计合同	▲	▲			▲
3	施工招投标文件	▲		▲	△	
4	施工合同	▲		▲	△	▲
5	工程监理招投标文件	▲			▲	
6	监理合同	▲			▲	▲
A5	开工审批文件					
1	建设工程规划许可证及附件	▲		△	△	▲
2	建设工程施工许可证	▲		▲	▲	▲
A6	工程造价文件					
1	工程投资估算材料	▲				
2	工程设计概算材料	▲				
3	招标控制价格文件	▲				
4	合同价格文件	▲		▲		△
5	结算价格文件	▲		▲		△
A7	工程建设基本信息					
1	工程概况信息表	▲		△		▲
2	建设单位工程项目负责人及现场管理人员名册	▲				▲
3	监理单位工程项目总监及监理人员名册	▲			▲	▲
4	施工单位工程项目经理及质量管理人员名册	▲		▲		▲
监理管理文件（B类）						
B1	监理管理文件					
1	监理规划	▲			▲	▲
2	监理实施细则	▲		△	▲	▲
3	监理月报	△			▲	
4	监理会议纪要	▲		△	▲	
5	监理工作日志				▲	
6	监理工作总结				▲	▲
7	工作联系单	▲		△	△	

（续）

类别	归档文件	保存单位				
		建设单位	设计单位	施工单位	监理单位	城建档案馆
8	监理工程师通知	▲		△	△	△
9	监理工程师通知回复单	▲		△	△	△
10	工程暂停令	▲		△	△	▲
11	工程复工报审表	▲		▲	▲	▲
B2	进度控制文件					
1	工程开工报审表	▲		▲	▲	▲
2	施工进度计划报审表	▲		△	△	
B3	质量控制文件					
1	质量事故报告及处理资料	▲		▲	▲	▲
2	旁站监理记录	△		△	▲	
3	见证取样和送检人员备案表	▲		▲	▲	
4	见证记录	▲		▲	▲	
5	工程技术文件报审表			△		
B4	造价控制文件					
1	工程款支付	▲		△	△	
2	工程款支付证书	▲		△	△	
3	工程变更费用报审表	▲		△	△	
4	费用索赔申请表	▲		△	△	
5	费用索赔审批表	▲		△	△	
B5	工期管理文件					
1	工程延期申请表	▲		▲	▲	▲
2	工程延期审批表	▲			▲	▲
B6	监理验收文件					
1	竣工移交证书	▲		▲	▲	▲
2	监理资料移交书	▲			▲	
施工文件（C类）						
C1	施工管理文件					
1	工程概况表	▲		▲	▲	△
2	施工现场质量管理检查记录			△	△	
3	企业资质证书及相关专业人员岗位证书	△		△	△	△
4	分包单位资质报审表	▲		▲	▲	
5	建设单位质量事故勘查记录	▲		▲	▲	▲
6	建设工程质量事故报告书	▲		▲	▲	▲
7	施工检测计划	△		△	△	
8	见证试验检测汇总表	▲		▲	▲	▲
9	施工日志			▲		

（续）

类别	归档文件	建设单位	设计单位	施工单位	监理单位	城建档案馆
		保存单位				
C2	施工技术文件					
1	工程技术文件报审表	△		△	△	
2	施工组织设计及施工方案	△		△	△	△
3	危险性较大分部分项工程施工方案	△		△	△	△
4	技术交底记录	△		△		
5	图样会审记录	▲	▲	▲	▲	▲
6	设计变更通知单	▲	▲	▲	▲	▲
7	工程洽商记录（技术核定单）	▲	▲	▲	▲	▲
C3	进度造价文件					
1	工程开工报审表	▲	▲	▲	▲	▲
2	工程复工报审表	▲	▲	▲	▲	▲
3	施工进度计划报审表			△	△	
4	施工进度计划			△	△	
5	人、机、料动态表			△	△	
6	工程延期申请表	▲		▲	▲	▲
7	工程款支付申请表	▲		△	△	
8	工程变更费用报审表	▲		△	△	
9	费用索赔申请表	▲		△	△	
C4	施工物资出厂质量证明及进场检测文件					
	出厂质量证明文件及检测报告					
1	砂、石、砖、水泥、钢筋、隔热保温、防腐材料、轻骨料出厂证明文件	▲		▲	▲	△
2	其他物资出厂合格证、质量保证书、检测报告和报关单或商检证等	△		▲	△	
3	材料、设备的相关检验报告、型式检测报告、3C强制认证合格证书或3C标志	△		▲	△	
4	主要设备、器具的安装使用说明书	▲		▲	△	
5	进口的主要材料设备的商检证明文件	△		▲		
6	涉及消防、安全、卫生、环保、节能的材料、设备的检测报告或法定机构出具的有效证明文件	▲		▲	▲	△
7	其他施工物资产品合格证、出厂检验报告					
	进场检验通用表格					
1	材料、构配件进场检验记录			△	△	
2	设备开箱检验记录			△	△	
3	设备及管道附件试验记录	▲		▲	△	

（续）

类别	归档文件	保存单位				
		建设单位	设计单位	施工单位	监理单位	城建档案馆
	进场复试报告					
1	钢材试验报告	▲		▲	▲	▲
2	水泥试验报告	▲		▲	▲	▲
3	砂试验报告	▲		▲	▲	▲
4	碎（卵）石试验报告	▲		▲	▲	▲
5	外加剂试验报告	△		▲	▲	▲
6	防水涂料试验报告	▲		▲	△	
7	防水卷材试验报告	▲		▲	△	
8	砖（砌块）试验报告	▲		▲	▲	▲
9	预应力筋复试报告	▲		▲	▲	▲
10	预应力锚具、夹具和连接器复试报告	▲		▲	▲	▲
11	装饰装修用门窗复试报告	▲		▲	△	
12	装饰装修用人造木板复试报告	▲		▲	△	
13	装饰装修用花岗石复试报告	▲		▲	△	
14	装饰装修用安全玻璃复试报告	▲		▲	△	
15	装饰装修用外墙面砖复试报告	▲		▲	△	
16	钢结构用钢材复试报告	▲		▲	▲	▲
17	钢结构用防火涂料复试报告	▲		▲	▲	▲
18	钢结构用焊接材料复试报告	▲		▲	▲	▲
19	钢结构用高强度大六角头螺栓连接副复试报告	▲		▲	▲	▲
20	钢结构用扭剪型高强螺栓连接副复试报告	▲		▲	▲	▲
21	幕墙用铝塑板、石材、玻璃、结构胶复试报告	▲		▲	▲	▲
22	散热器、供暖系统保温材料、通风与空调工程绝热材料、风机盘管机组、低压配电系统电缆的见证取样复试报告	▲		▲		▲
23	节能工程材料复试报告	▲		▲	▲	▲
24	其他物资进场复试报告					
C5	施工记录文件					
1	隐蔽工程验收记录	▲		▲	▲	▲
2	施工检查记录			△		
3	交接检查记录			△		
4	工程定位测量记录	▲		▲	▲	▲
5	基槽验线记录	▲		▲	▲	▲
6	楼层平面放线记录			△	△	△
7	楼层标高抄测记录			△	△	△

（续）

类别	归档文件	保存单位				
		建设单位	设计单位	施工单位	监理单位	城建档案馆
8	建筑物垂直度、标高观测记录	▲		▲	△	△
9	沉降观测记录	▲		▲	△	▲
10	基坑支护水平位移监测记录			△	△	
11	桩基、支护测量放线记录			△	△	
12	地基验槽记录	▲	▲	▲	▲	▲
13	地基钎探记录	▲		△	△	▲
14	混凝土浇灌申请书			△	△	
15	预拌混凝土运输单			△		
16	混凝土开盘鉴定			△	△	
17	混凝土拆模申请单			△	△	
18	混凝土预拌测温记录			△		
19	混凝土养护测温记录			△		
20	大体积混凝土养护测温记录			△		
21	大型构件吊装记录	▲		△	△	▲
22	焊接材料烘焙记录			△		
23	地下工程防水效果检查记录	▲		△	△	
24	防水工程试水检查记录	▲		△	△	
25	通风（烟）道、垃圾道检查记录	▲		△	△	
26	预应力筋张拉记录	▲		▲	△	▲
27	有粘结预应力结构灌浆记录	▲		▲	△	
28	钢结构施工记录	▲		▲	△	
29	网架（索膜）施工记录	▲		▲	△	▲
30	木结构施工记录	▲		▲	△	
31	幕墙注胶检查记录	▲		▲	△	
32	自动扶梯、自动人行道的相邻区域检查记录	▲		▲	△	
33	电梯电气装置安装检查记录	▲		▲	△	
34	自动扶梯、自动人行道电气装置检查记录	▲		▲	△	
35	自动扶梯、自动人行道整机安装质量检查记录	▲		▲	△	
36	其他施工记录文件					
C6	施工试验记录及检测文件					
	通用表格					
1	设备单机试运转记录	▲		▲	△	△
2	系统试运转调试记录	▲		▲	△	△
3	接地电阻测试记录	▲		▲	△	△
4	绝缘电阻测试记录	▲		▲	△	△

（续）

类别	归档文件	保存单位				
		建设单位	设计单位	施工单位	监理单位	城建档案馆
	建筑与结构工程					
1	锚杆试验报告	▲		▲	△	△
2	地基承载力检验报告	▲		▲	△	▲
3	桩基检测报告	▲		▲	△	▲
4	土工击实试验报告	▲		▲	△	▲
5	回填土试验报告(应附图)	▲		▲	△	▲
6	钢筋机械连接试验报告	▲		▲	△	△
7	钢筋焊接连接试验报告	▲		▲	△	△
8	砂浆配合比申请书、通知单			△	△	△
9	砂浆抗压强度试验报告	▲		▲	△	▲
10	砌筑砂浆试块强度统计、评定记录	▲		▲	△	△
11	混凝土配合比申请书、通知单	▲		△	△	△
12	混凝土抗压强度试验报告	▲		▲	△	▲
13	混凝土试块强度统计、评定记录	▲		▲	△	△
14	混凝土抗渗试验报告	▲		▲	△	△
15	砂、石、水泥放射性指标报告	▲		▲	△	△
16	混凝土碱总量计算书	▲		▲	△	△
17	外墙饰面砖样板粘结强度试验报告	▲		▲	△	△
18	后置埋件抗拔试验报告	▲		▲	△	△
19	超声波探伤报告、探伤记录	▲		▲	△	△
20	钢构件射线探伤报告	▲		▲	△	△
21	磁粉探伤报告	▲		▲	△	△
22	高强度螺栓抗滑移系数检测报告	▲		▲	△	△
23	钢结构焊接工艺评定			△	△	△
24	网架节点承载力试验报告	▲		▲	△	△
25	钢结构防腐、防火涂料厚度检测报告	▲		▲	△	△
26	木结构胶缝试验报告	▲		▲	△	△
27	木结构构件力学性能试验报告	▲		▲	△	△
28	木结构防护剂试验报告	▲		▲	△	△
29	幕墙双组分硅酮结构胶混匀性及拉断试验报告	▲		▲	△	△
30	幕墙的抗风压性能、空气渗透性能、雨水渗透性能及平面内变形性能检测报告	▲		▲	△	△
31	外门窗的抗风压性能、空气渗透性能和雨水渗透性能检测报告	▲		▲	△	△
32	墙体节能工程保温板材与基层粘结强度现场拉拔试验	▲		▲	△	△

（续）

类别	归档文件	保存单位				
		建设单位	设计单位	施工单位	监理单位	城建档案馆
33	外墙保温浆料同条件养护试件试验报告	▲		▲	△	△
34	结构实体混凝土强度验收记录	▲		▲	△	△
35	结构实体钢筋保护层厚度验收记录	▲		▲	△	△
36	围护结构现场实体检验	▲		▲	△	△
37	室内环境检测报告	▲		▲	△	△
38	节能性能检测报告	▲		▲	△	▲
39	其他建筑与结构施工试验记录与检测文件					
	给水排水及供暖工程					
1	灌（满）水试验记录	▲		△	△	
2	强度严密性试验记录	▲		▲	△	△
3	通水试验记录	▲		△	△	
4	冲（吹）洗试验记录	▲		▲	△	
5	通球试验记录	▲		△	△	
6	补偿器安装记录			△	△	
7	消火栓试射记录	▲		▲	△	
8	安全附件安装检查记录			▲	△	
9	锅炉烘炉试验记录			▲	△	
10	锅炉煮炉试验记录			▲	△	
11	锅炉试运行记录	▲		▲	△	
12	安全阀定压合格证书	▲		▲	△	
13	自动喷水灭火系统联动试验记录	▲		▲	△	△
14	其他给水排水及供暖施工试验记录与检测文件					
	建筑电气工程					
1	电气接地装置平面示意图表	▲		▲	△	△
2	电气器具通电安全检查记录	▲		△	△	
3	电气设备空载试运行记录	▲		▲	△	△
4	建筑物照明通电试运行记录	▲		▲	△	△
5	大型照明灯具承载试验记录	▲		▲	△	
6	漏电开关模拟试验记录	▲		▲	△	
7	大容量电气线路结点测温记录	▲		▲	△	
8	低压配电电源质量测试记录	▲		▲	△	
9	建筑物照明系统照度测试记录	▲		△	△	
10	其他建筑电气施工试验记录与检测文件					
	智能建筑工程					
1	综合布线测试记录	▲		▲	△	△

（续）

类别	归档文件	保存单位				
		建设单位	设计单位	施工单位	监理单位	城建档案馆
2	光纤损耗测试记录	▲		▲	△	△
3	视频系统末端测试记录	▲		▲	△	△
4	子系统检测记录	▲		▲	△	△
5	系统试运行记录	▲		▲	△	△
6	其他智能建筑施工试验记录与检测文件					
	通风与空调工程					
1	风管漏光检测记录	▲		△	△	
2	风管漏风检测记录	▲		▲	△	
3	现场组装除尘器、空调机漏风检测记录			△	△	
4	各房间室内风量测量记录	▲		△	△	
5	管网风量平衡记录	▲		△	△	
6	空调系统试运转调试记录	▲		▲	△	△
7	空调水系统试运转调试记录	▲		▲	△	△
8	制冷系统气密性试验记录	▲		▲	△	△
9	净化空调系统检测记录	▲		▲	△	△
10	防排烟系统联合试运行记录	▲		▲	△	△
11	其他通风与空调施工试验记录与检测文件					
	电梯工程					
1	轿厢平层准确度测量记录	▲		△	△	
2	电梯层门安全装置检测记录	▲		▲	△	
3	电梯电气安全装置检测记录	▲		▲	△	
4	电梯整机功能检测记录	▲		▲	△	
5	电梯主要功能检测记录	▲		▲	△	
6	电梯负荷运行试验记录	▲		▲	△	△
7	电梯负荷运行试验曲线图表	▲		▲	△	
8	电梯噪声测试记录	△		△	△	
9	自动扶梯、自动人行道安全装置检测记录	▲		▲	△	
10	自动扶梯、自动人行道整机性能、运行试验记录	▲		▲	△	△
11	其他电梯施工试验记录与检测文件					
C7	施工质量验收文件					
1	检验批质量验收记录	▲		△	△	
2	分项工程质量验收记录	▲		▲	▲	
3	分部(子分部)工程质量验收记录	▲		▲	▲	▲
4	建筑节能分部工程质量验收记录	▲		▲	▲	▲
5	自动喷水系统验收缺陷项目划分记录	▲		△	△	

（续）

类别	归档文件	保存单位				
		建设单位	设计单位	施工单位	监理单位	城建档案馆
6	程控电话交换系统分项工程质量验收记录	▲		▲	△	
7	会议电视系统分项工程质量验收记录	▲		▲	△	
8	卫星数字电视系统分项工程质量验收记录	▲		▲	△	
9	有线电视系统分项工程质量验收记录	▲		▲	△	
10	公共广播与紧急广播系统分项工程质量验收记录	▲		▲	△	
11	计算机网络系统分项工程质量验收记录	▲		▲	△	
12	应用软件系统分项工程质量验收记录	▲		▲	△	
13	网络安全系统分项工程质量验收记录	▲		▲	△	
14	空调与通风系统分项工程质量验收记录	▲		▲	△	
15	变配电系统分项工程质量验收记录	▲		▲	△	
16	公共照明系统分项工程质量验收记录	▲		▲	△	
17	给水排水系统分项工程质量验收记录	▲		▲	△	
18	热源和热交换系统分项工程质量验收记录	▲		▲	△	
19	冷冻和冷却水系统分项工程质量验收记录	▲		▲	△	
20	电梯和自动扶梯系统分项工程质量验收记录	▲		▲	△	
21	数据通信接口分项工程质量验收记录	▲		▲	△	
22	中央管理工作站及操作分站分项工程质量验收记录	▲		▲	△	
23	系统实时性、可维护性、可靠性分项工程质量验收记录	▲		▲	△	
24	现场设备安装及检测分项工程质量验收记录	▲		▲	△	
25	火灾自动报警及消防联动系统分项工程质量验收记录	▲		▲	△	
26	综合防范功能分项工程质量验收记录	▲		▲	△	
27	视频安防监控系统分项工程质量验收记录	▲		▲	△	
28	入侵报警系统分项工程质量验收记录	▲		▲	△	
29	出入口控制（门禁）系统分项工程质量验收记录	▲		▲	△	
30	巡更管理系统分项工程质量验收记录	▲		▲	△	
31	停车场（库）管理系统分项工程质量验收记录	▲		▲	△	
32	安全防范综合管理系统分项工程质量验收记录	▲		▲	△	
33	综合布线系统安装分项工程质量验收记录	▲		▲	△	
34	综合布线系统性能检测分项工程质量验收记录	▲		▲	△	
35	系统集成网络连接分项工程质量验收记录	▲		▲	△	
36	系统数据集成分项工程质量验收记录	▲		▲	△	
37	系统集成整体协调分项工程质量验收记录					
38	系统集成综合管理及冗余功能分项工程质量验收记录	▲		▲	△	

（续）

类别	归档文件	保存单位				
		建设单位	设计单位	施工单位	监理单位	城建档案馆
39	系统集成可维护性和安全性分项工程质量验收记录	▲		▲	△	
40	电源系统分项工程质量验收记录	▲		▲	△	
41	其他施工质量验收文件					
C8	施工验收文件					
1	单位(子单位)工程竣工预验收报验表	▲		▲	▲	▲
2	单位(子单位)工程质量竣工验收记录	▲	△	▲	▲	▲
3	单位(子单位)工程质量控制资料核查记录	▲		▲	▲	▲
4	单位(子单位)工程安全和功能检验资料核查及主要功能抽查记录	▲		▲	▲	▲
5	单位(子单位)工程观感质量检查记录	▲		▲	▲	▲
6	施工资料移交书	▲		▲	▲	
7	其他施工验收文件					
	竣工图(D类)					
1	建筑竣工图	▲		▲	▲	▲
2	结构竣工图	▲		▲	▲	▲
3	钢结构竣工图	▲		▲	▲	▲
4	幕墙竣工图	▲		▲	▲	▲
5	室内装饰竣工图	▲		▲	▲	▲
6	建筑给水排水及供暖竣工图	▲		▲	▲	▲
7	建筑电气竣工图	▲		▲	▲	▲
8	智能建筑竣工图	▲		▲	▲	▲
9	通风与空调竣工图	▲		▲	▲	▲
10	室外工程竣工图	▲		▲	▲	▲
11	规划红线内的室外给水、排水、供热、供电、照明管线等竣工图	▲		▲		▲
12	规划红线内的道路、园林绿化、喷灌设施等竣工图	▲		▲		▲
	工程竣工验收文件(E类)					
E1	竣工验收与备案文件					
1	勘察单位工程质量检查报告	▲		△	△	▲
2	设计单位工程质量检查报告	▲	▲	△	△	▲
3	施工单位工程竣工报告	▲		▲	△	▲
4	监理单位工程质量评估报告	▲		△	▲	▲
5	工程竣工验收报告	▲	▲	▲	▲	▲
6	工程竣工验收会议纪要	▲	▲	▲	▲	▲
7	专家组竣工验收意见	▲	▲	▲	▲	▲

（续）

类别	归档文件	保存单位				
		建设单位	设计单位	施工单位	监理单位	城建档案馆
8	工程竣工验收证书	▲	▲	▲	▲	▲
9	规划、消防、环保、民防、防雷等部门出具的认可文件或准许使用文件	▲	▲	▲	▲	▲
10	房屋建筑工程质量保修书	▲				▲
11	住宅质量保证书、住宅使用说明书	▲		▲		▲
12	建设工程竣工验收备案表	▲	▲	▲	▲	▲
13	建设工程档案预验收意见	▲		△		▲
14	城市建设档案移交书	▲				▲
E2	竣工决算文件					
1	施工决算文件	▲		▲		△
2	监理决算文件	▲			▲	△
E3	工程声像资料等					
1	开工前原貌、施工阶段、竣工新貌照片	▲		△	△	▲
2	工程建设过程的录音、录像资料（重大工程）	▲		△	△	▲
E4	其他工程文件					

注：表中符号"▲"表示必须归档保存；"△"表示选择性归档保存。

附录F　目前已颁布的建筑安装工程施工质量验收标准

（1）《建筑工程施工质量验收统一标准》（GB 50300—2013）

（2）《建筑给水排水及采暖工程施工质量验收规范》（GB 50242—2002）

（3）《通风与空调工程施工质量验收规范》（GB 50243—2002）

（4）《建筑节能工程施工质量验收规范》（GB 50411—2007）

（5）《智能建筑工程质量验收规范》（GB 50339—2013）

（6）《建筑防腐蚀工程施工质量验收规范》（GB 50224—2010）

（7）《电子会议系统工程施工与质量验收规范》（GB 51043—2014）

（8）《给水排水管道工程施工及验收规范》（GB 50268—2008）

（9）《建筑物防雷工程施工与质量验收规范》（GB 50601—2010）

（10）《电气装置安装工程施工及验收规范》（GB 50254—2014）

（11）《电气装置安装工程接地装置施工及验收规范》（GB 50169—2006）

（12）《公共建筑节能检测标准》（GBJGJ/T 177—2009）

（13）《采暖通风与空气调节工程检测技术规程》（JGJ/T 260—2011）

（14）《住宅室内装饰装修工程质量验收规范》（JGJ/T 304—2013）

（15）《城镇燃气室内工程施工与质量验收规范》（CJJ94—2009）

（16）《钢铁厂加热炉工程质量验收规范》（GB 50825—2013）

（17）《空分制氧设备安装工程施工与质量验收规范》（GB 50677—2011）

（18）《钢结构工程施工质量验收规范》（GB 50205—2001）

（19）《电梯工程施工验收规范》（GB 50310—2002）

（20）《建筑电气安装工程施工质量验收规范》（GB 50303—2002）

（21）《工业安装工程质量检验评定统一标准》（GB 50252—2010）

（22）《工业金属管道工程质量检验评定标准》（GB 50184—2011）

（23）《工业金属管道工程施工与验收规范》（GB 50235—2010）

（24）《现场设备、工业管道焊接工程施工与验收规范》（GB 50236—2011）

（25）《自动喷水灭火系统工程施工及验收规范》（GB 50261—2005）

（26）《气体灭火系统工程施工及验收规范》（GB 50263—2007）

（27）《泡沫灭火系统工程施工及验收规范》（GB 50281—2006）

（28）《氨制冷系统工程施工及验收规范》（SBJ 12—2011）

（29）《机械设备安装工程施工及验收通用规范》（GB 50231—2009）

（30）《连续输送设备安装工程施工及验收规范》（GB 50270—2010）

（31）《金属切削机床安装工程施工及验收规范》（GB 50271—2009）

（32）《锻压设备安装工程施工及验收规范》（GB 50272—2009）

（33）《工业锅炉房安装工程施工及验收规范》（GB 50273—2009）

（34）《制冷设备、空气分离设备安装工程施工及验收规范》（GB 50274—2010）

（35）《压缩机、风机、泵安装工程施工及验收规范》（GB 50275—2010）

（36）《破碎、粉末设备安装工程施工及验收规范》（GB 50276—2010）

（37）《铸造设备安装工程施工及验收规范》（GB 50277—2010）

（38）《起重设备安装工程施工及验收规范》（GB 50278—2010）

（39）《工业锅炉砌筑工程质量检验评定标准》（GB 50309—2007）

（40）《工业锅炉砌筑工程施工及验收规范》（GB 50211—2014）

附录 G　建筑安装工程（清单编码 03）中给排水、采暖、燃气工程和通风空调工程项目的清单编码

第二级章顺序码 （专业工程顺序码）	第三级节顺序码 （分部工程顺序码）	第四级清单项目码 （分项工程名称顺序码）	项目名称
机械设备安装工程 （编码：0301）	风机安装 （编码：030108）	030108001	离心式通风机
		030108002	离心式引风机
		030108003	轴流通风机
		030108004	回转式鼓风机
		030108005	离心式鼓风机
		030108006	其他风机
	泵安装 （编码：030109）	030109001	离心式泵
		030109002	旋涡泵
		030109003	电动往复泵

（续）

第二级章顺序码 （专业工程顺序码）	第三级节顺序码 （分部工程顺序码）	第四级清单项目码 （分项工程名称顺序码）	项 目 名 称
机械设备安装工程 （编码：0301）	泵安装 （编码：030109）	030109007	螺杆泵
		030109009	真空泵
	压缩机安装 （编码：030110）	030110001	活塞式压缩机
		030110002	回转式螺杆压缩机
		030110003	离心压缩机
	其他机械安装 （编码：030113）	030113001	冷水机组
		030113002	热力机组
		030113003	制冰设备
		030113004	冷风机
		030113011	冷凝器
		030113012	蒸发器
		030113016	中间冷却器
		030113017	冷却塔
通风空调工程 （编码：0307）	通风及空调设备及 部件制作安装 （编码：030701）	030701001	空气加热器（冷却器）
		030701002	除尘设备
		030701003	空调器
		030701004	风机盘管
		030701005	表冷器
		030701006	密闭门
		030701007	挡水板
		030701008	滤水器、溢水盘
		030701009	金属壳体
		030701010	过滤器
		030701011	净化工作台
		030701012	风淋室
		030701013	洁净室
		030701014	除湿机
		030701015	人防过滤吸收器
	通风管道制作安装 （编码：030702）	030702001	碳钢通风管道
		030702002	净化通风管道
		030702003	不锈钢板通风管道
		030702004	铝板通风管道
		030702005	塑料通风管道
		030702006	玻璃钢通风管道
		030702007	复合型风管

（续）

第二级章顺序码 （专业工程顺序码）	第三级节顺序码 （分部工程顺序码）	第四级清单项目码 （分项工程名称顺序码）	项　目　名　称
通风空调工程 （编码：0307）	通风管道制作安装 （编码：030702）	030702008	柔性软风管
		030702009	弯头导流叶片
		030702010	风管检查孔
		030702011	温度、风量测定孔
	通风管道部件制作 安装 （编码：030703）	030703001	碳钢调节阀
		030703002	柔性软风管阀门
		030703003	铝蝶阀
		030703004	不锈钢蝶阀
		030703005	塑料阀门
		030703006	玻璃钢蝶阀
		030703007	碳钢风口、散流器、百叶窗
		030703008	不锈钢风口、散流器、百叶窗
		030703009	塑料风口、散流器、百叶窗
		030703010	玻璃钢风口
		030703011	铝及铝合金风口、散流器
		030703012	碳钢风帽
		030703013	不锈钢风帽
		030703014	塑料风帽
		030703015	铝板伞形风帽
		030703016	玻璃钢风帽
		030703017	碳钢罩类
		030703018	塑料罩类
		030703019	柔性接口
		030703020	消声器
		030703021	静压箱
		030703022	人防超压自动排气阀
		030703023	人防手动密闭阀
		030703024	人防其他部件
	通风工程检测、调试 （编码：030704）	030704001	通风工程检测、调试
		030704002	风管、漏光实验、漏风试验
给排水、采暖、燃气 工程 （编码：0310）	给排水、采暖、燃气 管道 （编码：031001）	031001001	镀锌钢管
		031001002	钢管
		031001003	不锈钢管
		031001004	铜管
		031001005	铸铁管

（续）

第二级章顺序码 （专业工程顺序码）	第三级节顺序码 （分部工程顺序码）	第四级清单项目码 （分项工程名称顺序码）	项 目 名 称
给排水、采暖、燃气 工程 （编码：0310）	给排水、采暖、燃气 管道 （编码：031001）	031001006	塑料管
		031001007	复合管
		031001008	直埋式预制保温管
		031001009	预插陶瓷缸瓦管
		031001010	承插水泥管
		031001011	室外管道碰头
	支架及其他 （编码：031002）	031002001	管道支架
		031002002	设备支架
		031002003	套管
	管道附件 （编码：031003）	031003001	螺纹阀门
		031003002	螺纹法兰阀门
		031003003	焊接法兰阀门
		031003004	带短管甲乙阀门
		031003005	塑料阀门
		031003006	减压器
		031003007	疏水器
		031003008	除污器（过滤器）
		031003009	补偿器
		031003010	软接头（软管）
		031003011	法兰
		031003012	倒流防止器
		031003013	水表
		031003014	热量表
		031003015	塑料排水管消声器
		031003016	浮标液面计
		031003017	浮漂水位标尺
	供暖器具 （编码：031005）	031005001	铸铁散热器
		031005002	钢制散热器
		031005003	其他成品散热器
		031005004	光排管散热器
		031005005	暖风机
		031005006	地板辐射采暖
		031005007	热媒集配装置
		031005008	集气罐

（续）

第二级章顺序码 （专业工程顺序码）	第三级节顺序码 （分部工程顺序码）	第四级清单项目码 （分项工程名称顺序码）	项 目 名 称
给排水、采暖、燃气 工程 （编码：0310）	采暖、给排水设备 （编码：031006）	031006001	变频给水设备
		031006002	稳压给水设备
		031006003	无负压给水设备
		031006005	太阳能集热装置
		031006006	地源（水源、气源）热泵机组
		031006008	水处理器
		031006012	热水器、开水炉
		031006014	直饮水设备
		031006015	水箱
	燃气器具及其他 （编码：031007）	031007001	燃气开水炉
		031007002	燃气采暖炉
		031007003	燃气沸水器、消毒器
		031007004	燃气热水器
		031007005	燃气表
	采暖、空调水工程 系统调试 （编码：031009）	031009001	采暖工程系统调试
		031009002	空调水工程系统调试
刷油、防腐蚀、绝热 工程 （编码：0312）	刷油工程 （编码：031201）	031201001	管道刷油
		031201002	设备与矩形管道刷油
		031201003	金属结构刷油
		031201004	铸铁管、暖气片刷油
		031201005	灰面刷油
		031201006	布面刷油
		031201007	气柜刷油
		031201008	玛蹄脂面刷油
		031201009	喷漆
	防腐蚀涂料工程 （编码：031202）	031202001	设备防腐蚀
		031202002	管道防腐蚀
		031202003	一般钢结构防腐蚀
		031202004	管廊钢结构防腐蚀
		031202005	防火涂料
		031202006	H 型钢制钢结构防腐蚀
		031202007	金属油罐内壁防静电
		031202008	埋地管道防腐蚀
		031202009	环氧煤沥青防腐蚀
		031202010	涂料聚合一次

（续）

第二级章顺序码 （专业工程顺序码）	第三级节顺序码 （分部工程顺序码）	第四级清单项目码 （分项工程名称顺序码）	项 目 名 称
刷油、防腐蚀、绝热 工程 （编码：0312）	喷镀（涂）工程 （编码：031206）	031206001	设备喷镀（涂）
		031206002	管道喷镀（涂）
		031206003	型钢喷镀（涂）
		031206004	一般钢结构喷（涂）塑
	绝热工程 （编码：031208）	031208001	设备绝热
		031208002	管道绝热
		031208003	通风管道绝热
		031208004	阀门绝热
刷油、防腐蚀、绝热 工程 （编码：0312）	绝热工程 （编码：031208）	031208005	法兰绝热
		031208006	喷涂、涂抹
		031208007	防潮层、保护层
		031208008	保温盒、保温托盘
	阴极保护及牺牲阳极 （编码：031210）	031210001	阴极保护
		031210002	阳极保护
		031210003	牺牲阳极
措施项目 （编码：0313）	专业措施项目 （编码：031301）	031301001	吊装加固
		031301002	金属抱杆安装、拆除、移位
		031301003	平台铺设、拆除
		031301004	顶升、提升装置
		031301005	大型设备专用机具
		031301006	焊接工艺评定
		031301007	胎（模）具制作、安装、拆除
		031301008	防护棚制作安装拆除
		031301009	特殊地区施工增加
		031301010	安装与生产同时进行施工增加
		031301011	在有害身体健康环境中施工增加
		031301012	工程系统检测、检验
		031301013	设备管道施工的安全、防冻和焊接保护
		031301014	焦炉烘炉、热态工程
		031301015	管道安拆后的充气保护
		031301016	隧道内施工的通风、供水、供气、供电、照明及通信设施
		031301017	脚手架搭拆
		031301018	其他措施

（续）

第二级章顺序码 （专业工程顺序码）	第三级节顺序码 （分部工程顺序码）	第四级清单项目码 （分项工程名称顺序码）	项　目　名　称
措施项目 （编码：0313）	安全文明施工及 其他措施项目 （编码：031302）	031302001	安全文明施工
		031302002	夜间施工增加
		031302003	非夜间施工增加
		031302004	二次搬运
		031302005	冬雨季施工增加
		031302006	已完工程及设备保护
		031302007	高层施工增加

注：表中给出的是工程量清单编码中的前四级码共九位数，是不容改变的，后三位数由清单编制者按自己的习惯从
　　001 开始编排。

参 考 文 献

[1] 中华人民共和国住房和城乡建设部,国家质量监督检验检疫总局. GB 50500—2013 建设工程工程量清单计价规范[S]. 北京:中国计划出版社,2013.

[2] 中华人民共和国住房和城乡建设部. GB 50856—2013 通用安装工程工程量计算规范[S]. 北京:中国计划出版社,2013.

[3] 湖南省建设工程造价管理总站. 湖南省安装工程消耗量标准(基价表)[M]. 长沙:湖南科学技术出版社,2014.

[4] 《2013 建设工程计价计量规范辅导》规范编制组. 2013 建设工程计价计量规范辅导[M]. 北京:中国计划出版社,2013.

[5] 建设部标准定额司. 全国统一安装工程预算工程量计算规则[M]. 北京:中国计划出版社,2004.

[6] 中华人民共和国住房和城乡建设部,国家质量监督检验检疫总局. GB/T 50328—2014 建设工程文件归档规范[S]. 北京:中国建筑工业出版社,2014.

[7] 刘玉国,刘芳. 建筑设备安装工程概预算[M]. 2 版. 北京:北京理工大学出版社,2014.

[8] 刘耀华. 安装工程经济与管理[M]. 北京:中国计划出版社,2000.

[9] 谢洪学. 工程量清单项目特征描述指南[M]. 北京:中国计划出版社,2007.

[10] 张宝军,等. 现代建筑设备工程造价应用与施工组织管理[M]. 北京:中国建筑工业出版社,2004.

[11] 阮文. 建筑设备安装工程预算与施工组织管理[M]. 北京:中国建筑工业出版社,2004.

[12] 林豹. 怎样编写建筑设备工程招投标文件[M]. 北京:中国水利水电出版社,2005.

[13] 张国珍. 建筑安装工程概预算[M]. 北京:化学工业出版社,2004.

[14] 景星蓉,等. 建筑设备安装工程预算[M]. 北京:中国建筑工业出版社,2004.

[15] 刘庆山. 建筑设备安装工程预算[M]. 北京:机械工业出版社,2004.

[16] 何耀东. 中央空调工程预算与施工管理[M]. 北京:中国建筑工业出版社,2003.

[17] 王智伟. 建筑设备安装工程经济与管理[M]. 北京:中国建筑工业出版社,2003.

[18] 赵立方. 施工项目技术管理[M]. 北京:中国建筑工业出版社,2004.